Ludwig Günther

Keplers Traum vom Mond

Ludwig Günther

Keplers Traum vom Mond

ISBN/EAN: 9783959134842

Auflage: 1

Erscheinungsjahr: 2017

Erscheinungsort: Treuchtlingen, Deutschland

Literaricon Verlag UG (haftungsgeschränkt), Uhlbergstr. 18, 91757 Treuchtlingen. Geschäftsführer: Günther Reiter-Werdin, www.literaricon.de. Dieser Titel ist ein Nachdruck eines historischen Buches. Es musste auf alte Vorlagen zurückgegriffen werden; hieraus zwangsläufig resultierende Qualitätsverluste bitten wir zu entschuldigen.

Printed in Germany

SOMNIUM von KEPLER.

1634.

Johann Kepeler gebohr
den 27 Dezember 1571
zu Weil der Stadt
gestorben zu Regensburg
den 5ten November 1630.

KEPLERS

TRAUM VOM MOND.

VON

LUDWIG GÜNTHER.

MIT DEM BILDNISS KEPLERS, DEM FAKSIMILE-TITEL DER ORIGINALAUSGABE, 24 ABBILDUNGEN IM TEXT UND 2 TAFELN.

LEIPZIG,
DRUCK UND VERLAG VON B. G. TEUBNER.
1898.

DEM ANDENKEN KEPLERS

GEWIDMET.

— — — —
Es ist ein gross Ergetzen,
Sich in den Geist der Zeiten zu versetzen,
Zu schauen, wie vor uns ein weiser Mann gedacht!
— — — —

Inhaltsverzeichniss.

Verzeichniss der Illustrationen und Figuren.

Einleitung.

Das vorliegende Buch, Keplers ,Traum, oder die Astronomie des Mondes', ist wohl die merkwürdigste Schrift aus der Reformationszeit der Sternkunde: gleich merkwürdig wegen ihres Inhalts, wie wegen ihres Geschickes. Schon sehr frühe, als er noch in Tübingen dem Studium der Theologie oblag, war Kepler mit der Beobachtung des Mondes beschäftigt gewesen und hier schon mag ihm der erste Gedanke zu seinem ,Traum' gekommen sein. Mehrere Jahre später, 1593, verfasste er für seinen Freund Besold) einige Thesen über die Himmelserscheinungen auf dem Monde, welche dieser in einer öffentlichen Disputation gegen D. Veit Müller**) vertheidigte. Diese Thesen selbst sind verloren gegangen, man darf aber annehmen, dass Kepler sie, wenigstens zum Theil, in den ,Traum' aufgenommen hat, da er selbst in seinen späteren Werken sagt: es habe ihm gefallen, über Geschöpfe, welche auf dem Monde lebten, schon in einer Tübinger Disputation von 1593, dann in der ,Optik' und in der ,Geographie des Mondes' zu scherzen. Dass er auf Grund dieser Thesen und bestärkt durch die Lektüre Galileis ,Nuncius sidereus'***) die ,Astronomie des Mondes' begonnen hat, geht zweifellos aus seinem Werke ,Dissertatio'†) hervor, wo er sagt:*

**) Christoph Besold, geb. 1577 zu Tübingen, gest. 1638. Doctor der Rechte in Tübingen.*

***) D. Veit Müller, Professor der lateinischen und griechischen Sprache in Tübingen, geb. 1561 zu Bülnheim in Franken. Zuerst Handwerker, dann Famulus und Magister, seit 1592 Ephorus des Stifts zu Tübingen, gest. daselbst 1626.*

****) ,Sternbote', ein Folgewerk, worin Galilei seine neuen Entdeckungen meist zuerst zu veröffentlichen pflegte. Kepler soll eine deutsche, in Prag erschienene, Ausgabe davon besorgt haben. Galilei, Galileo, berühmter Physiker, Mathematiker und Astronom, geb. 1564 in Pisa, gest. 1642 zu Arcetri. Anhänger des copernicanischen Weltsystems und deshalb in trübe Processe verwickelt. Sein Ausspruch ,Und sie bewegt sich doch' ist unhistorisch.*

†) ,Abhandlung über den Sternboten' von Kepler 1610 in Prag herausgegeben.

„Als ich in der ‚Optik‘ die Meinung Plutarchs von den Mondflecken anführte, trug ich kein Bedenken, ihm zu widersprechen und umgekehrt in den Flecken feste, in den hellen Theilen flüssige Materie anzunehmen, worin mir Wackher*) lebhaft beistimmte. Diesen Fragen gab ich mich im vorigen Sommer so sehr hin (ich denke, weil die Natur durch mich dasselbe, wie bald nachher durch Galilei erreichen wollte**)), dass ich Wackher zu Gefallen auch eine neue Astronomie, gleichsam für Mondbewohner, sowie eine völlige Mondgeographie schuf.“

*Hiernach wird Kepler den Text unseres Buches ungefähr um das Jahr 1609 vollendet haben. Dieser enthält auf wenigen Quartblättern in kurzen Umrissen diejenigen astronomischen Erscheinungen, welche ein Beobachter auf dem Monde haben würde. Mit der Absicht ausgeführt, sich und seinen Freunden die Lehre des Copernicus***) in all' ihren Consequenzen klar zu machen und sich dadurch, dass er im Geiste einen ausserhalb der Erde befindlichen Standpunkt wählte, von der Augentäuschung der scheinbaren Bewegungen zu befreien, diente er zunächst wohl nur dem Zwecke der Selbstbelehrung. Das macht es wenigstens verständlich, dass Kepler nach der Vollendung in seinen Schriften des ‚Traums‘ lange Zeit nicht erwähnt, ausser dass er hin und wieder in kurzen Andeutungen darauf Bezug nimmt. Erst im Jahre 1620 beginnt er wieder, sich mit seiner Jugendarbeit zu beschäftigen und wir erfahren durch einen Brief vom 4. Dc. 1623 aus Linz an Bernegger†), welche Pläne er damit vorhat:* „Meine Astronomie des Mondes“, *schreibt er,* „habe ich, als ich vor zwei Jahren nach Linz zurückkehrte, umzuprägen oder vielmehr durch Zusätze zu erläutern begonnen. Doch wartete ich vergebens auf das griechische Buch Plutarchs ‚vom Gesicht im Monde‘††), welches man mir von Wien versprach aber nicht schickte.

**) Wackher v. Wackenfels, Kaiserl. Rath, Keplers besonderer Gönner.*

***) Kepler spielt hier auf die grossen Entdeckungen Galileis an: die der Jupitertrabanten, der Phasen der Venus u. s. w. im Jahre 1610, welche Galilei in dem Sternboten veröffentlicht hatte.*

****) Nicolaus Copernicus, berühmter Theologe und Astronom, geb. 1473 zu Thorn, gest. 1543 zu Frauenburg; Begründer des nach ihm benannten Weltsystems: Sonne in der Mitte, alle Planeten bewegen sich in Kreisen um die Sonne. — Die meisten Bücher haben ‚Copernicus‘, richtiger ist ‚Coppernicus‘; s. auch: Dr. L. Prowe, ‚Zur Biographie von Nicolaus Copernicus‘, Thorn, 1853.*

†) Matthias Bernegger, geb. 1582 zu Hallstatt i. Oberösterr., gest. 1640 zu Strassburg, Professor der Geschichte und Beredsamkeit daselbst. Bernegger war der liebste Freund Keplers.

††) Das hier in Rede stehende Buch: ‚De facie in Orbe Lunae‘ hat Kepler in lateinischer Uebersetzung seinem Traum als Beigabe angefügt.

Aus der Uebersetzung Xylanders*) vermuthe ich zwar, wenn auch unsicher, die Meinung des Philosophen an den fehlenden Stellen; wenn ich im griechischen Text lösen könnte, was den Lücken vorausgeht und was folgt, so würde es besser gehen. Ob ich meine Schrift mit dem Plutarch griechisch-lateinisch zusammen herausgebe? Ob nicht auch Lucians**) ,wahre Geschichten' werth sind, beigefügt zu werden? Wir wollen auch Dr. Lingelsheim hören, den Du mir empfiehlst und dem ich empfohlen zu sein wünsche. In meiner Abhandlung sind soviel Probleme als Zeilen, welche mit Hülfe theils der Astronomie, theils der Physik, theils der Geschichte gelöst sein wollen. Aber wer wird es der Mühe werth halten, sie aufzulösen? Die Leute wollen, dass man ihnen solches Spielwerk gemächlich hinbiete und mögen die Stirne beim Spiel nicht falten, darum habe ich beschlossen, in Noten, welche fortlaufend dem Text folgen, Alles zu lösen. Dazu kommt noch aus der Beobachtung mit einem vor Kurzem erlangten Telescop *[s. Appendix, C. 1]* ein überaus reicher Stoff in Betreff der Burgen und kreisförmigen Wälle nebst des sie begleitenden Schattens. Was soll ich mehr sagen? Campanella***) hat vom Reich der Sonne geschrieben, warum ich nicht von dem des Mondes? Thue ich etwas Ungeheuerliches, wenn ich die Cyklopensitten unserer Zeit lebhaft schildere, aber aus Vorsicht die Scene von der Erde auf den Mond verlege? Helfen wird es freilich nicht. Weder Morus†) mit seiner ,Utopia', noch Erasmus††) mit seinem ,Lob der Narrheit' blieben unangefochten und mussten sich vertheidigen. Wir wollen lieber das Pech der Politik dahinten lassen und auf den grünen Auen der Philosophie verbleiben. Das Calendarium soll Mütschel in Regensburg abholen und Dir übergeben. — Lebe wohl und Gott befohlen!" —

Das uns aus der Antwort Berneggers, datirt Strassburg $\frac{4}{14}$ Feb. 1624, Interessirende ist das Folgende:

„D. Lingelsheim hat Alles von Dir, was er bei mir fand, eifrig

---

*) *Xylander, geb. 1532 zu Augsburg, gest. 1576 in Heidelberg, Professor der griechischen Sprache daselbst.*

**) *Lucian, griechischer Schriftsteller und Satiriker, geb. 125 n. Chr. zu Samosata, Syrien, gest. um 210.*

***) *Thomas Campanella, berühmter Philosoph, geb. 1568 zu Stilo in Calabrien, gest. 1639 in Paris. Als Irrlehrer gefoltert.*

†) *Thomas Morus, engl. Kanzler, geb. 1480 in London, auch als Humanist bedeutend. 1535 hingerichtet.*

††) *Desiderius Erasmus v. Rotterdam, geb. 1467 in Rotterdam, gest. 1536 in Basel, berühmter Humanist und einer der gelehrtesten Männer seiner Zeit. ,Encomium moriae' ist eins seiner bekanntesten Bücher.*

gelesen, zu nicht geringem Troste in seinem Exil; er ist auch ein gelehrter Mathematiker. Als er von mir Dein Vorhaben betreffs der Noten zur ‚Astronomie des Mondes' und der Herausgabe der Schrift Plutarchs darüber hörte, war er sehr erfreut und trug mir, mit den verbindlichsten Wünschen für Dein Wohlergehen, auf, Dich zu bitten, dass Du doch dies Werk der Oeffentlichkeit nicht ganz oder noch längere Zeit vorenthalten mögest. Ich habe die griechische Octavausgabe des Plutarch von H. Stephanus in 6 Bänden. Wenn Du willst, schicke ich Dir den Theil, der das Buch von dem Gesicht im Monde enthält. Vor Kurzem setzte ich mich durch Vermittlung des jüngeren Gothofred mit dem gelehrten Nicolaus Rigaltius in Verbindung: er hat mein griechisches Pachymorium, um die Lücken nach dem Kodex der Königl. Bibliothek auszufüllen (er ist Bibliothekar des allerchristl. Königs). Könnte er dies nicht auch mit dem Plutarch? Jedenfalls werde ich ihn bei erster Gelegenheit fragen" — —

In seiner Antwort, datirt $\frac{19}{29}$ März 1624, kommt Kepler nur am Schluss auf das ‚Somnium' zurück:

„In Betreff des Plutarchs möchte ich für jetzt wenigstens die Paragraphen ausgeschrieben haben, welche den Lücken bei Xylander vorhergehen und nachfolgen; inzwischen wird sich zeigen, ob die französische Bibliothek helfen kann."

Die letzte Aeusserung über sein ‚Somnium' erfahren wir aus einem Briefe Keplers, den er 1629 an Bernegger in Angelegenheit der Herausgabe eines Compendiums der Mathematik schrieb:

Was wirst Du sagen, wenn ich Dir zur Erheiterung meine ‚Astronomie des Mondes, oder der Himmelserscheinungen auf dem Monde' zueignete? Verjagt man uns von der Erde, so wird mein Buch als Führer den Auswanderern und Pilgern zum Monde nützlich sein. Dieser Schrift gebe ich Plutarchs ‚Mondgesicht' bei, von mir neu übersetzt und in den meisten lückenhaften Stellen nach dem Sinn ergänzt, was dem Xylander, der kein Astronom war, nicht gelingen konnte.

Das ist Alles, was wir in Keplers Schriften über das ‚Somnium' finden; in seiner letzten Aeusserung spricht er ahnend sein baldiges Hinscheiden aus: er selber ist bald darauf von der Erde verjagt und ein Pilger zum Monde geworden!

Haben wir so die Entstehung des merkwürdigen Buches aus seinen eigenen Worten erfahren, so hören wir aus denen seines Sohnes Ludwig die weiteren Schicksale.)*

**) S. nachstehende Dedication an den Landgrafen Philipp von Hessen,*

Danach muss noch Kepler selbst in Sagan, nicht lange vor seiner sorgenvollen Reise nach Regensburg zum Reichstag, wo er, all seiner Hoffnung beraubt, am 15. Nov. 1630 starb, den Druck des Buches begonnen haben. Nach seinem Tode übernahm Bartsch) die Herausgabe, aber — ein eigenthümliches Verhängniss — auch er starb vor der Vollendung. Nun fiel die Sorge der Drucklegung auf den Sohn Ludwig, der es für Sohnespflicht hielt, den Ruhm seines grossen Vaters der Nachwelt unverkürzt zu überliefern. Er gab dem Buche auch den Appendix**) bei, einen Brief Keplers an den Jesuiten Guldin. Dieser Brief ist nicht datirt, er stammt aus Linz und ist wahrscheinlich gleich nach 1623 geschrieben. Der Schlusssatz des Briefes und die Noten dürften späteren Datums und erst zum Zweck der Veröffentlichung von Kepler hinzugefügt sein.*

*So erschien das Werk endlich im Jahre 1634 zu Frankfurt a. M. im Selbstverlag der Erben des Verfassers. Auch über der Verbreitung waltete ein trübes Schicksal. Der ‚Traum' erschien zu einer Zeit, wo die kriegerischen und politischen Ereignisse fast ganz Europa beherrschten, wo Unwissenheit und der krasseste Aberglaube jedem Versuch der Aufklärung und des Fortschritts entgegentraten. Das mochte auch Ludwig ahnen, als er das Werk, entgegen der Absicht seines Vaters, der es seinem Freunde Bernegger zueignen wollte, in einer rührenden, zum Schluss Gebetform annehmenden Dedication dem Schutze und der Gunst des für die Astronomie begeisterten, gelehrten Landgrafen Philipp von Hessen***) empfahl. Hätte so eine zweifelhafte Aufnahme des von Kepler hinterlassenen Werkes damals eine gewisse Berechtigung gehabt, so ist es befremdend, dass auch heute noch, wo alle übrigen Werke Keplers längst die verdiente Anerkennung gefunden, der Traum vom Monde ganz unbeachtet geblieben ist. Man hielt und hält ihn für ein mystisches Werk und die Sprache, in der es geschrieben, ist auch für die Allgemeinheit wenig geeignet, dies Missverständniss aufzuklären. So, vergessen und verkannt, konnte es geschehen, dass man Ansichten, die schon Breitschwert, ein sonst sehr gut unterrichteter und begeisterter Biograph Keplers, aussprach, selbst von Fachgelehrten wiederholen hört: dass nämlich das ‚Somnium' gar kein astronomisches Buch sei, sondern eine*

---

dem er das nachgelassene Werk seines Vaters zueignete. Ludwig Kepler, geb. 1607 zu Prag, gest. 1663 in Lübeck. Arzt in Genf und Königsberg.

**) Jacob Bartsch, Mathematiker und Astronom, zuletzt Professor in Strassburg, geb. 1600 in Lauban i. Schl., gest. 1633 daselbst an der Pest. Schüler und Gehülfe Keplers, seit 1630 dessen Schwiegersohn durch die Tochter Susanna.*

***) s. Text S. 156 ff.*

****) Philipp von Hessen, geb. 1581, gest. 1643.*

Satyre auf seine Zeit, „eine beissende Schilderung der Gebrechen des damaligen Menschengeschlechts in Kunstausdrücken verhüllt".) Wer das meint, der lese u. A. blos die Widerlegungen der Mästlinschen Beweise für die Mondatmosphäre [N. [223]] und die Thesen zum Appendix [s. App. N. [1]] und bleibe dann meinetwegen bei seiner Meinung!*

Wohl war es Keplers Absicht, die cyklopischen Sitten seiner Zeit, d. h. die einäugigen Ansichten derer, die nicht mit offenen Augen sehen wollen, sondern fanatisch und immerfort am schalen Zeuge des Althergebrachten kleben, zu geisseln, und zumal in der poetischen Einleitung bringt er diese löbliche Absicht in geistsprühender Weise zur Ausführung, aber in der Hauptsache ist das Buch eine in schönste Form gekleidete, eminent astronomische Offenbarung, das hohe Lied der copernicanischen Lehre!

*Auch in wissenschaftlichen Werken findet man nur wenige Andeutungen über das ‚Somnium' und auch diese erstrecken sich meist nicht viel über die Angabe des Titels; am meisten giebt noch Kästner**); Frisch***) bringt eine Einleitung, worin er schöne, lobende Worte der Anerkennung findet, doch ist sie, wie das Werk selbst, lateinisch geschrieben. Um so angenehmer berührt es, wenn man in streng wissenschaftlichen sowohl wie populären Schriften von Siegmund Günther†) und Ed. Reitlinger††) den Werth des ‚Somnium' voll und ganz gewürdigt sieht; ich habe diesen Büchern manche Anregung zu verdanken.*

Das ganze Werk nun zerfällt in 3 in gleich genialer Weise durchgeführte Abschnitte: den eigentlichen Traum, den Kepler fingirt, um auf den von ihm gewünschten Standpunkt zu gelangen und welcher gleichsam den poetischen Rahmen bildet, die Allegorie zur Verherrlichung der Astronomie des Copernicus und die eigentliche Mond-Astronomie einschliesslich der Selenographie im Appendix. Kepler giebt uns eine methodische Untersuchung aller die wechselseitigen Beziehungen

---

**) ‚Johann Kepplers Leben und Wirken nach neuerlich aufgefundenen Manuscripten' bearbeitet von J. L. C. Freiherrn v. Breitschwert, Stuttgart 1831. S. 174.*

***) A. G. Kästner, ‚Geschichte der Mathematik', Göttingen 1800. IV., S. 306 ff.*

****) ‚J. Kepleri Opera Omnia' ed. Dr. Ch. Frisch, Frankfurt a. M. 1870. Vol. VIII. P. I. S. 23 ff. [Dieses Werk werde ich ferner stets K. O. O. citiren.]*

†) Dr. Siegmund Günther: ‚J. Kepler und der tell. kosmische Magnetismus'. Wien und Olmütz 1888. An vielen Stellen. Ders.: ‚Kepler (Geisteshelden)', Berlin 1896. desgl.

††) Edmund Reitlinger: ‚Freie Blicke', Populär wissenschaftliche Aufsätze. Berlin 1877, S. 149 ff.

zwischen Erde und Mond betreffenden Fragen; er streift dabei fast alle Gebiete des Wissens und bietet uns eine naturgemässe Entwicklung derjenigen Betrachtungen, die er in seinen früheren Werken zerstreut und nur gelegentlich ausgeführt hat. Wir dürfen also das ‚Somnium' nicht allein als eine auf copernicanischen Principien begründete Mondastronomie, sondern auch als ein Compendium der keplerschen Werke überhaupt ansehen.

Der Gedanke, in der Phantasie den Mond zu besuchen, ist schon vor Kepler wiederholt zu dichterischen Gebilden verwerthet worden. Der Zug nach Oben, die Sehnsucht nach den himmlischen Höhen, der Faust an jenem Ostermorgen so beredten Ausdruck leiht, sie ist ein allgemein menschliches Empfinden und die Unerreichbarkeit des in unendlichen Fernen ausgebreiteten Alls reizte die menschliche Phantasie von je her, sich von der an der Erde haftenden Körperlichkeit loszureissen und in unbekannte Räume zu schweifen. Die Sonnenfahrt des Phaeton, der Flug des Ikarus sind solche zu Sagen verdichtete Ausdrücke dieser Sehnsucht. Allein eine ideale Mondreise zum Zweck und zur Verherrlichung der Wissenschaft zu unternehmen, dieser Gedanke entsprang dem Genius Keplers und er mit seiner reichen Phantasie, seiner grossen Combinationsgabe, war der rechte Mann dazu, ihn auszugestalten.

Einige jener dichterischen Gebilde hat Kepler unzweifelhaft gekannt; er selbst erzählt darüber:

„Damals bin ich auf zwei in griechischer Sprache geschriebene Bücher der ‚wahren Geschichten' des Lucian gestossen, die ich mir auswählte um diese Sprache zu erlernen, angeregt durch die ansprechende Erzählung, die doch auch etwas über die Natur des Weltalls brachte. Er schiffte über die Säulen des Herkules hinaus in den Ocean und wird von einer Windhose ergriffen, die ihn zuletzt mitsammt seinem Schiffe bis hinauf zum Monde führt *[s. Appendix C. 7]*. Dies waren für mich die ersten Fusstapfen des in späterer Zeit betretenen Weges nach dem Monde."

Auch Ariostos) romantisches Epos ‚der rasende Roland' gehört hierher, obgleich Kepler desselben nicht erwähnt. Die Erzählungen des Cicero**), des Plato und Plutarchs habe ich, soweit sie unser Buch betreffen, des Zusammenhanges wegen in den Commentaren berührt und erwähne hier nur, dass Kepler auf die letztere wahrscheinlich zuerst*

**) Ludovico Ariosto, geb. zu Reggio 1474, gest. 1533; berühmter italienischer Dichter. Sein ‚Orlando furioso' erschien zuerst 1516.*

***) Ciceros ‚Somnium Scipionis' ist gemeint. Marcus Tullius Cicero, berühmter römischer Redner und Schriftsteller, geb. 106 v. Chr. in Arpinum, gest. 43.*

durch die Lektüre des Commentars des Erasmus Reinhold*) *zu den Theorien des* Purbach**), *welche er im Jahre 1595 zu Graz betrieb, geführt wurde.*

Auch nach Kepler *stossen wir vielfach auf Schilderungen, welche sich mit Reisen nach fernen Himmelskörpern befassen. Wenn ich auf einige dieser Schriften kurz eingehe, so geschieht es, um zu zeigen, wie weit sie gegen die geniale, poesievolle Auffassung unseres* Kepler *zurückbleiben. Ich denke auch, wer seinen ,Traum' ganz verstehen will, der muss auch die Gegensätze kennen lernen.*

Da ist zunächst Cyrano-Bergerac***), *dessen ,*Reise in den Mond*' dadurch besonders merkwürdig ist, als dabei die Principien der Luftschifffahrt vorausgesetzt werden. In* Cyranos *Geschichte, die wir zweifellos satyrisch auffassen müssen, ist die treibende Kraft für die Beförderung auf den Mond eine Anzahl mit Morgenthau gefüllter Phiolen, welche, von der Wärme der Sonnenstrahlen angezogen, den Luftschiffer mit rasender Schnelligkeit an das Ziel seiner Sehnsucht bringt. Der Pater* Kircher†) *besuchte als Seele, von einem Engel geführt, die Gestirne, und beschreibt in seiner ,Ecstatischen Reise' mit ungezügelter Phantasie ebenso kühne wie abgeschmackte Resultate, und* Fontenelle††) *hat uns in seinen ,Unterhaltungen über die Mehrheit der Welten' Träumereien über die Zustände auf anderen Himmelskörpern hinterlassen, worin einige astronomische Gegenstände mit Anmuth, doch ohne wissenschaftlichen Werth, vorgetragen werden.*

Wenn auch die Untersuchungen Huygens†††), *die er uns in seinem ,*Weltbeschauer*' über die fernen Weltkörper giebt, ungleich bedeutender*

---

*) Erasmus Reinhold, *geb. 1511 zu Saalfeld, gest daselbst 1553 an der Pest. Von 1536—53 Professor der Mathematik in Wittenberg.*

**) Georg, *gen.* Purbach, *geb. 1423 zu Peurbach in Oberösterr., gest. 1461 in Wien. Professor der Mathematik und Astronomie daselbst. Er bearbeitete den Almagest; seine ,Theoriae novae planetarum' ist eine Art Einleitung in die griechische Planetentheorie.*

***) Sovinien de Cyrano-Bergerac, *französischer Schriftsteller, geb. 1620 zu Paris, gest. daselbst 1655. Sein Werk: ,*Histoire comique des états et empires de la lune*' erschien 1649.*

†) Athanasius Kircher, *ein vielseitiger Gelehrter, geb. 1601 zu Geisa, gest. 1680 in Rom. Er war auch Physiker. Werk: ,*Iter ecstaticum coeleste*'.*

††) Bernard le Bovier de Fontenelle, *geb. 1657 zu Rouen, gest. 1757, Dichter und universeller Gelehrter. Sein Werk ,Entretiens sur la pluralité des mondes' erschien zuerst 1686, später deutsch mit Anmerkungen.*

†††) Christian Huygens, *Physiker und Astronom, geb. 1629 im Haag, gest. ebenda 1695. Sein Werk ,Cosmotheoros' wurde erst nach seinem Tode, 1698, zuerst gedruckt, erschien 1767 deutsch unter dem Titel: „Weltbeschauer oder vernünftige Muthmassungen" u. s. w.*

sind, so bleiben sie, nach Humboldt), im Grunde doch auch nur Träume und Ahnungen eines grossen Mannes über die Pflanzen- und Thierwelt und die dort abgeänderte Gestalt des Menschengeschlechts.*

*Und wenden wir uns nun zu den neueren Produkten dieser Art, so finden wir immer vagere, immer phantastischere Gebilde und erkennen immer mehr, dass die Absicht, den Leser angenehm zu unterhalten, Mittel zum Zweck gewesen. Denn wofür sollen wir die abgerichteten Gänse, die den Dominik Gonsales in Godwins**) ‚Mann im Monde‘ in 12 Tagen zum Mond hinübertragen; die mittelst eines Kometen unternommenen himmlischen Reisen Voltaires***); und gar die aus einer Kanone geschossenen, bombastisch mit wissenschaftlichen Fransen verzierten Deduktionen des Herrn Julius Verne anders halten?*

Nur bei einer Arbeit des Flammarion möchte ich noch verweilen, weil sie, wie alle seine Schriften, aus wirklich astronomischen Kenntnissen heraus geschrieben ist.' Seine ‚Urania‘ ist eine fesselnde Schilderung der Lebensformen auf anderen Welten, in welcher der Astronom zugleich als Dichter und Philosoph seine Weltanschauung offenbart. Er begnügt sich nicht mit der Reise bis zum Mond, sondern schweift weiter. Von der ihm im Traum erscheinenden verklärten Urania wird er in den Aether getragen: sie lassen Mercur, Venus, Mars hinter sich, eilen an Jupiter, Saturn, Uranus vorbei; immer weiter fliegen sie, über das Sonnensystem hinaus in eine neue Welt. In weiterem Verfolg seiner Erzählung bespricht Flammarion das Bewohntsein fremder Weltkörper und obgleich er diese Frage mit viel Geist behandelt, sucht er doch Alles mit einem geheimnissvollen Schleier zu umweben, um auch nur am Ende mit saurem Schweiss zu sagen — was er selbst nicht weiss! Und darum habe ich keine Befriedigung in dem Buche gefunden, und wenn er gar Gelegenheit nimmt, seine Theorien vom Fortleben der Wesen nach dem irdischen Tode in phantastischer Form vorzutragen, so kann ich nur aufrichtig bedauern, dass ein Mann von so reichem Wissen sich auf das Gebiet des Mysticismus begiebt und, neben sehr lehrreichen Ausführungen auf Grund der errungenen wissenschaftlichen Erkenntniss, Schwärmereien zum Besten giebt, welche hauptsächlich auf die grosse Menge verwirrend wirken müssen.

Nach dieser gebotenen Abschweifung wende ich mich wieder unserm Buche zu. Und da man von einem lieben Freund, mit dem man eine

---

**) ‚Kosmos‘ 1845. III, S. 21.*

***) William Godwin, englischer Schriftsteller, geb. 1756 zu Wisbeach, gest. 1836.*

****) François Voltaire, französischer Schriftsteller, geb. 1694 zu Châtenay b. Paris, gest. 1778 in Paris. Sein Werk ‚Epître à Uranie‘ erschien 1722.*

Zeit lang verkehren soll, doch auch gern den äusseren Menschen kennen lernt, so dürfte eine Schilderung des Kleides, in welchem unsers Keplers letztes Werk in die Welt trat, vielleicht nicht unwillkommen sein.

Die Originalausgabe des ‚Somnium' von 1634 ist ein mässig starker Band in Gross-Quart, dessen hübscher und deutlicher Druck Bewunderung erregt. Die Schriften sind die Antiqua und die Cursiv in verschiedenen Graden, erstere vorzugsweise für den Text, letztere für die Noten, und nach Sitte der damaligen Zeit sind die einzelnen Abschnitte mit Randleisten, Versalien und Initialen — der Buchstabe D in der Dedication ist eine Probe — geschmückt. Auch bei genauerer Besichtigung der Technik des Druckes macht die Ausführung einen durchaus gleichmässigen Eindruck und da auch das Papier durchweg von derselben Art ist, so hält es schwer, festzustellen, welche Theile wohl in Sagan und welche in Frankfurt gedruckt sein mögen.

Vergleicht man eingehend diejenigen Bogen, welche unzweifelhaft von dem Sohne in Frankfurt besorgt sind: das Titelblatt, die Dedication und den Appendix, mit denen des eigentlichen Traums, so findet man sehr wenig Unterschied in den Lettern; dagegen macht die Cursivschrift in der beigegebenen Uebersetzung des Plutarchschen Buches einen glatteren Eindruck und nähert sich in ihrer mehr verschnörkelten Art eher der Hoffmanschen Type, die im Anfang des XVII. Jahrhunderts in Frankfurt sehr gebräuchlich war, während die Type des Traums mehr den Guramondschen Schnitt aufweist; doch kommen auch wieder Charaktere der einen und der anderen Art in beiden Theilen vor, so dass man auch hieraus einen einigermassen sicheren Anhalt nicht gewinnt.

Nur aus dem Umstande, dass die Drucklegung eine verschiedene ist, insofern als die Noten zu dem Traum in geordneter Folge hinter den Text gesetzt sind, während diejenigen zum Plutarch theils zwischen dem Text, theils am Rande daneben stehen, könnte man vielleicht die Vermuthung folgern, dass diese Beigabe [ausser also den schon gedachten Stücken] ebenfalls in Frankfurt gedruckt ist. Für Sagan bliebe dann der Traum nebst Noten übrig. Der Druck ist wahrscheinlich erst im Jahre 1630 begonnen, bis zu welcher Zeit Kepler an den Noten arbeitete, jedenfalls nicht vor 1629, in welchem Jahre nachweislich die erste Druckerpresse in Sagan) aufgestellt wurde.*

Diese Originalausgabe nun habe ich meiner Uebersetzung zu Grunde gelegt. Lange habe ich Keplers geniales Werk zum Gegenstand meines Studiums gemacht und je mehr ich mit dem hohen Werth desselben be-

---

**) Durch Wallenstein; s. u. a. Kästner IV, S. 298, 303, 305, 337.*

kannt wurde, um so mehr musste ich bedauern, dass Kepler nicht in der Sprache Luthers schrieb, er hätte sicherlich schon damals die Naturwissenschaften volksthümlich gemacht. In grosser Begeisterung und aufrichtiger Verehrung für den grossen Gelehrten und edlen Menschen, wagte ich mich daher selbst daran, die Goldkörner eines vergessenen Schatzes zu schürfen.

Mein Buch ist nicht mit einem Male entstanden: ich begann zunächst, einige besonders hervorragende Stellen zu übertragen und durchzuarbeiten und fand darin einen so hohen Genuss, eine so ungetrübte Freude, dass ich immer weiter vordrang, bis zuletzt das ganze Werk vor mir lag. Nun erst erkannte ich ganz, wie recht Kepler hatte, als er sagte: „meine Abhandlung hat so viel Probleme als Zeilen, aber wer wird es der Mühe für werth erachten, sie zu lösen?“ Er hat sie in den Noten gelöst, aber er, der nur die Geister zu vergnügen wusste, hat dabei der Leiber wenig gedacht. Und doch auch die grosse Menge wünsche ich für das Werk zu interessiren, sie mit den grossen Gedanken Keplers bekannt zu machen. Denn Kepler ist einer der genialsten Forscher aller Zeiten, ein Genius von solch universeller Bedeutung, dass die gesammte gebildete Welt sich nur selbst ehrt, wenn sie dieses bahnbrechenden Geistes gedenkt. Im sogenannten Zeitalter der Aufklärung, da die Wissenschaften aus der Nacht des Mittelalters wieder zu neuem Leben erwachten, steht er als einer der kühnsten und verdienstvollsten Fahnenträger des geistigen Fortschritts da! —

Wenn ich nun hiermit die wohl noch am wenigsten gepflegten Pfade der Keplerforschung zu betreten und das ‚Somnium‘ für das gebildete Laienpublikum zu bearbeiten wage, so glaube ich nicht unvorbereitet an diese Arbeit gegangen zu sein. Schon seit vielen Jahren mich lebhaft für Kepler interessirend, habe ich alle Bücher von und über ihn und Alles, was sich sonst irgendwie auf ihn bezieht, zu erwerben oder zu meinem geistigen Eigenthum zu machen gesucht; aber dennoch wäre ich wohl kaum im Stande gewesen, mein Vorhaben auszuführen, wenn ich mich nicht der Sympathie namhafter Capacitäten auf dem Gebiete der Astronomie und der Erdkunde zu erfreuen hätte, die mich mit ihrem Wissen unterstützten und mich durch ihre Freude für mein Unternehmen zu gedeihlichem Schaffen ermunterten. Ich bin in meiner Arbeit bestrebt gewesen, die von Kepler in den Noten niedergelegten Gedanken für den weniger Eingeweihten näher zu begründen, sie zum Theil aus seinen eignen Werken auf ihren Ursprung zurückzuführen, zum Theil weiter zu verfolgen und Reflexionen daran vom Standpunkte der neueren Errungenschaften auf diesem Gebiete zu knüpfen.

Musste ich dabei zuweilen etwas weiter ausholen, hier und da abschweifen, so liegt das in meiner Absicht begründet: der Leser wird manche Probleme ebensowohl durch Gründe der Wissenschaft erklärt finden, als auch durch Gründe der Vernunft, seinem Gesichtskreise entsprechend, wie ich mich überhaupt bemüht habe, meine Ansichten und Meinungen frei von jeder philosophischen oder astronomischen Terminologie in der Ausdrucksweise so vorzutragen, dass sie jedem Leser von allgemeiner Bildung verständlich sind.

Neben dem ausgesprochenen Wunsche hat mich noch ein anderer Gedanke geleitet: die Hoffnung, die astronomischen Vorgänge unserer Mutter Erde und ihres nächsten, treuen Begleiters, des Mondes, jedem nach Aufklärung in dieser Richtung Strebenden näher zu rücken als es die immerhin sich populär nennenden astronomischen Bücher vermögen, die, schon weil sie einen weiteren Plan haben, auch auf die hier in Frage kommenden Einzelheiten nicht so ausführlich eingehen können.

Und dazu schien mir das Ungewöhnliche in Keplers ‚Traum vom Mond' ganz besonders geeignet zu sein: das Leben mit seinem alltäglichen Gange und gewohnten Tritt und Schritt hat etwas Langweiliges und Ermüdendes und nur das Ungewöhnliche reizt und macht empfänglich. So interessirt uns die Sonne in ihrem vollen Strahlenglanze weniger, als wenn sie einmal verfinstert ist und wie viele Menschen giebt es wohl, die mit wirklicher Andacht zum guten Mond hinaufsehen, wenn er voll und rund durch die stille Nacht dahinwandelt? Aber die halbe Welt würde die ganze Nacht aufbleiben, wenn der gute Geselle sich einmal einfallen lassen sollte — viereckig aufzugehen! —

Einige begleitende Worte will ich dem Kepler-Bildniss, welches ich meinem Buche beigegeben habe, hinzufügen. Ich halte es für das wahre Bildniss des grossen Astronomen. Das Original befindet sich im Besitz des Benediktinerstifts zu Kremsmünster; es ist auf eine Platte von Eichenholz in Oel auf dunklem Grunde gemalt, 37 cm breit und 50 cm hoch, und stellt Kepler in der Tracht der Professoren der damaligen Zeit dar. Nach den Notizen, die ich Herrn P. Hugo Schmid, Stiftsbibliothekar dort, verdanke, gehörte das Gemälde einem Notar Gruner, der es 1864 an den derzeitigen Abt des Stiftes, Reslhuber), verkaufte. Ein Malername oder Zeichen ist auf der Tafel nicht zu entdecken, die auf der Rückseite befindliche — in unserer Reproduction unter das Bildniss gesetzte — Inschrift ist viel späteren Datums; auch ist über den Ursprung und die Zeit der Entstehung nichts bekannt.*

*Wolf**) sagt darüber: „Ein noch hübscheres [als das Original in*

**) Augustin Reslhuber, Astronom und Meteorolog, geb. 1808 in Saass (Oberösterr.), seit 1860 Abt, gest. 1875.*

***) Rudolf Wolf, ‚Geschichte der Astronomie'. München 1877. S. 308.*

Strassburg] 1610 auf Holz gemaltes Oelbild, das im Besitz von Nachkommen der Geschwister Keplers war, ging 1864 durch Kauf an Abt Reslhuber in Kremsmünster über."

Ob das Portrait ein eigentliches Originalbild, im Sinne eines nach der Natur gezeichneten, ist oder ein späteres Erzeugniss, will ich hier nicht entscheiden, jedenfalls ist es von grosser Schönheit; der Maler hat es meisterhaft verstanden, in dem Gesichtsausdruck die geistreichen Züge des strassburger Bildes, die Zeichen harter Schicksalsschläge und die Spuren angestrengtester, geistiger Arbeit zu vereinigen. Der Eindruck, den es, besonders bei längerem Ansehen, hervorbringt, ist ein erhebender, gewaltiger: man glaubt das wahre Antlitz des grossen Astronomen zu schauen! —

Zum Schluss noch einige redaktionelle Bemerkungen. In der Uebersetzung bin ich möglichst getreu dem Original gefolgt und habe mich auch bemüht, die Ausdrucksweise Keplers, so weit es anging, beizubehalten, ohne indessen auf eine allzu peinliche Wiedergabe aller Zufälligkeiten zu sehr Gewicht zu legen. So habe ich die Eigenthümlichkeit des Autors, ihm besonders wichtig scheinende Erklärungen an verschiedenen Stellen oft mit denselben Worten zu wiederholen, nur bisweilen berücksichtigt. Von den Noten bringe ich, um das Buch nicht zu sehr zu belasten, nur die, welche mir zum allgemeinen Verständniss nothwendig schienen; ich hoffe, darin eine richtige Auswahl getroffen zu haben. Keplers Noten und meine Commentare dazu habe ich fortlaufend hinter den Text gesetzt und zwar weisen die einfachen Zahlen auf meine Commentare, die eingeklammerten dagegen auf Keplers Noten hin.

In meinen Erläuterungen ist diesen Zahlen ausserdem ein N [Note] resp. ein C [Commentar] vorgesetzt.

Anmerkungen unter dem Strich enthalten nur kurze biographische und ähnliche Notizen von mir. Keplers eigne Worte sind durchweg in Antiqua gesetzt, meine Commentare und Notizen dagegen in Cursiv.

In runde Klammern eingeschlossene Stellen sind auch im Original von Kepler in solche gesetzt, Worte in eckigen Klammern dagegen sind von mir eingefügt.

Das Titelblatt ist — in deutscher Uebertragung und etwas verkleinert — ein genaues Faksimile des Originaldrucks von 1634.

Den Appendix habe ich mit übersetzt, weil er einen integrirenden Theil des ‚Somnium' bildet, hingegen die beigegebene Schrift Plutarchs vorläufig unübersetzt gelassen. Besonderen Dank möchte ich an dieser Stelle dem Herrn Professor Dr. Siegmund Günther in München abstatten, der stets bereit war, mir mit seinem Wissen, besonders auf dem Gebiete der Erdkunde und in Betreff der Forschungen Keplers über den tellurisch-kosmischen Magnetismus, behülflich zu sein; ferner bin ich dem Ingenieur

Herrn Ernst Pippow, Regierungs-Baumeister in Hannover, zu grossem Danke verpflichtet, der mir bei Feststellung und Uebertragung des lateinischen Textes mit Besprechung alles Einzelnen so manche Stunde geopfert hat. —

Von einigen sinnentstellenden Druckfehlern habe ich am Schluss des Buches eine Berichtigung gegeben; ich bitte den Leser, diese gefl. vor der Lectüre durchzusehen.

Wenn die an meine Arbeit geknüpften Hoffnungen nur zum kleinen Theil in Erfüllung gehen, soll meine Mühe reich belohnt sein. —

Stettin, im Monat August 1898.

Ludwig Günther.

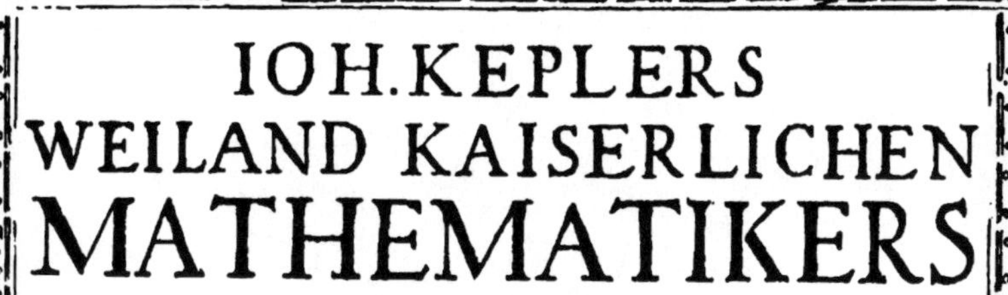

IOH. KEPLERS WEILAND KAISERLICHEN MATHEMATIKERS

TRAUM,

Oder

NACHGELASSENES WERK VEBER DIE ASTRONOMIE DES MONDES.

Herausgegeben.
von

M. LUDWIG KEPLER DEM SOHNE,
Candidaten der Medicin.

Gedruckt theilweise in Sagan in Schlesien theilweise in Frankfurt auf Kosten der Erben des Verfassers.

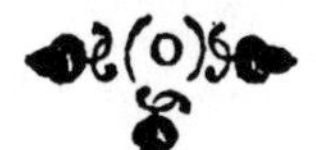

ANNO M DC XXXIV.

BEIGEGEBEN

GEographischer Anhang, Schreiben an P. Guldin Priester der Ges: Iesu.

1896. L. Günther gez.

Dem durchlauchtigsten hohen Fürsten und Herrn,

Herrn

Philipp, Landgrafen zu Hessen, Grafen zu Katzenelnbogen, Dietz, Ziegenhain, Nidda u. s. w.

seinem gnädigsten Herrn und Fürsten, u. s. w.

Durchlauchtigster! Als mein Vater, der Kaiserl. Mathematiker Johannes Kepler, ermüdet von seinen Forschungen nach der Bewegung des Erdkörpers, seinen Traum von der Astronomie und der Bewegung des Mondes begann, hatte dies eine Art von Vorbedeutung, deren Ausgang, wenn auch ihm selbst vielleicht erwünscht und ersehnt, für uns, seine Kinder, indessen ein sehr trauriger war. Während sein Traum unter der Presse war, befiel ihn ein tieferer, nämlich der Todesschlaf und entführte seinen Geist, wie wir hoffen, in den Himmel, der höher ist als der Mond; uns aber liess er zurück in den Nöthen des Krieges und allem Elend dieser Zeitlichkeit, fast ganz entblösst von den Mitteln zur Unterhaltung unseres Lebens. Auch ein Verwandter, Herr Jacob Bartsch, Doctor der Medicin und Mathematiker, designirter Professor der Akademie zu Strassburg, welcher die Sorge für den Druck des Buches nun übernahm, ging vor der Vollendung mit Tode ab.

Ich selbst, erst kürzlich von der Reise mit einem österreichischen Baron nach Deutschland heimgekehrt, hatte seit zwei Jahren keine Kunde von den Meinigen und schrieb von Frankfurt aus nach der Lausitz, um zu erfahren, ob sie noch lebten und wie es ihnen gehe. Da kam meine verwittwete Stiefmutter mit vier unmündigen Kindern ganz mittellos zu mir, in den unruhigen Zeitläuften und an einen wegen der Theuerung besonders ungeeigneten Ort, brachte die unvollständigen Exemplare des

‚Somnium' mit und verlangte meinen Beistand, der ich selbst fremder Hülfe und Unterstützung bedurfte. Auch sollte ich die Vollendung des Druckes besorgen; doch konnte ich Gutes von diesem Traum erwarten, der meinem Vater und Schwager verhängnissvoll geworden war? — Um aber den grossen und geehrten Namen meines Vaters nicht erlöschen zu lassen, sondern als Sohn, wenn nicht nach dem Maass meines geistigen Vermögens ihn zu vermehren, so doch zu erhalten, habe ich diese Bitte nicht abgelehnt, vielmehr gern mich ihr gefügt.

Doch fehlt dem Werke ein Gönner! Unter den Männern des Krieges findet sich schwerlich einer, der sich um die Astronomie der Mondkugel kümmerte und nicht vielmehr bedacht sein müsste, von Flinten- und Kanonenkugeln verschont zu bleiben. So habe ich, durchlauchtigster Fürst, niemand gefunden, der geeigneter wäre, diesem Werk seine Gunst zu schenken, als Du, der Du in mathematischen Studien geübt und der Kriegsfurie fern stehst, auch unsern Vater, so lange er lebte, mit Deiner Gnade beehrtest. Und so hoffen die Waisen, Du werdest ihnen und diesem Werke Deinen Schutz nicht versagen und empfehlen Deiner Durchlaucht durch mich sich selbst und das ‚Somnium' alleruntherthänigst.

Sie flehen inbrünstig zum Allmächtigen, dass Er Deine Durchlaucht nebst hoher Gemahlin an Leib und Seele bewahren, auch alle feindlichen Anläufe und Kriegsnöthe von Deinem Lande gnädig abhalten wolle.

Mögest Du, erhabener Fürst, lange leben, Deinem Gotte und dem Vaterlande!

Frankfurt am Main, den 8.) Sept. Anno MDCXXXIV.*

Deiner hohen Durchlaucht unterthänigster

M. Ludwig Kepler,
Candidat der Medicin.

**) Im Original von 1634 steht vor der 8 noch ein Strich, es könnte also zweifelhaft sein, ob nicht der 18te zu lesen sei; da aber der Strich etwas tiefer steht, als die Zeile und auch fetter, wie die andere Zahl ist, so ist er wohl für ein mit abgedrucktes Spatium zu nehmen. Frisch hat in seiner Ausgabe auch den 8. September.*

Johannes Keplers Traum oder die Astronomie des Mondes.

Als im Jahre 1608 die Zwistigkeiten zwischen den Brüdern Kaiser Rudolph und Erzherzog Matthias ihren Höhepunkt erreicht hatten[1] und deren Handlungen vielfach auf Beispiele aus der böhmischen Geschichte zurückgeführt wurden, richtete ich, durch die allgemeine Neugier bewogen, meinen Sinn der böhmischen Legende zu, und als ich dabei zufällig auf die Geschichte der durch ihre magische Kunst berühmten, heldenmüthigen Zauberin Libussa[2] stiess, geschah es eines Nachts, dass ich, nach der Betrachtung der Sterne und des Mondes für Höheres empfänglich geworden, auf meinem Bette einschlief, und da schien es mir, als läse ich in einem auf der Messe[3] erworbenen Buche Folgendes:

Mein Name ist Duracoto[4], mein Vaterland Island[5], das die Alten Thule[6] nennen, meine Mutter war Fiolxhilde[7], deren unlängst erfolgter Tod mir die Freiheit verschaffte, zu schreiben, wonach ich schon lange vor Begierde brannte. So lange sie lebte, sorgte sie eifrig dafür, dass ich nicht schriebe: denn, meinte sie, es gäbe gar viele verderbliche Verächter der Künste, welche verläumdeten, was sie nicht verständen und dem Menschengeschlechte frevelhafte Gesetze gäben, durch welche nicht wenige bereits zum Schlund des Hekla[8] verurtheilt seien[9]. Den Namen meines Vaters hat sie mir nie gesagt, er sei Fischer gewesen und als Greis von 150 Jahren gestorben, als ich erst 3 Jahre zählte und nachdem er schon ungefähr 70 Jahre in seiner Ehe gelebt habe[10].

In den ersten Jahren meiner Kindheit pflegte meine Mutter, mich an der Hand führend oder auf den Schultern tragend, mich häufig auf den Gipfel des Hekla zu führen, besonders um die Zeit des Johannisfestes, wo die Sonne 24 Stunden sichtbar bleibt und es keine Nacht giebt[11]. Die Mutter sammelte dann Kräuter, die sie zu Hause unter mancherlei Ceremonien und Sprüchen zubereitete[12], in Säckchen von Bockshaut that und sie so dem Schiffsvolke des benachbarten Hafens zum Verkauf bot[13].

Als ich einstmals aus Neugier ein solches Säckchen aufschnitt, das die nichtsahnende Mutter bereits verkauft hatte, und die Kräuter sowie die mit verschiedenen Zeichen bestickte Leinwand[14] herausnahm und sie so um den kleinen Gewinnst betrog, wurde sie darüber so erzürnt, dass sie mich dem Schiffer als

Eigenthum übergab, damit sie ihres Verdienstes nicht verlustig ginge. Dieser segelte am folgenden Tage unverhofft ab und steuerte unter günstigem Winde auf Bergen in Norwegen zu. Nach einigen Tagen erhob sich ein starker Nordwind, der uns gegen Dänemark trieb. Als das Schiff durch den Sund lief, wo Briefe des Isländischen Bischofs an den Dänen Tycho Brahe, der die Insel Hveen[15] bewohnte, abzugeben waren, erkrankte ich heftig infolge des Schüttelns und der ungewohnten Wärme der Luft[16], denn ich war noch ein Jüngling von 14 Jahren. Der Schiffer setzte mich deshalb, nachdem er gelandet, mit den Briefen bei einem Fischer der Insel ab, machte mir Hoffnung auf baldige Rückkehr und segelte davon.

Nachdem ich die Briefe übergeben, begann der über meine Ankunft sehr erfreute Brahe mich nach vielem zu fragen, wovon ich leider nur wenig verstand, da ich die Sprache nicht kannte. Daher machte er es seinen Gehülfen, von denen er stets eine grosse Zahl um sich hatte[17], zur Aufgabe, viel mit mir zu sprechen und so lernte ich durch die Fürsorge Brahes in wenig Wochen, mich im Dänischen verständlich zu machen. Nun war ich nicht minder eifrig im Erzählen, als jene im Fragen. Vieles mir bisher Unbekannte konnte ich dort bewundern, manches Neue aber auch den Staunenden aus meiner Heimath berichten.

Schliesslich kehrte der Schiffer zurück, aber zu meiner grossen Freude liess er mich auf meine inständige Bitte da.

Mit grossem Interesse verfolgte ich nun die Beobachtungen, welche Brahe und seine Gehülfen mit bewunderungswürdigen Instrumenten in jeder Nacht an Mond und Sternen anstellten; ich wurde dadurch an meine Mutter erinnert, die sich ja auch beständig mit dem Monde zu besprechen pflegte[18].

Auf diese Weise machte ich, nach meinem Vaterlande ein Halbbarbar und von dürftiger Herkunft, die Bekanntschaft jener göttlichen Wissenschaft, die mir den Weg zu Höherem ebnete[19].

So waren mir auf dieser Insel mehrere Jahre dahingeflossen, als mich zuletzt die Sehnsucht, mein Vaterland wiederzusehen, erfasste; ich meinte, man würde mich wegen meiner Kenntnisse, die ich mir erworben, gern dort aufnehmen und mich vielleicht zu einer gewissen Würde erheben. Nachdem ich von meinem Gönner die erbetene Erlaubniss erhalten hatte, reiste ich ab, und kam nach Kopenhagen[20]; hier erhielt ich Reisegefährten, die mich, da ich Land und Sprache kannte, gern in ihre Gesellschaft aufnahmen und so kehrte ich denn nach 5jähriger Abwesenheit in mein Vaterland zurück.

Die erste frohe Nachricht, die ich hier erhielt, war zu hören, dass meine Mutter noch lebe und ihren Beschäftigungen wie früher nachgehe. Lebend und geehrt brachte ich ihr durch meine Wiederkunft das Ende jener täglichen Gewissensbisse, die sie bisher wegen des Leichtsinns, mit dem sie ihren Sohn damals von sich gestossen, ausgestanden hatte. Es war gerade Herbst und es begannen unsere langen Nächte, wo im Monat der Geburt Christi die Sonne, am Mittag kaum ein wenig aus ihrem Bette emportauchend, sogleich wieder schlafen geht[21]. Da meiner Mutter Arbeit um diese Zeit ruhte, so hing sie sich an mich, wich nicht von meiner Seite, wohin ich mich mit meinen Empfehlungsschreiben auch begab, frug bald nach den Ländern, die ich besucht, bald nach den Wundern des Himmels, wovon Kenntniss erlangt zu haben ich so erfreut war, verglich mit meinen Erzählungen, was sie selbst erfahren und versicherte, jetzt sei sie bereit zu sterben, da sie den Sohn als Erben einer Wissenschaft zurücklassen könne, die sie bis jetzt allein besessen. Ich, von Natur wissbegierig, unterhielt mich oft mit ihr über ihre Künste und befrug sie, wer ihr Lehrmeister gewesen in einem so ganz und gar abgeschlossenen Lande. Darauf erzählte sie mir eines Tages, als wir wieder zum Gedankenaustausch beisammen sassen, etwa Folgendes. Mein Sohn Duracoto, es ist nicht nur für die Länder, in denen du gewesen bist, sondern auch für unser Vaterland gesorgt. Freilich quälen uns Kälte und Finsterniss und andere Unbequemlichkeiten, die ich erst jetzt empfinde, nachdem ich von dir das Glück anderer Gegenden erfahren habe, aber wir haben dafür andere eigenthümliche Vorzüge; uns sind sehr weise Geister nahe, die das Licht anderer Länder und den Lärm der Menschen hassen, deswegen unsere Finsterniss aufsuchen und mit uns vertraulich verkehren. Es sind vorzugsweise neun[22], von denen Einer[23] mir besonders vertraut ist; er ist der reinste und sanftmüthigste[24] von Allen und wird mit 21 Buchstaben[25] beschworen. Durch seine Hülfe werde ich nicht selten an andere Küsten, die ich kennen zu lernen wünsche, versetzt, oder, wenn mir die Reise zu weit ist, so erfahre ich dadurch, dass ich ihn befrage, soviel, als wenn ich selbst dort gewesen wäre; die meisten Länder, die du entweder gesehen, von Hörensagen kennst oder über die du dich aus Büchern unterrichtet hast, schilderte er mir ebenso, wie du[26]. Besonders möchte ich dich jetzt zum Beschauer derjenigen Region machen, von der er mir am meisten erzählte, denn sehr wunderbar ist, was er darüber berichtet. Levania hat er sie genannt[27].

Ich bat meine Mutter, damit nicht zu zögern und sofort ihren Lehrer zu rufen, damit ich Alles: die Art des Weges und die Beschreibung der Landschaft von ihm höre. Es war Frühling, der Mond zeigte die zunehmende Sichel und begann, nachdem kaum die Sonne unter dem Horizont verschwunden, sogleich aufzuleuchten, zusammen mit dem Planeten Saturn im Sternbild des Stiers[28]. Alsbald begab sich die Mutter zum nächsten Kreuzweg[29], wo sie mit laut erhobener Stimme und verzückt einige Worte hervorstiess, womit sie ihre Bitte vortrug. Nach Vollendung einiger Ceremonien kehrte sie zurück und setzte sich, mit ausgestreckter Hand Ruhe gebietend, neben mich. Kaum hatten wir, wie verabredet, unsere Häupter mit den Gewändern verhüllt, als plötzlich das Geflüster einer heiseren, übernatürlichen Stimme[30] hörbar wurde und in isländischer[31] Sprache wie folgt begann.

Der Dämon[32] aus Levania[33].

Fünfzig Tausend deutsche Meilen[34] weit im Aether liegt die Insel Levania. Der Weg zu ihr von der Erde und zurück steht sehr selten offen[35]. Unserm Geschlecht ist er zwar dann leicht zugänglich, allein für den Erdgeborenen, der die Reise machen wollte, sehr schwierig und mit höchster Lebensgefahr verbunden[36]. Keinen von sitzender Lebensart, keinen Wohlbeleibten, keinen Wollüstling nehmen wir zu Begleitern, sondern wir wählen solche, die ihr Leben im eifrigen Gebrauch der Jagdpferde verbringen oder die häufig zu Schiff Indien besuchen und gewohnt sind, ihren Unterhalt mit Zwieback, Knoblauch, gedörrten Fischen und anderen von Schlemmern verabscheuten Speisen zu fristen. Besonders geeignet für uns sind ausgemergelte alte Weiber, die sich von jeher darauf verstanden, nächtlicherweile auf Böcken, Gabeln und schäbigen Mänteln[37] reitend, unendliche Räume auf der Erde zu durcheilen. Aus Deutschland sind keine Männer geeignet, aber die dürren Leiber der Spanier weisen wir nicht zurück[38].

Der ganze Weg, so lang er ist, wird in einer Zeit von höchstens 4 Stunden zurückgelegt[39]. Uns Vielbeschäftigten steht die Zeit zum Antritt der Reise nicht frei, wir erfahren davon erst, wenn der Mond in seinem östlichen Theile sich zu verfinstern beginnt. Bevor er wieder in vollem Lichte strahlt, müssen wir die Fahrt beendet haben, wenn nicht ihr Zweck vereitelt werden soll[40]. Da also die günstige Gelegenheit zur Abreise so plötzlich eintritt, können wir auch nur wenige aus Eurem Geschlechte mitnehmen, und zwar nur die, welche uns besonders ergeben sind. Schaarenweise stürzen wir uns auf den Auserwählten, unterstützen ihn alle und heben ihn schnell empor. Diese Anfangsbewegung ist für ihn die schlimmste[41], denn er wird gerade so emporgeschleudert, als wenn er durch die Kraft des Pulvers gesprengt über Berge und Meere dahin flöge[42]. Deshalb muss er zuvor durch Opiate betäubt und seine Glieder sorgfältig verwahrt werden, damit sie ihm nicht vom Leibe gerissen, vielmehr die Gewalt des Rückschlages in den einzelnen Körpertheilen vertheilt bleibt. Sodann treffen ihn neue Schwierigkeiten: ungeheure Kälte[43] sowie Athemnoth; gegen jene schützt uns unsere angeborene Kraft[44], gegen diese ein vor Nase und Mund gehaltener feuchter Schwamm[45]. Wenn der erste Theil des Weges zurückgelegt ist, wird uns die Reise leichter[46], dann geben wir unsere Begleiter frei und überlassen sie sich selbst: wie die Spinnen strecken und ballen sie sich zusammen und schaffen sich durch ihre eigne Kraft vorwärts[47], so dass schliesslich ihre Körpermasse sich von selbst dem gesteckten Ziele zuwendet[48]. Aber infolge der bei Annäherung an unser Ziel stets zunehmenden Anziehung würden sie durch zu hartem Anprall an den Mond Schaden leiden, deshalb eilen wir voran und behüten sie vor dieser Gefahr. Gewöhnlich klagen die Menschen, wenn sie aus der Betäubung erwachen, über grosse Mattigkeit in allen Gliedern, von der sie sich erst ganz allmälig wieder erholen können, so dass sie im Stande sind zu gehen.

Ausser diesen begegnen ihnen noch viele andere Gefahren, deren Aufzählung indessen zu weit führen würde. Uns Geister trifft nichts Schlimmes. Wir bewohnen die Finsternisse der Erde, so lang sie sind; sobald solche Levania berühren, sind wir sogleich bei der Hand, um, gleichsam wie aus einem Schiffe, an's Land zu steigen, und dort ziehen wir uns schleunigst in Höhlen und finstere Oerter zurück[49], damit nicht die Sonne, die bald darauf mit voller Gluth wieder hervorbricht, uns aus unserm erwünschten Versteck heraustreibt und zwingt, dem weichenden Schatten zu folgen[50]. Dort haben wir nach Wunsch Ruhe vor dieser Gefahr. Die Rückkehr steht uns nur dann frei, wenn die Menschen auf der Erde die Sonne verfinstert sehen[51]; dann warten wir, zu Schaaren vereint, im Schatten des Mondes, bis, wie es häufig geschieht[52], dieser mit seiner Spitze die Erde trifft und stürzen uns mit demselben wieder unter ihre Bewohner. Daher erklärt es sich, dass diese die Sonnenfinsternisse so sehr fürchten[53].

So viel soll über die Reise nach Levania gesagt sein. Im Folgenden will ich von der Beschaffenheit dieses Landes reden, indem ich nach Sitte der Geographen von dem ausgehe, was man am Himmel sieht.

Obgleich man auf Levania genau denselben Anblick des Fixsternhimmels hat[54], wie bei uns, so sieht man doch die Bewegungen und Grössen der Planeten ganz anders, als sie uns erscheinen, so, dass dort eine von der unsrigen völlig abweichende Astronomie herrscht.

Wie nämlich unsere Geographen den Erdball in 5 Zonen theilen in Bezug auf die Himmelserscheinungen, so besteht Levania aus 2 unveränderlichen Hemisphären[55]: aus einer der Erde zugewandten, der subvolvanen und einer der Erde abgewandten, der privolvanen; die erstere sieht fortwährend ihre Volva, die für sie die Stelle unseres Mondes vertritt, die letztere aber ist für ewig des Anblickes der Volva beraubt. Und der Kreis, der diese beiden Hemisphären theilt, geht nach Art unserer Kolur der Solstitien durch die Pole der Welt, d. h. des Aequators und wird Divisor genannt[56].

Zunächst nun werde ich das erklären, was beiden Hemisphären gemein ist. In ganz Levania kennt man, wie bei uns auch, den Wechsel zwischen Tag und Nacht, aber diese Tage und Nächte nehmen im Laufe des Jahres nicht zu und ab[57], wie die unsrigen, sondern sie sind sich immer fast ganz gleich, nur ist regelmässig der Tag bei den Privolvanern etwas kürzer, bei den Subvolvanern etwas länger als die Nacht[58]. Von dem Wechsel, der nach Verlauf von 8 Jahren eintritt, werde ich später reden. An den beiden Polen ist die Sonne zur Milderung der Nächte halb sichtbar, halb ist sie unter dem Horizont und läuft so im Kreise herum, denn ebenso, wie uns unsere Erde, scheint auch Levania seinen Bewohnern still zu stehen und scheinen die Sterne sich im Kreise zu bewegen[59]. Tag und Nacht zusammen kommen ungefähr einem unserer Monate gleich, denn wenn die Sonne am frühen Morgen aufgeht, erscheint sie immer ein ganzes Sternbild weiter vorgerückt[60], als am vorhergehenden Tage, und wie die Sonne uns in einem Jahre 365 mal und die Fixsterne 366 mal oder genauer in 4 Jahren jene 1461 und diese 1465 mal auf- und untergehen, so den Levaniern die Sonne 12 mal und die Sterne 13 mal oder genauer in 8 Jahren jene 99 und diese 107 mal. Während eines Cyklus von 19 Jahren geht ihnen die Sonne 235 mal auf und wälzt sich die Fixsternsphäre 254 mal um[61].

Die Sonne geht für die den Mittelpunkt[62] bewohnenden

Subvolvaner dann auf, wenn uns das letzte Viertel erscheint, für die Privolvaner dann, wenn wir das erste Viertel haben[63]. Was ich aber von den Mittelpunkten sage, gilt auch für alle Punkte, die auf einem Halbkreise liegen, den wir uns durch die beiden Pole und die Mitten, senkrecht zum Divisor gezogen denken und welche man die Halbkreise der Mitten oder Medivolvane nennen könnte[64].

Es giebt auch in der Mitte zwischen den Polen einen Kreis, der mit unserm Aequator verglichen werden könnte und diesen Namen auch verdient. Zweimal schneidet er den Divisor und den Medivolvan und zwar in einander gegenüberliegenden Punkten, und allen Orten, die unter diesem Kreise liegen, geht die Sonne täglich durch den Scheitelpunkt und zwar 2 mal im Jahr genau um Mittag; den übrigen, die auf beiden Seiten nach den Polen zu liegen, neigt sie sich mehr oder weniger vom Scheitel ab[65].

In Levania hat man zwar auch eine Art Sommer und Winter, diese Jahreszeiten sind aber an Verschiedenheit mit den unsrigen nicht zu vergleichen, auch fallen sie für einen und denselben Ort nicht immer auf dieselbe Zeit des Jahres, wie bei uns; denn in einem Zeitraum von 10 Jahren geht jener Sommer von einem Theil des Sternjahres in den entgegengesetzten über, so zwar, dass in einem Zeitraum von 19 solcher Jahre, oder 235 Tagen[66], der Sommer mit dem Winter zwischen dem Aequator und den Polen 40 mal wechselt. Unter den Polen giebt es alljährlich 6 Sommer- und 6 Wintertage, entsprechend unseren Monaten. Unter dem Aequator verschwindet der Wechsel der Jahreszeiten beinahe ganz, weil die Sonne sich in diesen Gegenden nicht über 5^{0} hin- und herbewegt[67]; mehr merkt man ihn bei den Polen, in welchen Gegenden man die Sonne in einem Halbjahr sieht und im andern nicht, ähnlich wie bei uns diejenigen Bewohner, welche an einem der beiden Pole wohnen. Daher fehlen denn auch dem Globus Levanias die dem unsrigen entsprechenden 5 Zonen, er hat nur eine heisse und eine kalte, deren Breiten je ungefähr 10° betragen[68], im Uebrigen verhält es sich mit der Temperatur gerade so wie bei uns[69].

Durch die Schnitte des Aequatorial- und des Thierkreises entstehen 4 Kardinalpunkte, wie bei uns die Aequinoktien und Solstitien und von jenen Schnitten an hat der Thierkreis seinen Anfang. Aber sehr schnell ist die Bewegung der Fixsterne von diesem Anfang aus, da sie nach Vollendung von je 20 tropischen Jahren — jedes von einem Sommer und einem Winter — den ganzen Thierkreis durchlaufen haben, was bei uns kaum in 26000 Jahren einmal geschieht[70].

Dies sei genug über die erste Bewegung[71].

Noch viel verwickelter und abweichender von der unsrigen ist die Lehre von der zweiten Bewegung. Denn für alle 6 Planeten: Saturn, Jupiter, Mars, Sonne, Venus, Mercur[72] kommen zu den Ungleichheiten[73], die wir auch kennen, für die Mondbewohner noch drei hinzu: zwei in der Länge, eine tägliche, eine andere nach 8½ Jahren und eine in der Breite nach Verlauf von 19 Jahren[74].

Die Privolvaner der Mitte[75] sehen die Sonne zu Mittag grösser, die Subvolvaner dagegen kleiner als beim Aufgang. Beiden weicht die Sonne um einige Minuten von der Ekliptik ab und zwar bald zu diesem, bald zu jenem Fixstern[76] und erst in einem Zeitraum von 19 Jahren werden diese Schwankungen, wie schon gesagt, wieder in die alte Bahn gebracht. Indess ist diese Abweichung bei den Subvolvanern etwas geringer, als bei den Privolvanern, für die letzteren bewegt sich die Sonne um Mittag kaum merklich, bei den ersteren dagegen sehr schnell und umgekehrt um Mitternacht. Daher scheint den Levaniern die Sonne gleichsam sprungweise unter den Fixsternen fortzuschreiten[77].

Dasselbe gilt von Venus, Mercur und Mars, bei Jupiter und Saturn sind die Erscheinungen fast unmerklich[78].

Aber diese tägliche Bewegung ist nicht einmal zu gleichen Stunden des Tages immer gleich, sondern sowohl bei der

Sonne, als auch bei den Fixsternen bisweilen langsamer, bisweilen schneller[79], und indem diese Verzögerung durch die Tage des ganzen Jahres läuft, so dass sie bald den Sommer, bald den Winter betrifft, wird abwechselnd bald der Tag, bald die Nacht länger (durch wirkliche Verzögerung, nicht wie bei uns auf der Erde durch ungleiche Eintheilung des natürlichen Tageslaufes)[80].

Erst in einem Zeitraum von fast 9 Jahren gleicht sich die Verzögerung des Sonnenlaufes einmal aus und sind dann Tag und Nacht annähernd gleich lang, was sowohl für die Privolvaner, als auch für die Subvolvaner gilt[81].

So viel nur will ich von den Erscheinungen sagen, die beiden Halbkugeln gemeinsam sind.

Von der Halbkugel der Privolvaner.

Was nun die einzelnen Halbkugeln für sich betrifft, so besteht zwischen ihnen ein sehr grosser Unterschied. Denn nicht allein bewirkt die Gegenwart oder Abwesenheit der Volva verschiedene Erscheinungen, sondern jene gemeinsamen Phänomene, von denen ich soeben sprach, haben hier und dort verschiedene Wirkungen und zwar in dem Maasse, dass man vielleicht besser die privolvane Halbkugel die ungemässigte, die subvolvane dagegen die gemässigte nennen könnte. Die Nacht der Privolvaner ist 15—16 unserer Tage lang, von erschreckender Finsterniss, ähnlich wie sie bei uns an mondlosen Winternächten herrscht, denn sie wird nie von den Strahlen der Volva erleuchtet. Daher starrt Alles von Eis und Schnee[82] unter eisigen wüthenden Winden[83]. Dann folgt ein Tag, nicht ganz 14 unserer Tage lang[84], während welchem unaufhörlich eine vergrösserte[85] und nur langsam von der Stelle rückende Sonne[86] herniederglüht, deren sengende Wirkung durch keine Winde gemildert wird[87]. Dadurch entsteht auf jeder Stelle der uns abgewandten Halbkugel während der Zeit eines unserer Monate, d. h. eines

Levania-Tages [Mondtages] einmal eine unerträgliche Hitze, wohl 15 mal so glühend, wie die in unserm Afrika, und dann wieder eine Kälte unerträglicher wie irgendwo auf Erden[88].

Insbesondere ist noch zu bemerken, dass der Planet Mars den Privolvanern zuweilen fast doppelt so gross erscheint, als uns[89] und zwar denen, welche die Mitte bewohnen um Mitternacht, den übrigen, den Abständen entsprechend, früher oder später.

Von der Halbkugel der Subvolvaner.

Uebergehend zu dieser beginne ich mit ihren Grenzbewohnern, d. h. mit denen, die den Divisor bewohnen. Diesen ist es nämlich eigenthümlich, dass sie die Ausweichungen der Venus und des Mercur von der Sonne viel grösser beobachten als wir[90]. Ebenso erscheint ihnen die Venus zu gewissen Zeiten doppelt so gross als uns[91], zumal denen, die unter'm Nordpol hausen[92].

Das weitaus grossartigste Schauspiel, das die Subvolvaner geniessen, ist indessen der Anblick ihrer Volva, die sie als Ersatz unseres Mondes besitzen, der ja ihnen und ebenso den Privolvanern völlig abgeht. Nach der unausgesetzten Anwesenheit der Volva wird ja auch, wie oben bereits gesagt, diese Seite des Mondes die subvolvane, die andere die privolvane genannt.

Euch Erdbewohnern erscheint unser Mond, wenn er in voller Scheibe aufgeht und über den weit entfernten Häusern langsam emporsteigt, so gross wie ein Fass, wenn er aber in den Zenith gekommen ist, kaum so gross, wie ein menschliches Antlitz[93]. Den Subvolvanern aber stellt sich ihre Volva mitten am Himmel dar (und diesen Ort nimmt sie für die ein, welche in der Mitte oder besser im Nabel ihrer Hemisphäre wohnen) mit einem fast 4 mal so grossen Durchmesser als unser Mond, so dass, auf die Fläche bezogen, ihre

Volva 15 mal so gross ist[94]. Für die aber, denen die Volva immer am Horizont steht, hat sie die Gestalt einer in der Ferne glühenden Kuppe[95].

Wie wir nun die Oerter auf der Erde nach der grösseren oder geringeren Polerhebung unterscheiden, wenn wir auch den Pol selbst nicht wahrnehmen, so dient ihnen [den Mondbewohnern] zu demselben Zweck der Stand der Volva, welche überall und immer sichtbar ist und an den verschiedenen Oertern eine verschiedene Höhe hat[96]. Einigen steht sie nämlich, wie schon gesagt, gerade im Scheitel, Anderen erscheint sie nach dem Horizont herabgezogen, den Uebrigen zwischen diesen Stellungen; für jeden Ort aber hat sie eine ganz bestimmte feststehende Höhe[97]. Auch Levania hat seine eignen Himmelspole [Weltpole], die aber nicht mit unsern Weltpolen zusammenfallen[98], sondern in der Höhe der Pole der Ekliptik liegen. Diese Pole des Mondes nun durchwandern in einem Zeitraum von 19 Jahren unter dem Sternbild des Drachen und den gegenüberliegenden des Schwertfisches, des fliegenden Fisches und der grossen Wolke kleine Kreise um die Pole der Ekliptik, und da diese Pole ungefähr um einen Kreisquadranten [90°] von der Volva entfernt sind, so kann man die Oerter sowohl nach den Polen, als auch nach der Volva bestimmen und es ist klar, dass die Mondbewohner es in dieser Beziehung weit bequemer haben, als wir: die Länge der Oerter beziehen sie nämlich nach ihrer unbeweglichen Volva, die Breite sowohl nach ihrer Volva, als auch nach ihren Polen, während wir zur Längenbestimmung nur die sehr missachtete und wenig genaue magnetische Deklination haben[99].

Für die Mondbewohner steht die Volva fest, wie mit einem Nagel an den Himmel geheftet, unbeweglich am selben Ort[100], und hinter ihr ziehen die Gestirne und auch die Sonne von Ost nach West vorüber; in jeder Nacht ziehen sich einige Fixsterne des Thierkreises hinter die Volva zurück und tauchen am entgegengesetzten Rande wieder auf[101]. Aber nicht in allen Nächten sind es dieselben, sondern alle die, welche von der Ekliptik 6 oder 7^{0}[102] entfernt stehen, wechseln unter einander ab und zwar geschieht dies in einer Periode von 19 Jahren, nach deren Vollendung sie in derselben Ordnung wiederkehren[103].

Ebenso wie unser Mond nimmt auch ihre Volva zu und ab, aus gleicher Ursache, nämlich des Beschienen- und Nichtbeschienenwerdens von der Sonne[104]; auch die Zeit ist naturgemäss dieselbe, indessen zählen sie anders als wir: sie bezeichnen die Zeit, während welcher sich Wachsthum und Abnahme vollzieht, als Tag und Nacht, eine Periode, die wir Monat nennen. Niemals fast, auch nicht einmal bei Neuvolva verschwindet den Subvolvanern die Volva ganz, wegen ihrer Grösse und Helligkeit, besonders denjenigen an den Polen nicht, welche dann die Sonne nicht sehen, denen aber die Volva um die Mittagszeit die Hörner aufwärts wendet[105]. Denn im Allgemeinen ist für die, welche zwischen dem Nabel und den Polen auf dem medivolvanischen Kreise wohnen, die Neuvolva das Zeichen des Mittags, das erste Viertel das des Abends, die Vollvolva das der Mitternacht und das letzte Viertel bringt die Sonne wieder, also ist das Zeichen des Morgens[106]. Diejenigen aber, welche die Volva und die Pole am Horizont liegen haben, also am Schnittpunkt des Aequators mit dem Divisor wohnen, haben bei Neu- resp. Vollvolva Morgen resp. Abend, sowie bei den Vierteln die Mitte des Tages resp. der Nacht[107]. Hieraus kann man sich ein Urtheil bilden über die Erscheinungen bei denen, die dazwischen wohnen.

So unterscheiden die Mondbewohner die Stunden ihrer Tage nach den verschiedenen Phasen der Volva, nämlich je näher Sonne und Volva ihnen einander erscheinen, desto näher steht jenen der Mittag, diesen der Abend oder Sonnenuntergang bevor. Auch in der Nacht, welche regelmässig 14 unserer Tage und Nächte dauert, sind sie viel besser als wir im Stande, die Zeit zu messen, denn ausser jener Aufeinanderfolge der Volvaphasen, von denen die Vollvolva, wie schon gesagt, das Zeichen der Mitternacht unter dem Modivolvan ist, bestimmt ihnen ihre Volva an sich schon die Stunden. Obgleich sie sich nämlich nicht von der Stelle zu bewegen scheint, so dreht sie sich, im Gegensatz zu unserm Mond, doch an ihrem Platze um sich selbst und zeigt der Reihe nach einen wunderbaren Wechsel von Flecken, so zwar, dass diese von Osten nach Westen gleichmässig vorüberziehen[108]. Die Zeit nun, in welcher dieselben Flecken zur alten Stelle zurückkehren, wählen die Subvolvaner zu einer Zeitstunde und diese, etwas länger als bei uns die Dauer eines Tages und einer Nacht [24 Stunden], ist das sich ewig gleichbleibende Zeitmaass[109]. Denn, wie oben schon gesagt ist: Sonne und Sterne legen für die Mondbewohner in täglich wechselnder Zeit ihre Bahnen zurück, was wohl hauptsächlich darauf zurückzuführen ist, dass die Erde sich zusammen mit dem sich um seine Achse drehenden Mond um die Sonne bewegt[110].

Im grossen Ganzen scheint die Volva, was den grösseren nördlichen Theil anbetrifft, zwei Hälften zu haben[111], eine dunklere und gewissermassen mit zusammenhängenden Flecken bedeckte und eine etwas hellere[112], indem als Scheide zwischen beiden nach Norden ein heller Streifen liegt[113]. Die Gestalt der Flecken ist sehr schwer zu beschreiben[114], jedoch erkennt man in dem östlichen Theile das Bild eines bis an die Achseln abgeschnittenen, menschlichen Kopfes, dem sich ein Mädchen in langem Gewande zum Kusse hinneigt, mit dem nach rückwärts lang ausgestreckten Arm eine heranspringende Katze anlockend[115]. Der grössere und ausgedehntere Theil der Flecken erstreckt sich jedoch ohne besondere Gestaltung nach Westen[116]. Auf der anderen Hälfte der Volva verbreitet sich die Helle weiter als der Flecken[117]. Seine Gestalt könnte man mit einer an einem Strick hängenden nach Westen geschwungenen Glocke vergleichen[118]. Was darüber und darunter liegt, ist nicht weiter zu bezeichnen[119].

Aber nicht genug, dass die Volva ihnen auf diese Weise die Tagesstunden bezeichnet, sie giebt ihnen auch noch klare Anzeichen für die Jahreszeiten, wenn man nur aufmerkt und den Lauf der Thierkreisbilder in Rechnung zieht[120]. Befindet sich z. B. die Sonne im Sternbild[121] des Krebses, dann kehrt die Volva ihnen offenbar die Spitze ihres Nordpols zu. Man sieht nämlich einen gewissen kleinen, dunklen Fleck oberhalb des Mädchens mitten in der Helligkeit[122], welcher vom äussersten oberen Rand der Volvenscheibe[123] nach Osten und von hier absteigend im Bogen sich nach Westen[124] bewegt; vom äussersten unteren Punkte wieder zum höchsten nach Osten sich zurückwendet und auf diese Weise fortwährend sichtbar ist[125]. Wenn aber die Sonne im Steinbock steht, wird dieser Fleck nie gesehen, da sein ganzer Lauf um den Pol hinter der Volva verborgen ist; und zu diesen Zeiten des Jahres bewegen sich die Flecken gerade gegen Westen, in den Zeiten dazwischen aber, wenn die Sonne im Widder*) resp. in der Waage steht, heben und senken sie sich abwechselnd in schwach gekrümmter Linie[126]. Hieraus erkennen wir auch, dass die Pole der Volvenscheibe, ohne dass der Mittelpunkt sich ändert, einmal im Jahr einen Kreis um unsere Pole beschreiben[127].

Ein aufmerksamer Beobachter wird erkennen, dass ihm die Volva nicht immer gleich gross erscheint und zwar erscheint ihm zu jenen Tagesstunden, wo die Sterne sich am schnellsten bewegen, der Durchmesser der Volva am grössten, wo er dann über das Vierfache unseres Mondes hinausgeht[128].

Was nun ferner die Sonnen- und Volvaverfinsterungen angeht, so kommen diese auf Levania ebenfalls vor und zwar zu eben denselben Zeiten, wie auf der Erde[129], indessen aus gerade entgegengesetzten Gründen. Wenn näm-

---

*) *Im Original von 1634 und auch in der Ausgabe von Frisch steht ‚Oriente', es liegt aber hier vermuthlich ein Schreib- oder Druckfehler vor und ist dafür die Form von ‚Aries, Ariente' zu lesen. ‚Oriente' [Osten] hätte hier keinen Sinn.*

lich für uns die Sonne verfinstert erscheint, so ist es bei ihnen die Volva, und umgekehrt, wenn wir eine Mondfinsterniss haben, ist ihnen die Sonne verfinstert[130]. Dennoch sind die Erscheinungen abweichend.*) Denn häufig stellt sich den Levaniern eine Sonnenfinsterniss nur als eine partielle dar, wenn uns der Mond vollständig verfinstert erscheint[131] und anderseits sind sie nicht selten von Verfinsterungen der Volva frei, wenn wir partielle Sonnenfinsterniss haben[132]. Volvenverfinsterungen finden bei ihnen während der Vollvolva statt, wie auch bei uns die des Mondes bei Vollmond; die der Sonne aber bei Neuvolva, wie bei uns während des Neumondes. Und da sie so lange Tage und Nächte haben, so können sie sehr oft Verfinsterungen beider Gestirne beobachten. Denn anstatt, dass für uns ein grosser Theil der Verfinsterungen bei unsern Antipoden vor sich geht, sehen die Subvolvaner alle, ihre Antipoden, d. h. die Privolvaner, dagegen gar keine[133].

Eine totale Volvafinsterniss sehen die Subvolvaner niemals, sondern für sie bewegt sich durch die leuchtende Volva nur ein kleiner, am Rande rother, in der Mitte schwarzer Fleck, der seinen Weg von Osten nach Westen, also wie die natürlichen Flecken der Volva, nimmt, diese jedoch an Schnelligkeit überholt. Dies dauert den 6. Theil einer ihrer Stunden oder 4 der unsrigen[134].

Für eine Sonnenfinsterniss ist für sie ihre Volva der Grund, genau so wie für uns der Mond. Da nun die Volva einen 4 mal so grossen Durchmesser hat als die Sonne[135], so muss diese bei ihrem Lauf von Osten nach Westen nothwendig sehr häufig hinter der Volva verschwinden, so zwar, dass letztere bald einen Theil, bald die ganze Sonne verdeckt. Wenn nun auch eine totale Sonnenfinsterniss häufig

---

*) *Ich vermuthe hier eine Textverstümmelung, denn das Wort ‚quadrant' des Originals ist mir dem Sinne nach hier unverständlich, glaube aber mit der Wiedergabe des Satzes wie oben, den von Kepler beabsichtigten Sinn getroffen zu haben.*

vorkommt, so ist sie doch bemerkenswerth dadurch, dass sie oft einige von unseren Stunden[136] dauert und weil zugleich das Sonnen- und das Volvenlicht erlischt, was bei den Subvolvanern etwas Besonderes ist, da sie ja Nächte haben, welche wegen des Glanzes und der Grösse der fortwährend sichtbaren Volva kaum dunkler sind als die Tage, und nun verlöschen plötzlich beide Lichtquellen[137].

Jedoch haben bei ihnen die Sonnenfinsternisse die Eigenthümlichkeit, dass häufig gleich nach dem Verschwinden der Sonne hinter der Volva an der entgegengesetzten Seite sich Helligkeit verbreitet, gleichsam als ob die Sonne sich ausgebreitet habe und die ganze Volvascheibe umschliesse, obgleich sie doch sonst so viel kleiner erscheint als die Volva[138]. Daher kommt eine volle Finsterniss nicht immer, sondern nur dann zu Stande, wenn auch die Mittelpunkte beider Himmelskörper sich fast genau decken[139] und der erforderliche Diaphanitäts-Zustand vorhanden ist[140]. Aber auch die Volva verdunkelt sich nicht so plötzlich, dass man sie mit einem Male nicht mehr sehen könnte[141], wenn auch schon die ganze Sonne hinter ihr verborgen ist, sondern dies geschieht nur während des mittleren Theiles der Hauptverfinsterung[142]. Im Anfang einer Totalverfinsterung leuchtet die Volva für einige Gegenden des Divisors bis zu diesem Moment noch fort, gleichsam wie nach dem Erlöschen einer Flamme die Kohle noch weiter glimmt, wenn aber auch dieser Glanz erloschen ist (denn bei nebensächlichen Verfinsterungen verschwindet dieser Glanz überhaupt nicht), so ist die Hauptverfinsterung halb vorüber, und wenn die Volva dann wieder hell wird (an der entgegengesetzten Seite des Divisors), so naht auch das Wiedererscheinen der Sonne. So erlöschen manchmal beide Lichtquellen zugleich während der Mitte einer Totalverfinsterung.

Dies will ich über die Erscheinungen der beiden Halbkugeln des Mondes, die subvolvane und die privolvane, sagen und hieraus kann man sich mit Leichtigkeit, auch ohne meine Erläuterungen, ein Urtheil darüber bilden, wie gross auch sonst noch die Unterschiede der beiden Hemisphären sind[143]. Denn trotzdem die Nacht der Subvolvaner 14 von unseren Tagen und Nächten*) dauert, so erleuchtet doch die Volva die Länder und schützt sie vor Kälte, denn eine solche Masse, ein solcher Glanz kann unmöglich nicht wärmen[144].

Obwohl der Tag bei den Subvolvanern 15—16 unserer Tage und Nächte lang ist und während dieser Zeit die lästige Gegenwart der Sonne hat, so ist doch die Sonne, weil kleiner, in der Wirkung nicht so gefährlich[145] und die vereinigten Lichtquellen locken alle Gewässer nach jener Halbkugel hin[146], überschwemmen die Ländermassen, so dass kaum noch etwas von ihnen hervorragt, während die uns abgekehrte Hälfte von Dürre und Kälte geplagt wird, weil ihr alles Wasser entzogen ist. Wenn aber bei den Subvolvanern die Nacht sich herniedersenkt, bei den Privolvanern der Tag anbricht, so theilen sich auch die Gewässer, weil die Halbkugeln sich in die Lichtquellen theilen[147], und bei den Subvolvanern werden die Felder frei von Wasser, bei den Privolvanern aber kommt die Nässe zum geringen Troste der Hitze zu Hülfe[148].

Obgleich nun ganz Levania nur ungefähr 1400 deutsche Meilen im Umfang hat, d. h. nur den 4. Theil unserer Erde[149], so hat es doch sehr hohe Berge, sehr tiefe und steile Thäler und steht so unserer Erde sehr viel in Bezug auf Rundung nach[150]. Stellenweise ist es ganz porös und von Höhlen und Löchern allenthalben gleichsam durchbohrt, hauptsächlich bei den Privolvanern und dies ist für diese auch zumeist ein Hülfsmittel, sich gegen Hitze und Kälte zu schützen[151].

Was die Erde[152] hervorbringt oder was darauf einherschreitet, ist ungeheuer gross. Das Wachsthum geht sehr

*) *Das ‚νυχθημερα' des Originals bedeutet ‚Nachttag', den vierundzwanzigständigen Tag von 6 Uhr Abends bis 6 Uhr Abends.*

schnell vor sich; Alles hat nur ein kurzes Leben, weil es sich zu einer so ungeheuren Körpermasse entwickelt[153]. Bei den Privolvanern[154] giebt es keinen sicheren und festen Wohnsitz, schaarenweise durchqueren die Mondgeschöpfe während eines einzigen ihrer Tage ihre ganze Welt, indem sie theils zu Fuss, mit Beinen ausgerüstet, die länger sind als die unserer Kameele[155], theils mit Flügeln, theils zu Schiff den zurückweichenden Wassern folgen, oder, wenn ein Aufenthalt von mehreren Tagen nöthig ist, so verkriechen sie sich in Höhlen, wie es Jedem von Natur gegeben ist[156].

Die meisten sind Taucher, alle sind von Natur sehr langsam athmende Geschöpfe, können also ihr Leben tief am Grunde des Wassers zubringen, wobei sie der Natur durch die Kunst zu Hülfe kommen. Denn in jenen sehr tiefen Stellen der Gewässer soll ewige Kälte herrschen, während die oberen Schichten von der Sonne durchglüht werden. Was dann an der Oberfläche hängen bleibt, wird Mittags von der Sonne ausgesiedet[157] und dient den herankommenden Schaaren der Wanderthiere als Nahrung[158]. Im Allgemeinen kommt die subvolvane Halbkugel unseren Dörfern, Städten und Gärten, dagegen die privolvane unseren Feldern, Wäldern und Wüsten gleich.

Diejenigen, denen das Athmen mehr Bedürfniss ist, führen heisses Wasser in einem engen Kanal nach ihren Höhlen[159], damit es durch den langen Weg bis in's Innerste ihres Schlupfwinkels allmälig abkühle. Dorthin ziehen sie sich während des grösseren Theils des Tages zurück und benutzen jenes Wasser zum Trinken; wenn aber der Abend herankommt, so gehen sie auf Beute aus.

Bei den Baumstämmen macht die Rinde, bei den Thieren das Fell, oder was sonst dessen Stelle vertritt, den grössten Theil der Körpermasse aus, es ist schwammig und porös und wenn eines der Geschöpfe von der Tageshitze überrascht worden ist, so wird die Haut an der Aussenseite hart und angesengt und fällt, wenn der Abend kommt, ab[160].

Alles was der Boden hervorbringt — auf den Höhen der Berge naturgemäss sehr wenig — entsteht und vergeht an einem und demselben Tage, indem täglich Frisches nachwächst.

Die schlangenartige Gestalt herrscht im Allgemeinen vor. Wunderbarer Weise legen sie [die Mondgeschöpfe] sich Mittags in die Sonne, gleichsam zu ihrem Vergnügen, aber nur ganz in der Nähe ihrer Höhlen, damit sie sich schnell und sicher zurückziehen können[161].

Einige sterben während der Tageshitze ab, aber während der Nacht leben sie wieder auf, umgekehrt wie bei uns die Fliegen[162].

Weit und breit zerstreut liegen Massen von der Gestalt der Tannenzapfen umher, deren Schuppen tagsüber angesengt werden, des Abends aber sich gleichsam auseinanderthun und Lebewesen hervorbringen[163].

Das Hauptschutzmittel gegen die Hitze sind auf der uns zugekehrten Hälfte die fortwährenden Wolken und Regengüsse[164], welche sich bisweilen über die ganze Hemisphäre erstrecken[165].

— — — — — — — — — — —

Als ich soweit in meinem Traum gekommen war, erhob sich ein Wind mit prasselndem Regen, störte meinen Schlaf und entzog mir den Schluss des aus Frankfurt gebrachten Buches.

So verliess ich den erzählenden Dämon und die Zuschauer, den Sohn Duracoto und dessen Mutter Fiolxhilde, die ihre Köpfe verhüllt hatten, kehrte zu mir selbst zurück und fand mich in Wirklichkeit, das Haupt auf dem Kissen, meinen Leib in Decken gehüllt, wieder.

Johannes Keplers Noten zum Astronomischen Traum,
nach und nach niedergeschrieben in den Jahren 1620—1630.

Nebst den Commentaren des Uebersetzers.

1.

Gemeint sind die Streitigkeiten um den Besitz der Erbländer. Die ungarischen Unterthanen Rudolphs, ihres schwachen, seinen alchimistischen Neigungen allzu sehr nachhängenden Kaisers überdrüssig, wählten 1607 den Erzherzog Matthias zu ihrem Könige, und dieser zwang 1608 seinen Bruder, ihm Mähren, Oestreich und Ungarn abzutreten. 1611 entriss er ihm, von Erzherzog Leopold unterstützt, auch Böhmen, Schlesien und die Lausitz.

2.

Libussa, die sagenhafte Gründerin Prags, Tochter Kroks, ward nach dessen Tode im Jahre 700 n. Chr. zur Königin von Böhmen erhoben, vermählte sich mit Primislas, dem Sohne Mnatha; Stammmutter der Přemysliden, welche bis 1306 über Böhmen herrschten. Sie war als Seherin berühmt, und Kepler wird bei Gelegenheit der erwähnten Zwistigkeiten ihre Schicksale und Prophezeiungen in Volksbüchern wohl vielfach geschildert gefunden haben.)*

3.

Es bestanden zu Anfang des XVII. Jahrhunderts zwei Buchhändlermessen: zu Frankfurt a. M. und zu Leipzig. Die erstere, ehemals die bedeutendste, wurde später durch die von Kaiser Rudolph sehr strenge gehandhabte Presspolizei benachtheiligt und das Geschäft zog sich immer mehr nach Leipzig.

**) s. Musäus, ‚Volksmärchen der Deutschen', IV.*

Diese Messen waren in früherer Zeit die hauptsächlichsten Bezugsquellen für das lesebedürftige Publikum, es wurde durch die sogn. Messkataloge von allen neu gedruckten Büchern schnellstens unterrichtet. Ausserdem wurden aber hauptsächlich die Volksbücher und Flugblätter auf den Jahrmärkten, den Waarenmessen, von herumziehenden Krämern und Quacksalbern neben Geheimmitteln und allerhand Trödlerwaaren feilgeboten, welcher Brauch theilweise noch bis in die Mitte unsers Jahrhunderts bestand; ich erinnere, in meiner Jugend auf diesem Wege die Volksschriften ‚Till Eulenspiegel', ‚Die vier Haimonskinder' u. a. erstanden zu haben.

Vielleicht kann man aus der Bemerkung Keplers, er habe das Buch auf der Messe erworben, folgern, dass er damit dessen mystischen, aussergewöhnlichen Inhalt andeuten wollte.

4. [1.]

Ich nahm dieses Wort aus der Erinnerung an ähnlich klingende Eigennamen aus der Geschichte Schottlands, welches Land ja nach dem isländischen Ocean zu liegt.

Kepler meint damit den zwischen Schottland und Island gelegenen Theil des atlantischen Oceans.)*

5. [2.]

Unsere deutsche Sprache giebt dieses eisige Land durch den Laut wieder.

Island, eine der unwirthsamsten der bewohnten Inseln Europas, liegt im atlantischen Ocean unter dem Meridian von Ferro und dem 65° n. Br. hart an der Grenze des Polarkreises, zwischen Norwegen und Grönland, gehört zum Königreich Dänemark, ist 102500 □km gross und hat ca. 69000 Einwohner, die sich kümmerlich von Fischerei und Schafzucht nähren. Die Insel ist durchaus vulkanischen Ursprungs, ein flach gewölbtes, 650 m hohes Plateau, mit zahlreichen Gletscherkegeln, thätigen und erloschenen Vulkanen, heissen Springquellen, sogn. Geisern, Lavafeldern, Schneemassen und unergründlichen Seebecken bedeckt. Die Küste ist durch Fjorde ausgezackt, von wo aus fischreiche Flüsse das Land durchziehen; das Klima ist rauh, die Luft nebelig, feucht und stets bewegt, oft zu den furchtbarsten Stürmen ansteigend.

Island wurde um die Mitte des IX. Jahrhunderts von dem Normannen Nod-Odd entdeckt, wegen des Treibeises so genannt und bald darauf von zwei norwegischen Edelleuten, Ingolf und Hiörleif, die

---

**) Ueber Keplers geographische Angaben s. C. 112—122.*

sich mit ihrem Anhang aus ihrem Vaterlande geflüchtet hatten, besiedelt. Im Jahre 1000 wurde das Christenthum dort eingeführt und 1261 begab sich Island unter die Herrschaft Norwegens, unter welcher Kunst und Wissenschaften aufblühten; 1540 wurde unter König Christian III. die Reformation eingeführt und durch die Einrichtung von Bildungsschulen und Bibliotheken für die Aufklärung Sorge getragen. Die Sprache der Einwohner ist die alte norwegische [isländische] mit einem reichen Schatz von Sagen [Edda].

Vielleicht hat der Umstand, dass hier schon frühzeitig Kunst und Wissenschaften zu hoher Entwicklung gelangt waren, Kepler mit veranlasst, den Ausgangspunkt seines Traumes nach dieser Insel zu verlegen.

Im Uebrigen erfahren wir aus seiner zweiten Note mancherlei Andeutungen über die Entstehung und den Grund der Scenerie seines Traumes. Ich habe das auf die Entstehung Bezügliche in der Einleitung benutzt, und lasse des Weiteren Kepler selbst reden:

Auf dieser entfernten Insel aber habe ich mir den Ort zum Schlafen und Träumen ausgesucht, um die Philosophen in dieser Art zu schreiben nachzuahmen. Denn auch Cicero setzte nach Afrika über, um dort zu träumen, Plato hat in demselben hesperischen Ocean seine märchenhafte Insel ‚Atlantic' erdacht und Plutarch endlich verlegt am Schluss seines Buches ‚vom Gesicht im Mond' seinen Standpunkt in den amerikanischen Ocean und beschreibt uns die Lage einer Insel so, dass man sie als moderner Geograph für die Azoren, für Grönland, Labrador, Island und Umgebung halten kann.

So oft ich dieses Buch Plutarchs in die Hand nehme, muss ich mich ausserordentlich darüber wundern, woher es gekommen sein mag, dass unsere Träumereien und Gedanken so genau übereinstimmen, um so mehr, als ich die einzelnen Theile völlig aus dem Gedächtniss citire und sie mir nicht etwa erst aus der Lectüre des Buches gekommen sind.

Nachdem Kepler noch des Lucian Erwähnung gethan, der, wie wir gehört, über die Säulen des Herkules hinaus in den Ocean schiffte, fährt er resumirend fort:

Dennoch haben mich die von Plutarch genannten Inseln aus dem isländischen Ocean nicht bewogen, Island zum Ausgangspunkt meines Traumes zu machen, vielmehr ist der Grund der, dass zu jener Zeit in Prag ein Buch des Lucian über die Fahrt nach dem Monde feilgeboten wurde, in's Deutsche übertragen von Rollenhagen Sohn, zusammen mit den Erzählungen vom heiligen Bralenhagen und dem patrizianischen Fegefeuer unter dem isländischen feuerspeienden Berg Hecla. Da auch Plutarch nach Meinung der heidnischen Theologie ein Fegefeuer der edlen Seelen auf dem Monde annimmt, so gefiel es mir am besten, die Reise nach dem Monde von Island aus anzutreten. Eine weitere Empfehlung dieser Insel ergab sich aus der Erzählung Tycho Brahes, worüber weiter später.*) Nicht wenig Eindruck endlich machte mir die Erinnerung an die Lectüre der Geschichte von der Ueberwinterung der Holländer auf dem eisigen Nova Zembla, welche sehr viel Interessantes für die Astronomie enthält.

*Die Holländer wollten längs der Nordküste Asiens einen Seeweg nach China finden, zu diesem Zwecke wurde von Amsterdamer Kaufleuten 1596 unter Willem Barents eine Expedition von 2 Schiffen ausgerüstet. Ihre Ueberwinterung war die überhaupt erste in den Polargegenden; im Sommer 1596 trennten sich die beiden Schiffe: das eine mit Willem Barents gerieth nach Novaja Semlja und wurde unter 76° n. Br. vom Eise festgehalten; die Besatzung musste den Winter auf dem Lande zubringen. Schon im October war die Kälte unerträglich, am 4. November verschwand die Sonne vollends, und es verstrichen 81 Tage völliger Nacht. Erst als der Sommer kam, konnten die muthigen Seefahrer auf Booten die Rückfahrt nach dem Süden antreten. Diese holländische Expedition hat Kepler vielfach wissenschaftlich beschäftigt, wie u. A. aus seinem Briefwechsel mit Herwart v. Hohenburg**) hervorgeht. Den Anlass hierzu gab die Aussage der Expeditionsmitglieder, dass sie an dem Ort ihrer Ueberwinterung zu ihrer Verwunderung die Sonne 6 Tage früher hätten aufgehen sehen, als es nach der geographischen Lage geschehen musste. Herwart wünschte hierüber von Kepler Aufschluss. Dieser vermuthete einerseits, dass sich die Schiffer wegen der starken Abweichung der Magnetnadel in der Nähe des Nordpols über die geographische Lage geirrt hätten, anderseits, dass durch die Wirkung der Refraktion die Sonne schon gesehen werden konnte, als sie sich thatsächlich noch unter dem Horizont befand, und theilte Herwart seine aus dieser Veranlassung gemachten Beobachtungen über die Abweichung der Magnetnadel ausführlich mit.*

Allerdings hat sich später ergeben, dass seine Vermuthungen falsch waren, allein durch seine umfangreichen Vorarbeiten wurden andere Gelehrte auf die Sache aufmerksam, und so wirkte er dennoch überaus fruchtbringend für die Wissenschaft. Wir werden später noch wiederholt Gelegenheit haben, Keplers Ansicht über den Magnetismus näher kennen zu lernen. *C. 41. 73. 99. u. a. u. N. [134].*

---

*) *s. N. [13. 16. 20].*

**) *Herausgegeben von C. Anschütz, Prag 1886. s. dort S. 101 ff. — J. G. Herwart v. Hohenburg, baierischer Kanzler und Gelehrter, geb. 1533 zu Augsburg, gest. 1622 zu München. Einer der aufrichtigsten Gönner Keplers.*

6.

Thule oder Thyle ist jenes fabelhafte Eiland, womit die Alten die äusserste Grenze der Erde nach Norden bezeichneten. Eine bestimmte Insel ist nicht darunter zu verstehen. Ptolemäus giebt den Namen einem Lande, welches in Nordosten von Britannien liegen sollte; nach Anderen soll es eine der schottischen Inseln oder die norwegische Küste sein), von den meisten Gelehrten wird aber Island darunter gedacht. Pythias aus Marseille will auf seinen Seereisen, die er um 300 v. Chr. unternahm, bis zu einem Lande vorgedrungen sein, welches 46300 Stadien**) nördlich vom Aequator liegt, wo die Sonne 6 Monate über und ebensolange unter dem Gesichtskreis verweilen soll, wo man Weizen baute und Honig in Menge erzielte. Es ist dieses Land das Ultima Thule, welches jener Stadienzahl nach etwa unter 77° n. Br. liegen würde, also ungefähr dem jetzigen Novaja Semlja entspräche. Gewöhnlich hält man Thule, von der Ungenauigkeit des Wegemaasses abgesehen, für unser Island, wahrscheinlich ist es aber eine der Schettland-Inseln gewesen.*

7. [3.]

In meiner Wohnung, die ich mit Genehmigung des Rectors am Carolinum***), Martin Bachazek, benutzte, hing an der Wand eine sehr alte Charte von Europa, auf welcher das Wort ‚Fiolx' an Stelle von Island stand. Das klang nach etwas, der rauhe trotzige Ton gefiel mir und ich fügte diesem Wort die in der alten Sprache gebräuchliche Silbe ‚Hilde' hinzu; ähnlich wie in Brunhilde, Mathilde, Hildegard, Hiltrud u. a.

Man bemerke, wie Kepler von vornherein bemüht ist, der Einkleidung seines Traumes den Stempel des Geheimnissvollen, Wunderbaren aufzudrücken. s. N. [28. 42].

8. [9.]

Die Geschichte des feuerspeienden Berges Hecla ist aus den geographischen Mappen und Büchern bekannt. Bei der Art der Todesstrafe habe ich, wie ich glaube, an die Fabel über Empedokles†)

**) Hier wahrscheinlicher Schauplatz des Goetheschen Gedichtes.*

***) Stadium ist ein altes, noch jetzt zuweilen in wissenschaftlichen Büchern gebrauchtes Längenmaass; 1 Stadium = 184,97 m.*

****) Die alte Universität in Prag, gegründet 1348 von Karl IV.*

†) Empedokles, griechischer Naturphilosoph, geb. um 460 v. Chr. zu Agrigent in Sicilien. Er vertrat die Lehre, dass die sogn. 4 Elemente die Grundprincipien seien, aus denen durch bestimmte Vereinigung und Scheidung Alles wird.

gedacht, der, als er den Aetna bestiegen hatte, sich, um nach dem Tode göttlicher Ehren theilhaftig zu werden, in den Krater gestürzt und lebendig in den Flammen verbrannt haben soll, der aber wohl, als er der Ursache des ewigen Feuers nachforschte und dabei in blindem Wagemuth zu weit vorging, auf dem mit Asche und Lava bedeckten Boden ermüdete, als ein Opfer seiner Wissbegierde, und nicht aus dem von der Sage angeführten Grunde, unfreiwillig den trauernden Geist aufgab. Denn ein ähnliches Schicksal hatte C. Plinius*), der, als er bei einem Ausbruch des Vesuv nach Pompeji ging, um diese Erscheinung näher zu untersuchen, von den schwefligen Dünsten und dem Aschenstaub erstickt wurde. Desgleichen wird in fabelhaften Erzählungen berichtet, dass Homer und Aristoteles**) wegen wissenschaftlichen Zweifels ihrem Leben ein gewaltsames Ende bereitet hätten. So büssen manche die Liebe zur Wissenschaft durch Armuth und durch Hass, den sie bei den unwissenden Reichen erregen.

9. [8.]

Wer erinnerte sich bei dieser Stelle nicht der Faustischen Worte:

,Wer darf das Kind beim rechten Namen nennen?
Die wenigen, die was davon erkannt,
Die thöricht g'nug ihr volles Herz nicht wahrten,
Dem Pöbel ihr Gefühl, ihr Schauen offenbarten,
Hat man von je gekreuzigt und verbrannt —.'

Kepler geisselt hier die Unwissenheit und den Aberglauben seiner Zeit. Aus seinen Aufzeichnungen geht hervor, dass er sich später wegen dieser Auslassungen glaubte Vorwürfe machen zu müssen, und ahnte, dass sein tragisches Geschick und die Verfolgung seiner alten Mutter als Hexe zum Theil durch die freien Reden, von fanatischen Gegnern missverstanden oder absichtlich verdreht, verschuldet seien. Hören wir seine eigenen Worte:

Eine Abschrift des Textes wurde von Prag nach Leipzig und von da nach Tübingen gebracht und zwar im Jahre 1611 von einem Baron von Volckerstorff***). Man könnte fast glauben, dass sogar in den Barbierstuben (besonders da Manchem seit der Beschäftigung mit meiner Fiolxhilde der Name unheilvoll klingt) über meine Erzählung geschwatzt worden sei. So viel ist gewiss, dass in den darauf folgen-

---

*) *Caj. Plinius, der Aeltere, römischer Ritter,. geb. zu Verona, 23 n. Chr.; einer der grössten Gelehrten Roms, gest. im Jahre 79 n. Chr.*

**) *Vorchristliche griechische Dichter, Philosophen und Geschichtsschreiber.*

***) *Das einzige Wort, das im Text von 1634 mit Schwabacher Lettern gedruckt ist; wohl um es besonders hervorzuheben.*

den Jahren von jener Stadt und jenem Hause verläumderische Redereien über mich ausgegangen sind, welche, von unsinnigen Köpfen aufgefangen, endlich zu einem Gerücht anwuchsen, wobei Unwissenheit und Aberglauben in die Flammen bliesen. Wenn ich mich nicht täusche, so wird man dafür halten, dass sowohl meiner Familie die sechsjährige Qual, als auch mir der letzte einjährige Aufenthalt im Auslande hätte erspart bleiben können*), wenn ich nicht den im ‚Traum' ertheilten Rath meiner Fiolxhilde verletzt hätte.

Ihr, lieben Freunde, die Ihr meine Schicksale kennt und wisst, welches die Ursache meines Umherirrens in Schwaben war, Ihr könnt, besonders diejenigen von Euch, die vorher das Manuskript eingesehen hatten, beurtheilen, wie verhängnissvoll mir und den Meinen jenes Buch geworden ist. Gross ist die Vorahnung des Todes bei einer tödlichen Wunde, bei Leerung des Giftbechers, aber nicht geringer schien sie mir bei der Veröffentlichung dieser Schrift.

Zu einer so traurigen Zeit, wo Unwissenheit und Aberglaube ihr Spiel trieben, wo Hexenprocesse an der Tagesordnung waren, zeugte es von einer ganz besonderen Ueberzeugungstreue und Unerschrockenheit Keplers, eine solche Schrift zu veröffentlichen. Um aber dem Uebel nach Kräften entgegenzuarbeiten, um all die Anfeindungen, welche ihm die unerwünschte Verbreitung des Textes und die böswillige Auslegung gebracht hatten, zu widerlegen, schien es ihm nunmehr nothwendig, das Buch mit eingehenden Erläuterungen einem grösseren Kreise zugängig zu machen. Leider sollten ihn seine Todesahnungen nicht getäuscht haben; er starb, wie wir wissen, bevor das Werk erschien.

10. [11.]

In der geschichtlichen Beschreibung Schottlands und der Orkaden *[Orkneys Inseln]* Georg Buchanans wird eines 150jährigen Fischers erwähnt, der in diesem hohen Alter von seiner jungen Frau noch mit mehreren Kindern beschenkt wurde.

---

*) *Kepler spielt hier und im weiteren auf den Hexenprocess an, in den seine alte Mutter verwickelt wurde und das Ungemach, das dadurch über seine ganze Familie hereinbrach [s. auch das schon erwähnte Buch von Breitschwert]. Um die Sache der Mutter in diesem Process persönlich zu vertheidigen, verliess er im Juli 1620 seinen Wohnort Linz, eine grosse Familie und wichtige Arbeiten zurücklassend, und eilte nach Schwaben, wo er über ein Jahr blieb und so glücklich war, das Schlimmste — den Foltertod — von seiner Mutter abzuwenden. Erst im November 1621 kehrte er nach Linz zurück.*

11. [13.]

Weil Island unter dem Polarkreis liegt; auch habe ich es so von Tycho Brahe vernommen, der dies nach der Erzählung des isländischen Bischofs untersucht hat.

Direct unter dem Polarkreis liegen nur die nördlichsten Küsten von Island [s. C. 5], aber die für diesen Kreis sichtbaren Erscheinungen können auch von südlicher liegenden hohen Punkten, also vom Gipfel des Hecla aus gesehen werden. Die Mitternachtssonne, das Verweilen der Sonne oberhalb des Horizonts auch bei ihrer tiefsten Stellung, 12 Stunden nach ihrem höchsten mittägigen Stande, wird von dort etwa von Anfang Juni bis Ende Juli einen überwältigenden Anblick gewähren.

Des Johannisfestes erwähnt Kepler hier wohl nicht allein deshalb, weil die Jahreszeit und die langen Tage dem Einsammeln von Kräutern am günstigsten waren, vielmehr wollte er an den Zauber der Johannisnacht erinnern, deren Ueberlieferungen und Gebräuche besonders im hohen Norden, in den Ländern der Mitternachtssonne und der ‚weissen Nächte' gepflegt und heilig gehalten werden. s. N. [3. 16].

12. [14.]

Die Wissenschaften der Medicin und Astronomie sind verwandt, gemeinsamen Ursprungs; sie entspringen beide der Sehnsucht nach der Erkenntniss der Natur. Der Pharmakologie hingegen sind meist abergläubische Vorstellungen beigemengt.

Die Beziehungen zwischen Medicin und Astronomie mögen Kepler besonders vertraut gewesen sein, da er als ein Mann von universellem Wissen auch auf dem Gebiete der Medicin bewandert war, und wir finden denn auch in seinen Schriften, besonders den astrologischen, vielfache Reflexionen aus dieser Wissenschaft. Es haben daraus einige Biographen schliessen wollen, dass Kepler zu Anfang seiner Laufbahn, als die Hindernisse wegen Erlangung eines theologischen Amtes sich allzu sehr bei ihm häuften, die ernste Absicht gehabt habe, Medicin zu studiren; wir erfahren nun aus seiner Note den wahren Grund für seine Neigung zu dieser Doctrin.

Interessant dürfte es sein, zu erfahren, dass auch Tycho Brahe medicinische Kenntnisse besass, wie u. A. aus einer Anmerkung in seinem Werke über den Kometen von 1580 hervorgeht. Da heisst es: ‚October 10. Von der Zeit des letzten Neumondes an, als eben dieser Komet auftauchte, litten die Menschen allwärts mehr als zur Hälfte, Edle wie Gemeine, an Kopfschmerz und Ausscheidungen der Lungen, mit Husten und Athemnoth, einer mit Fieberschauern beginnenden Krankheit, und es lagen die meisten einige Tage lang darnieder, Männer wie Frauen, und es war ein ansteckendes Leiden.'

Erkennt man aus dieser Beschreibung der charakteristischen Erscheinungen der ,neuen Krankheit') die scharfe Beobachtungsgabe Tychos, so liest man anderseits unwillkürlich zwischen den Zeilen den Aberglauben heraus, womit er die Krankheit mit dem bösen Kometen in Beziehung bringt.*

Wenn auch heute der Aberglaube sich nur noch in den sogn. Hausmitteln erhalten hat — man denke z. B. an die Sympathiemittel, an die abergläubischen Gebräuche bei Verwendung des Hollunders, der Alraun u. s. w. — so war doch zu damaliger Zeit die officielle Arzneimittellehre stark mit abergläubischen Vorstellungen durchsetzt. Oft mögen sie harmloser Natur und von guter Absicht ausgehend gewesen sein, aber nur zu oft wurden sie von Charlatanen und gewissenlosen Quacksalbern zum Nachtheil der leidenden Menschheit missbraucht.

Vielleicht hat Kepler hier an den Doktor Faust gedacht, dessen Legende ihm aus dem 1587 erschienenen Volksbuch bekannt war. Goethe, der später dasselbe Buch für sein Meisterwerk benutzte, führt uns diesen Aberglauben in klassischen Versen packend vor Augen:

,— — — — — — — — —
Der über die Natur und ihre heil'gen Kreise,
In Redlichkeit, jedoch auf seine Weise,
Mit grillenhafter Mühe sann,
Der, in Gesellschaft von Adepten,
Sich in die schwarze Küche schloss,
Und, nach unendlichen Recepten,
Das Widrige zusammengoss.
Da ward ein rother Leu, ein kühner Freier,
Im lauen Bad der Lilie vermählt,
Und beide dann, mit offnem Flammenfeuer,
Aus einem Brautgemach in's andere gequält.
Erschien darauf mit bunten Farben
Die junge Königin im Glas,
Hier war die Arzenei, die Patienten starben,
Und niemand fragte: wer genas?
— — — — — — — — — —'

13. [15.]

Allenthalben findet man in Schifferbüchern die Ansicht, mag sie nun wahr oder falsch sein, dass die Steuerleute, die ihren Kurs von

*) *Wohl unsere heutige Influenza.*

Island nehmen, einen Windsack öffnen und den gewünschten Wind zu Stande bringen; aber wenn einer dabei die Windrose, die Magnetnadel und das Steuerruder berücksichtigt, so dürfte er meist das Richtige treffen. Denn da 32 Winde unterschieden werden, so wird, wenn alle 16 der einen Hälfte wehen und wenn die Kunst des Steuermanns dazu kommt, nach der Bussole und durch die Lenkung des Steuerruders das Schiff gemäss Bestimmung des Kurses vorwärts kommen. Den Winden der entgegengesetzten Hälfte aber nimmt man ihre Wirkung, indem man rechts und links zur Seite ausweicht, was man laviren nennt.

Kepler sucht hier, nicht ohne Grund in versteckter Weise, dem Wunderglauben entgegenzutreten, indem er die Ausnutzung der dem Kurse widrigen Winde — wie man sieht — ganz richtig aufklärt.

Ueber die 32 Winde giebt er an anderer Stelle) Auskunft:*

‚Diese Observation zu verstehen, soll man wissen, das die Busole oder Meer Compass, danach alle Steuerleut im hohen Meer sich richten, abgetheilt ist in 32 theil, so die Schiffleut 32 Strich oder Bruch nennen, vnd hat jeder Strich seinen Namen von den 4 Hauptwinden: machen also 32 wind.'

*Was die Wirkung des Windsacks anbelangt, so ist dies eine alte nordische Sage**), die sich wohl noch in die Neuzeit übertragen hat, die aber mit der Verwandlung des Windes selbstverständlich ohne Zusammenhang ist. Es war ein alter Aberglaube, dass, wenn ein Schiffer in See ging, ihm ein solcher Windsack, der vorher, wenn man so sagen will, geheiligt wurde, mitgegeben ward. Die Kunst des Steuermanns bestand, wie noch heute, aber darin, dass er das Parallelogramm der Kräfte von Wind- und Steuerdruck so ausnutzte, dass auch bei ungünstigem Winde die eine Componente den Vorwärtsgang des Schiffes bewirkte. Es wird also beim Kreuzen oder Laviren thatsächlich der ungünstige Wind in einen günstigen verwandelt, so dass man immer auf seinem Kurse vorwärts kommt. Es sind eben 16 Winde günstig und 16 ungünstig; der einzige Unterschied zwischen früher und jetzt ist wohl der, dass man derzeit mit der Praxis arbeitete und heute der Beweisführung näher getreten ist, was man erkennt, wenn man die von Kepler erwähnten Schifferbücher mit den heutigen Seemannschaftswerken vergleicht.*

14. [16.]

So erzählte der Bischof dem Tycho Brahe, die isländischen Jungfrauen pflegten in der Kirche während der Predigt das Gesagte

---

*) *C. Anschütz, wie vor. S. 101.*

**) *s. auch Homers Odyssee.*

oder einige herausgerissene Worte mittelst Nadeln und bunten Fäden mit bewunderungswürdiger Schnelligkeit auf Leinwand nachzusticken.

Man erkennt in dieser und den erwähnten ‚mancherlei Ceremonien' eine gewisse Einsegnung der für den Windsack verwendeten Gegenstände.

15.

Hveen [Hvenen, Hven, Hween oder Ween], jene fruchtbare im Sund zwischen Seeland und Schonen gelegene, früher dänische, seit 1658 zu Schweden gehörige, ca. 7½ □km grosse Insel, die durch die Sternwarte des Tycho Brahe so berühmt geworden ist, liegt unter 30° 15' östl. L. und 55° 54' n. Br.

In den Lebensbeschreibungen des Tycho Brahe von Weistritz und Dreyer) besitzen wir zwei Werke, worin das wissenschaftliche Leben und Treiben auf der Insel Hveen mit der wünschenswerthen Ausführlichkeit geschildert ist, und ich habe die nachstehenden Angaben grösstentheils diesen Büchern entnommen.*

Bezüglich der geographischen Beschaffenheit der Insel führe ich eine Stelle aus Weistritz an, weil ich glaube, dass sie den Zustand noch ziemlich so wiedergiebt, wie er zu Tychos Zeiten bestanden haben mag:

‚Um dieselbe liegen 6 vornehme Orte, 2 Seeländische und 4 Schonische: diese sind folgende: gegen Südwest Kopenhagen, 3 Meilen davon entfernt. Gegen Norden und Nordost, 2 Meilen davon, Helsingöhr, mit dem schönen Schlosse Cronenburg in Seeland und Helsingburg in Schonen. Eine Meile davon gegen Osten liegt Landscrone, 4 Meilen gegen Südost Lund und gegen Süden, 5 Meilen davon, Malmö. Das Land liegt hoch, geht steil auf, wie ein Berg, ist oben ganz flach, doch in der Mitte etwas höher, von welcher es eine schöne Aussicht hat, und es scheint gleichsam zu einem besonderen Orte, den Lauf des Himmels darauf zu betrachten, geschaffen zu sein. In ihrem Umkreise hat sie 8160 Schritte oder 2 Meilen. Die Erde ist darauf sehr fruchtbar, daher auch die Einwohner vieles Vieh halten. Es werden hier keine Flüsse aber viele laufende Wasser und frische Wasserquellen, unter welchen eine ist, welche in der stärkesten Kälte nicht zufriert, gefunden. Die Einwohner der Insel sind nahrsame Bauern und Fischer; das einzige Kirchspiel daselbst besteht aus 32 Bauerhöfen und Häusern; sie standen, in Ansehung der kirchlichen Gerichtsbarkeit, unter dem Bischof von Seeland, und in Ansehung der weltlichen

---

**) ‚Lebensbeschreibung des berühmten und gelehrten Dänischen Sternsehers Tycho v. Brahe', aus dem Dänischen von Philander von der Weistritz. 1756. ‚Tycho Brahe.' Ein Bild wissenschaftlichen Lebens und Arbeitens im XVI. Jahrhundert von Dr. J. L. E. Dreyer. Uebersetzt von M. Bruhns. 1894.*

unter dem Schloss Cronenburg in Seeland, hatten aber ihren eignen Dorfvogt und ihr Dorfgericht.'

Auch aus der sagenhaften Vorgeschichte Hveens giebt Weistritz interessante Daten:

,Diese Insel ist vor den Zeiten des Tycho v. Brahe durch den Riesen Hucnulla), der dieses Eiland, nebst seinen Nachkommen, bewohnt hat, berühmt gewesen. Von den letztern waren besonders Haagen und Grunild im Ruf. Sie haben 4 Schlösser auf der Insel gehabt. Dieselben sollen an den 4 Ecken derselben gelegen haben, und ihre Grundwälle und Plätze noch vorhanden sein. Das erste hiess Norburg, das andere Sünderburg, das dritte Karchecida gegen Abend, und das vierte Hammer gegen Morgen. Sie wurden von dem König Erich in Norwegen im Jahre 1288 zerstört.'*

Diese Insel nun gab König Fredcrik II. von Dänemark durch Patent vom 23. Mai 1576 seinem ,lieben Tyge Brahe,' Ottes Sohn, von Knudstrup, mit allen darauf wohnenden Bauern und Dienern, mit allen Einkünften zu Lehen und eigen, dass er darauf lebe ohne Pacht und frei von jeder Abgabe bis an seines Lebens Ende'. Und nun entstanden hier, reichlich unterstützt durch die Munifizens seines Königs, durch Tycho Brahe jene grossartigen Schlösser und Sternwarten, die unter dem Namen ,Uranienburg', d. i. Himmelsstadt, lange Jahre den Mittelpunkt der astronomischen Welt bedeuteten. Tycho herrschte hier, leider nicht immer allein im Reiche der Wissenschaft, als ein unabhängiger Fürst und sammelte, umgeben von einer Schaar wissensdurstiger Jünger, das Material, woraus später Kepler seine die Sternkunde reformirenden grossen Himmelsgesetze ableitete.

Tycho hatte in seiner Himmelsstadt eine ganze Reihe werthvoller, zum grössten Theil selbst erfundener und angefertigter astronomischer Instrumente aufgestellt, die theilweise in eigens dafür errichteten grossen Kuppeln, theils im Freien standen. Seine Sextanten, Quadranten, Zodiakalkreise, Armillarsphären u. s. w. waren einzig in ihrer Art, und kunstsinnige Fürsten, Gelehrte und wissbegierige Laien kamen von weit her, um sie und den berühmten Beobachter zu bewundern. Dass der ohnehin herrschsüchtige Tycho dadurch veranlasst wurde, oft etwas mehr zu thun, als sich mit der Würde eines seiner Wissenschaft dienenden Gelehrten vertragen mochte, kann nicht auffallen, wirft aber immerhin ein eigenthümliches Licht auf das Treiben in Uranienburg und lässt den Unterschied erkennen zwischen dem auf den Effect nach Aussen berechneten Wirken

---

**) Von diesem Riesen oder Helden hat vermuthlich die Insel ihren Namen erhalten.*

Tychos und dem bescheidenen stillen Schaffen Keplers. Einige Beispiele mögen meine Aeusserung illustriren: In dem Buche Dreyers ist eine Abbildung des grossen Mauerquadranten auf Uranienburg wiedergegeben, hiernach war der leere Platz an der Mauer innerhalb des Bogens durch ein Bild Tychos, sowie das Interieur seiner Wohnung geschmückt. Tycho ist, auf die Visiröffnung in der Wand zeigend, in ganzer Figur dargestellt, an einem Tische mit Buch, Zirkel und Winkel sitzend; zu seinen Füssen liegt ein Hund ‚als Sinnbild der Weissheit und der Treue'. In der Mitte des Bildes ist eine Ansicht seines Laboratoriums, der Bibliothek sowie der Sternwarte, und an der hinteren Wand bemerkt man zwischen zwei kleinen Bildnissen jenen von Tycho verfertigten Globus, der automatisch die tägliche Bewegung der Sonne und des Mondes anzeigte. Ueber dem Bogen ist noch bildlich dargestellt, wie ein Schüler auf den Wink seines Meisters an einer Uhr die Zeit abliest, die ein daneben an einem Schreibtische sitzender Assistent sofort notirt. Solche Tycho glorificirende Malereien fanden sich an anderen Instrumenten noch weitere; deren Beschreibung würde hier indessen zu weit führen. Wie Dreyer erzählt, war die Kuppel von Tychos Arbeitszimmer mit Gras bedeckt, damit sie das Aussehen eines kleinen Hügels habe, ‚um den Parnass, den Berg der Musen' darzustellen und mitten darauf stand eine kleine aus Messing gefertigte Merkurstatue, die sich mittelst eines Mechanismus im Sockel drehen liess. Durch diesen und andere Automaten sollen die Bauern der Insel oft erschreckt und in dem Glauben bestärkt worden sein, Tycho sei ein Zauberer und ginge mit teufelischen Künsten um; wie er auch stets ein Vergnügen daran fand, einige Leichtgläubige in dem Wahn zu erhalten, er könne wahrsagen und hexen.

In den Zimmern seiner Assistenten waren kleine Glocken angebracht, die durch Berührung versteckter Knöpfe in des Meisters Arbeitszimmer in Bewegung gesetzt werden konnten, so dass er zur Ueberraschung seiner Gäste einen Schüler herbeirufen konnte, indem er, verstohlen den Knopf berührend, scheinbar nur ganz leise seinen Namen aussprach. Auch soll Tycho, im Bette liegend, durch ein Loch in der Wand und ein System beweglicher Spiegel, die Sterne beobachtet haben. Was würde dieser Mann nach jener Richtung geleistet haben, hätte er die Elektricität gekannt?

Doch alle diese kleinen Schwächen, die ja mit in den Verhältnissen und Anschauungen seiner Zeit begründet waren, können nicht seine grossen wissenschaftlichen Thaten, die er in Uranienburg vollbrachte, verdunkeln und gross und ewig leuchtet Tychos Name als ein Stern erster Grösse am astronomischen Himmel.)*

**) Tycho Brahe, berühmter Astronom, hauptsächlich Beobachter; geb. 1546*

Und was lag wohl für den in jugendlicher Begeisterung für die Astronomie entbrannten Kepler, dem Uranienburg oftmals im Traum erschienen sein mag, näher, als in seinem ‚Traum' diese Insel zu besuchen und deren Beherrscher in einer Episode in seiner poetischen Einleitung zu verherrlichen?

16. [20.]

Er wurde seekrank: für den aus dem hohen Norden kommenden Reisenden war das Klima verhältnissmässig wärmer.

Von den Rennthieren, einer Art nordischer Hirsche, schreibt Tycho Brahe an den Landgrafen von Hessen, dass sie in Dänemark nicht ausdauern, weil jene obwohl ziemlich kalte Gegend doch um Vieles wärmer sei als Boddien, Finnland und Lappland, wo diese Thiere geboren werden. Es ist also folgerichtig, Island, welches gleichfalls unter der arktischen Region liegt, denselben Grad von Kälte zuzuschreiben.

Der Landgraf Wilhelm von Hessen) hatte im Februar 1591 an Tycho geschrieben, dass er von einem Thier in Norwegen gehört habe, das grösser sein solle, wie ein Hirsch und von welchem sich einige Exemplare in dem königl. Hirschpark zu Kopenhagen befänden, und ob Tycho ihm nicht eine Zeichnung davon schicken könne. Hieraus nun entspann sich ein sehr interessanter Briefwechsel zwischen dem Landgrafen und Tycho, welchem Kepler die Angaben dieser Note entnahm.*

17.

Dreyer giebt in seinem mehrfach citirten Buche ein Verzeichniss von Tychos Schülern und Assistenten. Wir erfahren daraus die Namen von 32 [8 weitere nur als Nummern] in Hveen und 8 in Wandsbeck und Böhmen, zum Theil mit beigegebenen kurzen biographischen Notizen.

---

zu Knudstrup bei Helsingborg, gest. 1601 zu Prag. Brahe vertrat noch die Ansicht, dass die Erde still stehe und den Mittelpunkt des Sonnensystems bilde, er begründete auf dieser Ansicht ein eigenes Weltsystem, welches seinen Namen trägt, indessen gegen das copernicanische schon damals einen Rückschritt bedeutete. Das weitaus Bedeutendste, was er geleistet, waren seine 25jährigen genauen Planetenbeobachtungen, die Kepler später verwerthete. Daneben schrieb er viele astronomische und mathematische Werke und einen Sternkatalog, verfertigte auch werthvolle astronomische Instrumente.

**) Wilhelm IV. von Hessen, geb. 1532 zu Cassel, folgte 1567 seinem Vater, Philipp dem Grossmüthigen, in der Regierung, starb 1592. Er stand mit den bedeutendsten Astronomen s. Z. in Briefwechsel und construirte mit Bürgi werthvolle astronomische Instrumente, u. A. Uhren von grosser Genauigkeit. Seine Vorliebe für die Wissenschaften trug ihm den Beinamen ‚der Weise' ein.*

Unter den ersteren befinden sich der später in seinem Fache berühmt gewordene Longomontan) und Franz Tengnagel, allerdings weniger rühmlichen Angedenkens, unter den letzteren Matthias Seyffart, an dessen Persönlichkeit Kepler in einer späteren Note [50], wie wir sehen werden, noch eine originelle Erinnerung knüpft.*

18. [28.]

Ich beschäftigte mich damals mit der Lectüre des Buches von Martin Delrio**) über magische Untersuchungen. Auch war mir der Vers Virgils bekannt:

‚Zauberspruch kann auch herabziehen vom Himmel den Mond.'

Kepler musste am Grazer Gymnasium u. A. auch Virgil erklären, daher citirt er diesen Dichter oft in seinen Werken.

19.

Es wird hiermit auf die folgenden Enthüllungen aus der Mondastronomie hingedeutet. Wenn man sich unter Duracoto Kepler selbst vorstellen darf, so ist hierin auch eine von letzterem in oft allzu grosser Bescheidenheit geübte Glorificirung Tychos zu erblicken, wie denn in der That die von Tycho in Hveen angestellten Beobachtungen Kepler später zu den grössten Entdeckungen, seinen 3 Himmelsgesetzen, geleitet haben.

20.

Kopenhagen (Kjöbenhavn) war schon im XV. Jahrhundert Hauptsitz der Wissenschaften und Künste Dänemarks, Universität seit 1479.

Zu Tychos Zeiten wurden dort viele berühmte astronomische Werke gedruckt, weshalb Kepler diese Stadt auch wohl besonders erwähnenswerth erschien.

21.

Es begannen die langen Nächte, wo die Sonne um Mittag immer weniger über den Horizont emporsteigt und zuletzt gar nicht mehr aufgeht. Denn ebenso, wie es in den arktischen Regionen Tage giebt, wo die Sonne nicht untergeht [s. C. 12], so kommen auch solche vor, wo sie sich nicht über den Horizont erhebt, wo also immer Nacht ist, und zwar findet letzteres gerade im entgegengesetzten Theil des Jahres statt, wie ersteres, also für Island von Anfang December bis Ende Januar.

**) Christian Longomontan, eigentlich Severin, geb. 1562 zu Longberg in Jütland — daher sein Name — gest. 1647 zu Kopenhagen als Professor der Mathematik.*

***) Martin Anton Delrio, Jesuit, geb. zu Antwerpen 1551, gest. zu Löwen 1608.*

Der Grund hierfür ist die Neigung der Erdaxe gegen die Ekliptik oder die sogn. Schiefe der Ekliptik. Fig. 1 veranschaulicht diesen Vorgang: Befindet sich die Erde in der Stellung A, so ist die Nordhalbkugel mehr als die Südhalbkugel von der Sonne beleuchtet. Die nördliche Polarregion liegt ganz in der Lichtseite, dort wird also während einer ganzen Umdrehung der Erde, oder während 24 Stunden, Tag sein, indess überall auf der Nordhalbkugel die Tage länger als die Nächte sind, denn man sieht, wie die Unterschiede zwischen Tag und Nacht mit der Nähe zum Aequator immer mehr abnehmen, bis sie dort gleich Null werden. Geht die Erde auf ihrer Bahn um die Sonne nun weiter, und kommt im Verlauf eines halben Jahres in die Stellung B, so wird, umgekehrt, die Südhalbkugel mehr als die Nordhalbkugel beleuchtet und es ist am Nord-

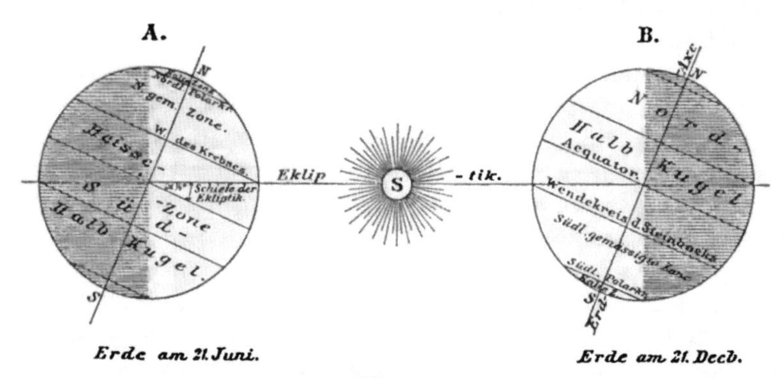

Fig. 1.

pol Nacht, während im Uebrigen gleichfalls das Entgegengesetzte von Stellung A statthat; am Aequator sind aber die Unterschiede gleich Null. Hieraus nun folgt, dass am Aequator fortwährend die Tage und Nächte gleich sind, an den Polen ein halbes Jahr Nacht und ein halbes Jahr Tag ist und an den dazwischen liegenden Orten Tag und Nacht beständig ab- und zunehmen; s. auch C. 57.

22—25. [35—38.]

[35] Der eigentliche Grund, weshalb ich diese Zahl gewählt, ist mir entfallen. Oder hätte ich dabei an die neun Musen gedacht, weil sie ebenso für die Heiden als Göttinnen galten, wie für mich der Geist? Oder habe ich bei der Zahl die 9 Wissenschaften angenommen: 1. Metaphysik, 2. Physik, 3. Ethik, 4. Astronomie, 5. Astrologie, 6. Optik, 7. Musik, 8. Geometrie, 9. Arithmetik?

[36] Das eine ist mir gewiss, dass ich, sei es die Urania aus der Zahl

der Musen, oder die Astronomie aus der der Wissenschaften im Sinne hatte.

Hätten die Nordländer nicht wegen der Kälte mit vielen Entbehrungen zu kämpfen, so müsste ich glauben, dass sie geschickter als andere für die Astronomie seien, weil die Unterschiede von Tag und Nacht, welche zur Ausübung der Astronomie einladen, bei ihnen am grössten sind; *s. C. 21.*

[37] Hält man sich an die Musen, so haben alle übrigen einen Zug von Eitelkeit. Auch die Wissenschaften sind mit Fehlern behaftet: die Physik hat es auch mit den Giften zu thun, dessen gewissenlose Anwendung Giftmischer zeitigt, die Metaphysik, aus verkehrtem Eifer ergriffen, macht aufgeblasen, verwirrt die gemeinchristliche Lehre mit übergrossen und beschwerlichen Difteleien, die Ethik empfiehlt einen nicht überall angebrachten Edelsinn, die Astrologie begünstigt den Aberglauben, die Optik täuscht, die Musik leistet Liebeleien, die Geometrie der Vergewaltigung, die Arithmetik dem Geiz Vorschub. Aber ihr Sinn ist besser, insofern als sie an sich alle gutartig uud unschuldig sind (und daher nicht jene abtrünnigen und bösen Geister, die mit Magie und Wahrsagerei zu thun haben und denen ihr eigner Patron Porphyrius*) das unwiderlegliche Zeugniss der Grausamkeit und Verschuldung gegeben). Am reinsten aber ist die Astronomie auf Grund der Eigenthümlichkeit ihres Gegenstandes.

[38] Wenn ich mich frage, welchen Grund ich für diese Zahl gehabt habe, so kann ich nicht mehr vorbringen, als dass ich ebensoviel Buchstaben oder Schriftzeichen in den Worten: Copernicus' Astronomie fand und dass es ebensoviel Conjunktionsformen zwischen 2 Planeten giebt, die der Zahl nach 7**) sind. Und dazu kam in erfreulicher Weise, dass es ebensoviel Würfe bei je 2 kubischen Würfeln giebt, denn bei der Basis 6 ist 21 die trigonische Zahl.

Die Allegorie der Beschwörung ist aus Delrio und dessen Magie entnommen; *s. N. [28].*

Kepler beginnt hiermit eine geistvolle Allegorie zur Verherrlichung der Göttin Urania, durch deren Gunst wir die Offenbarungen seines Traumes vernehmen sollen. Unter allen Wissenschaften ist für ihn allein die Astronomie ohne Mängel, ihr Genius regiert alle anderen.

Wir finden diesen Gedanken mehrfach in seinen Werken ausgesprochen. Man erinnere sich des Titelkupfers, den Kepler seinen Rudol-

---

*) *Anhänger der Sekte der Neuplatoniker.*

**) *s. C. 72.*

phinischen Tafeln) beigegeben. Hier erblickt man einen von zehn Säulen getragenen Tempel, der das Wohnhaus der Astronomie versinnbildlicht. Auf der Zinne des Tempels thront in einem Wolkenwagen die gekrönte Urania in der Hand den Lorbeerkranz, beschützt von dem Adler des römischen Kaiserreichs, der, die Reichsinsignien senkend, Münzen in das Innere des Tempels herabfallen lässt. Den Rand der Kuppel nehmen 6 Figuren ein, die der Reihe nach darstellen: die Physik mit Magnetnadel und Uhr, die Mechanik mit der Waage, die Geometrie mit Zirkel und Winkelmaass neben einer Tafel, auf welcher die keplersche Figur gezeichnet ist, die Arithmetik mit dem Rechenstäbchen des Napier**) und, gleichsam wie eine Strahlenkrone, um das Haupt den Logarithmus der Zahl 50000, die Dioptrik mit dem Teleskop, endlich die Optik, deren Haupt die Sonne darstellt, welche die Schatten werfende Erde beleuchtet.*

Auch hier also die bevorzugte Stellung der Urania! Die von Kepler aufgeführten 9 Wissenschaften sind die, welche man damals annahm.

Die Chemie wurde nur zusammen mit der Physik ausgeübt und war am wenigsten ausgebildet. Kepler beschäftigte sich viel mit letzterer, denn er meinte, dass die Astronomie und Physik so genau mit einander verbunden seien, dass keine ohne die andere vervollkommnet werden könne. Sein ‚kräftig Wörtchen', das er ihr widmet, mag schon zu damaliger Zeit nur allzu berechtigt gewesen sein; wie würde er aber wohl erstaunen, könnte er die Giftmischerleistungen, die die Physik im Bunde mit der Chemie heutzutage zeitigt, beobachten!

Mit der Beschwörung des Genius der Astronomie durch 21 Buchstaben zollt Kepler seinem Lehrmeister Copernicus seine Verehrung, wie denn sein ganzer Traum eine Verherrlichung des Weltsystems seines grossen Vorgängers bedeutet.

Ich habe das ‚Zauberwort' in deutscher Uebersetzung mit ‚Copernicus' Astronomie' wiederzugeben versucht, muss dabei aber freilich den Apostroph mitrechnen, um der Zahl 21 gerecht zu werden; ich darf mich aber wohl mit Kepler trösten, denn ich glaube, dass seine ‚Astronomia Copernicana' in grammatischer Beziehung wohl kaum Gnade vor den Augen eines klassischen Philologen finden wird.

Sehr interessant ist die weitere Begründung der Zahl 21 durch die trigonischen Zahlen. Unter diesen versteht man nämlich Glieder einer Reihe figurirter Zahlen der II. Ordnung. Die I. Ordnung ist die Reihe

---

**) Tabulae Rudolphinae etc. Ulm 1627. K. O. Ō. VI.*

***) Napier oder Neper, 1550 zu Merchiston-Castle bei Edinburgh geb., 1617 ebendaselbst gest. Erfinder einer Art Logarithmen [s. C. 94], die er zuerst 1614 veröffentlichte.*

der natürlichen Zahlen: 1. 2. 3. 4. 5. 6. 7. ...., also eine gewöhnliche arithmetische Progression. Bildet man nun aus dieser Reihe eine zweite, indem man zunächst die erste Zahl [1] für sich hinstellt, dann zur ersten die zweite [2] addirt, zur erhaltenen Summe die dritte [3] addirt, zu dieser Summe die vierte [4] u. s. w., so erhält man die Reihe der figurirten Zahlen der II. Ordnung: die sogn. Trigonal- oder Triangularzahlen, also 1. 3. 6. 10. 15. 21. ..... Macht man es mit dieser Reihe ebenso wie mit der ersten, so entsteht eine solche von figurirten Zahlen III. Ordnung, die man auch Pyramidalzahlen nennt. Auf gleiche Weise kann man nun Reihen IV., V., VI. ... Ordnung bilden.

Der arithmetische Ausdruck für die Trigonalzahlen ist $\frac{n(n+1)}{1 \times 2}$, *wo*

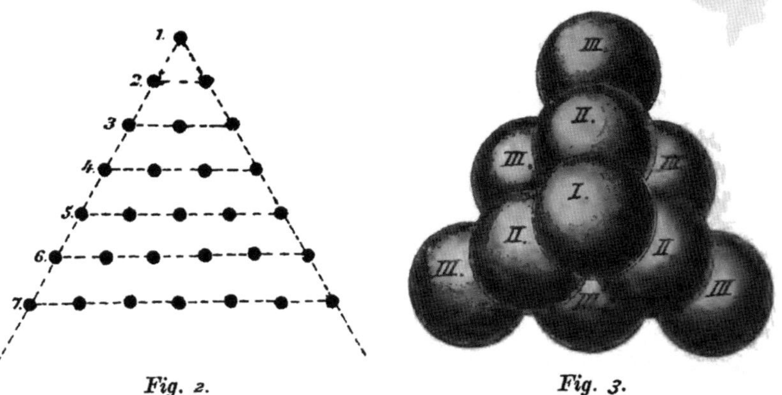

Fig. 2. *Fig. 3.*

n die Anzahl der Glieder bedeutet [Kepler nennt sie Basis]. Bei 6 Gliedern oder einer Basis von 6 ist die Trigonalzahl also $\frac{6(6+1)}{2} = \frac{42}{2} = 21$.

Es lohnt sich wohl der Mühe, noch etwas länger bei diesem Gegenstand zu verweilen, um dem Ideengang nachzuforschen, mit dem Kepler nun die Trigonalzahlen mit den Würfen mit zwei Würfeln zusammenbringt. In der That kann man mit 2 Würfeln 21 verschiedene Würfe machen, d. h. eigentlich 36, es wiederholen sich aber 15 und so bleiben nur 21 übrig.

Ich denke mir seinen Gedankengang so: Die figurirten Zahlen II. Ordnung werden deshalb Trigonalzahlen genannt, weil sie durch Dreiecke dargestellt werden können, wie Fig. 2 zeigt. Hier steht zunächst oben ein Punkt als Basis 1, dann ruht auf Basis 2 ein Dreieck mit 3 Punkten, dann auf Basis 3 ein Dreieck mit 6 Punkten, dann auf Basis 4 ein Dreieck mit 10 Punkten u. s. w., so dass sich die Reihe 1. 3. 6. 10. 15. 21. .... ergiebt. Die Zahlen der III. Ordnung, Pyramidalzahlen, lassen sich in gleicher Weise in Form eines als Pyramide aufgeschichteten Kugelhaufens darstellen, Fig. 3. Die Spitze dieser

Pyramide bildet eine Kugel I, die von 3 darunter befindlichen Kugeln II getragen wird; die drei Kugeln, die die Basis dieser Pyramide bilden, ruhen wieder auf 6 Kugeln III, diese wieder auf 10, so dass die Reihe $\underline{1}$, $(1+3)=\underline{4}$, $(1+3+6)=\underline{10}$, $(1+3+6+10)=\underline{20}$, $(1+3+6+10+15)=\underline{35}$ *u. s. w. entsteht.*

Wenn man nun die Würfe, die mit zwei Würfeln geworfen werden können, hinschreibt:

Basis	1 = (1 · 1)	[1 · 2]	[1 · 3]	[1 · 4]	[1 · 5]	[1 · 6]
„	2 = (2 · 1)	(2 · 2)	[2 · 3]	[2 · 4]	[2 · 5]	[2 · 6]
„	3 = {3 · 1}	(3 · 2)	(3 · 3)	[3 · 4]	[3 · 5]	[3 · 6]
„	4 = {4 · 1}	{4 · 2}	(4 · 3)	(4 · 4)	[4 · 5]	[4 · 6]
„	5 = {5 · 1}	{5 · 2}	{5 · 3}	(5 · 4)	(5 · 5)	[5 · 6]
„	6 = {6 · 1}	{6 · 2}	{6 · 3}	{6 · 4}	(6 · 5)	(6 · 6)

und streicht — wie in obigem Schema durch Einsetzen in eckige Klammern geschehen — immer die sich wiederholenden Würfe weg, so entsteht ein Dreieck gerade so, wie in Fig. 2 durch Punkte dargestellt ist. Es bleibt also zunächst 1 Wurf, dann 2, dann 3 u. s. w., im Ganzen 21, sie bilden demnach die trigonische Zahl 21 mit der Basis 6. Man muss natürlich beachten, dass der Wurf [1 · 2] eine Wiederholung des Wurfes (2 · 1) und [1 · 3] eine solche von {3 · 1} ist u. s. w.; genau genommen sind sie es nicht, aber da die beiden Würfel von einander nicht zu unterscheiden sind, auch beim Würfeln durcheinander fallen, so sind solche Würfe als gleich zu betrachten.

Nicht zu verwechseln sind diese Würfe mit den summarischen Würfen, wie sie z. B. beim Becherspiel in Betracht kommen; solche Würfe kann man nur 11 verschiedene machen, nämlich 2, 3, 4, 5, 6, 7, 8, 9, 10, 11 und 12, alle anderen wiederholen sich, wie leicht aus dem obigen Schema folgt: es fallen dann auch noch die in geschweifte Klammern gesetzten Würfe weg und nur die in runden Klammern bleiben.

Wir haben uns hier etwas auf das mathematische Gebiet vergangener Zeiten begeben; die figurirten Zahlen sieht die heutige Wissenschaft als eine arithmetische Spielerei an, im Anfang des XVII. Jahrhunderts aber machte man sie vielfach zum Gegenstand gelehrter Untersuchungen und auch Kepler scheint sich, wie auch aus den Bruchstücken, die Frisch unter dem Abschnitt ‚Nachträge aus den Pulkowaer Manuskripten‘ in seiner Ausgabe) giebt, hervorgeht, sehr eingehend damit beschäftigt zu haben.*

Wenn Kepler wiederholt eingesteht, dass er nicht mehr wisse, wie er

**) K. O. O. VIII, S. 161 ff.*

zu dieser Zahlensymbolik gekommen sei, so ist das wohl nicht allein auf die jahrzehnte lange Pause zurückzuführen, die zwischen der Abfassung des Textes und der Noten lag. Vielmehr hat er wohl Veranlassung nehmen wollen, seiner blühenden Phantasie nach Herzenslust die Zügel schiessen zu lassen, auch mag es ihm ein innerliches Gelehrtenbehagen gewährt haben, seinen Lesern zuweilen Räthsel aufzugeben, es ihnen überlassend, die Lösung zu suchen.

Ich habe mich bemüht, einigen dieser Räthsel nachzuspüren, wie weit mir die Lösung gelungen, das zu entscheiden muss ich meinerseits meinen geehrten Lesern überlassen.

26. [39. 40. 41.]

Kepler hatte die Berichte der Reisenden in den Gegenden des hohen Nordens mit grossem Interesse gelesen und hauptsächlich die Entdeckungen der Holländer, wie wir bereits aus C. 5 ersahen, nutzbringend für die Wissenschaft ausgebeutet. Mit Genugthuung begrüsste er die hier gemachten astronomischen Beobachtungen, so z. B. bezügl. der Länge des Tages und der Nacht, der Klimate u. s. w., die ziemlich genau übereinstimmten: „wie wir Astronomen das hier aussen schon vor vielen Jahrhunderten wussten". *N. [39]. Da Kepler in seinem Traum astronomische Anschauungen als unmittelbare Sinneswahrnehmungen schildert, so verwahrt er sich in einer besonderen Note [41] gegen das Vorurtheil der Laien, dass man nur das wissen könne, was man sehe:* „Sehr viele fragen, sind denn nun Astronomen vom Himmel gefallen? Schon Galilei sagt in seinem Sternboten, dass das Urtheil der Vernunft ein über jegliche Täuschung erhabener Zeuge sei, wie dies auch die Holländer auf ihren obengenannten Entdeckungszügen erfahren haben."

27. [42.]

Der Mond der Hebräer ist Lebana*) oder Levana; Selenitida konnte ich ihn nennen, aber das hebräische Wort, dem Gehör ungewohnter, eignet sich besser für die Symbolik in den geheimen Künsten.

Hebräische Wörter brauchte man zu damaliger Zeit gern bei verborgenen Künsten. Daran also, dass Kepler ein hebräisches Wort wählte, erkennt man, dass er es wohl verstand, durch äussere Mittel die Illusion zu erhöhen, um den Leser auf das Geheimnissvolle seines Traumes vorzubereiten. C. 7 u. 31.

Luna nannten die Griechen Selene, danach ist Selenitida als die Heimath der Mondbewohner aufzufassen, und Seleniten als die Mond-

---

*) *Im Original von 1634 steht Lbana.*

bewohner selbst. Abgebildet wird Selene mit einem in die Höhe stehenden halben Monde auf dem Haupte und einer Fackel; sie fährt auf einem mit Rossen oder Hirschen bespannten Wagen, um ihre Bewegung am Himmel anzuzeigen; s. auch N. [212].

28.

D. h. der Mond war mit dem Planeten Saturn in Konjunktion im Sternbild des Stiers; s. C. 74.

29.

Symbolisch für einen der Aequinoktialpunkte [Fig. 19]. Man beachte, dass im Traum die Vorgänge auf der Erde mit den Vorgängen am Himmel symbolisch in Beziehung gebracht werden: hier wird also mit dem Kreuzweg der Frühlingspunkt gemeint sein; s. C. 57.

30. [50.]

Ich halte es für nicht unmöglich, durch mannigfaltige Instrumente einzelne Vocale und Consonanten hervorzubringen, die die menschliche Stimme nachahmen. Freilich wird das immer mehr einem Geräusch und Geknarre als einer lebendigen Stimme ähnlich sein, aber ich glaube doch, dass durch diese Mechanik abergläubische Menschen leicht irregeführt werden können, so dass sie wohl vermeinen, es redeten Geister zu ihnen, während nur allein kunstvolle Werkzeuge dieses Zauberstückchen ausführen. Gleichwohl will ich, um zu entscheiden, was Wahres an der Sache ist, lieber den Versicherungen anderer glauben, als dass ich, der ich mich auf keine eigne Erfahrung berufen kann, irgend etwas behaupte.

Bei dieser Gelegenheit erinnere ich mich mit Vergnügen des Mathias Seyffart seligen Angedenkens, eines Famulus Tycho Brahes, der nach dessen Tode noch den Erben Dienste leistete, und der 3 Monate darauf verwandte, um auf Grund der Beobachtungen Tychos die Mondephemeride für ein Jahr zu berechnen. Dieser hatte eine Stimme, welche an jene Töne wohl erinnerte, er verfiel auch später in eine melancholische und phrenetische Krankheit, die nicht leicht zu nehmen war, und welche schliesslich in eine tödliche Wassersucht ausartete.

Ahnungsvolle Aussprüche, ein glückliches Errathen von dem, was einer späteren Zeit vorbehalten, finden wir bei Kepler häufig; wie anderswo auf kosmischem, so hier auf technischem Gebiet, wo er die Vermuthung ausspricht, dass es gelingen dürfte, durch eine kunstvolle Mechanik die menschliche Stimme nachzuahmen. Und eine so deutliche Vorstellung hat er von der Wirkung einer Sprechmaschine, ohne je eine solche gehört zu haben, dass er die Klangfarbe mit der Stimme seines Dämons vergleichen kann. Wer die Grabestöne eines Automaten kennt, wird sich einer gewissen Bewunderung für das Geschick Keplers, eine für die Situation geeignete Stimmung zu finden, nicht erwehren können.

Erst viel später, 1778, wurde von einem mechanischen Künstler, Wolfgang v. Kempelen) die erste Sprechmaschine praktisch ausgeführt. Sein System, ein mit Stimmen und Blasebalg versehenes Klappeninstrument, wie es auch wohl Kepler vorgeschwebt hat, wurde in der mannigfaltigsten Weise ausgebildet, später aber aufgegeben, bis Edison**) mit Hülfe der Elektricität die Sache von einer ganz anderen Seite angriff und in seinem Phonographen die Welt mit einem Sprechapparat überraschte, der in der That Erstaunen verdient.*

Auffallend gerade an dieser Stelle und interessant zugleich ist die Erwähnung des Matthias Seyffart [C. 17] und seiner Krankheit; thatsächlich ist eine solche Abhängigkeit zwischen Stimme und psychischer Constitution öfters von Aerzten beobachtet worden. Irgend eine nervöse Störung in der Function der Kehlkopfnerven, speciell der Stimmbänder, liegt wohl stets einem unarticulirten Sprechen, einem rauhen nicht modulationsfähigen Tönen des Kehlkopfes zu Grunde. In unserem Falle dürften sich später in Folge eines Herzfehlers psychische Veränderungen herausgebildet haben, die nach und nach unter den Zeichen von Wassersucht den Tod herbeiführten.

31.

Kepler sucht hier die Illusion bis in's Kleinste zu wahren, indem er den Genius der Astronomie vor Isländern auch isländisch reden lässt.

32. [51.]

Ein in der Wissenschaft der Sternkunde Bewanderter, von δαιεῖν: wissen.

33. [52.]

Aus dem *[durch die Einbildung]* näher gerückten Mond, auf den die Augen der Zuhörer gerichtet waren; *s. auch N. [42].*

34.

Die ungefähre Entfernung des Mondes von der Erde. C. 77, N. [109].

Kepler verweist hier in der Note [53] auf seinen ‚Auszug aus der

---

**) Wolfgang v. Kempelen, k. k. Hofrath, geb. 1733 zu Pressburg, gest. 1804.*
***) Thomas Alwa Edison, der berühmte amerikanische Elektriker, geb. 1847 in Milan [Ohio].*

Astronomie des Copernicus'), wo im I. Theil von den Dimensionen der Erde die Rede ist. Er giebt die Polhöhe von Linz = 48° 16' und die von Prag = 50° 6' an; die Differenz ist also = 1° 50', die geradlinige Entfernung = 26 deutsche Meilen; wenn man 1° auf der Erdkugel zu 15 deutschen Meilen rechnet, so ist der Umfang der Erdkugel 15 × 360 = 5400 deutsche Meilen und der Durchmesser* $\frac{5400}{3,14}$ *= 1720; der Halbmesser = 860 deutsche Meilen. Da nun der Mond im Apogäum 59 mal so weit von der Erde entfernt sei, meint Kepler, wie der Halbmesser der Erde selbst ist, so sei die Entfernung des Mondes von der Erde = 860 × 59 = 50740 deutsche Meilen. Man rechnete 1 deutsche Meile (Milliare) = 4000 geometrische Schritte à 5 Fuss à 4 Palmen. Schon in seinem ,Prodromus'**) hatte Kepler gezeigt, dass die Entfernung des Merkur = 60 Halbmesser der Sonne und die Entfernung des Mondes = 60 Halbmesser der Erde sei. Das gleiche Verhältniss war ihm aufgefallen; hätte er die Monde des Saturn schon gekannt, so würde er es wohl als sehr merkwürdig hervorgehoben haben, dass auch die Entfernung des letzten [VIII] Saturnmondes = 60 Halbmesser des Saturn sei. Uebrigens ist nach den wirklichen Dimensionen, wie sie heute bekannt sind, das Verhältniss von Sonnenhalbmesser und Merkurentfernung nicht 1 : 60, sondern 1 : 81, und auch bei dem Monde ist das Verhältniss ein etwas anderes; s. N. [109].*

35. [55.]

Die Beschreibung der Reise in den Mond, die Kepler hiermit beginnt, zeigt seine blühende Phantasie im glänzendsten Lichte, sie ist die Offenbarung eines echten, gottbegnadeten Astronomen.

Es liegt die mit Scherz gemischte Vorstellung zu Grunde, warum die Sonnen- und Mondfinsternisse soviel Unglück bringen. Ohne Zweifel wird den bösen Geistern die Macht über die Finsterniss und den Dunstkreis zugesprochen; man stelle sich also vor, dass die Verurtheilten und gleichsam Verbannten in diesen finsteren Gegenden, im Schattenkegel der Erde sich aufhalten. Wenn nun dieser Schattenkegel den Mond berührt, dann gehen die Dämonen schaarenweise auf den Mond, indem sie den Schattenkegel als Leiter benutzen. Umgekehrt, wenn der Schattenkegel des Mondes bei totaler Sonnenfinsterniss die Erde berührt, so kehren die Dämonen durch ihn zur Erde zurück. Diese

---

**) ,Epitome Astronomiae Copernicanae', Linz an der Donau, 1618 [Erste Ausgabe]. K. O. O. VI.*

***) Sein Erstlingswerk, eine Abhandlung, enthaltend das kosmographische Geheimniss von dem wunderbaren Verhältniss der himmlischen Bahnen u. s. w. Tübingen 1596. K. O. O. I, S. 95.*

Gelegenheiten sind in der That selten. Sofern man hier den Dämon an Stelle der astronomischen Wissenschaft nehmen kann, würde dies eine Bekräftigung dafür sein, dass dem Geiste der Weg nach dem Monde nicht anders offen steht, als durch den Schatten der Erde.

Der Glaube, dass die Finsternisse Unglück über die Menschen brächten, war noch im vorigen Jahrhundert allgemein verbreitet, wie manche Urkunde in den Stadtarchiven beweist. So werden durch eine Verfügung des Churfürstlichen Hofrath, Ehrenbreitenstein, den 22. Juli 1748 ‚nachdemalen auf nachkünfftigen Donnerstag, als dem Fest des heil. Jacobi, eine allgemeine grosse Sonnenfinsterniss, wodurch besorglich vieles Gifft auf dem Feldt und sonsten in die Pfützen und Brunnen fallen dörffen', sämmtliche Beamten angewiesen, den Eintritt dieses Ereignisses mit dem Befehle in allen Gemeinden und Dorfschaften zu verkündigen, dass an dem genannten Tage ‚zu Verhüt und Abkehrung alles Unglücks' durchaus kein Vieh auf die Weide getrieben werden darf, und dass alle Brunnen sorgfältig bedeckt und verwahrt werden müssen [s. auch C. 53]. In feinsinniger, nicht verletzender Weise parodirt Kepler diesen Aberglauben seiner Zeitgenossen und gewinnt so eine Gelegenheit zur Mondfahrt, wie sie glücklicher nicht gedacht werden kann. Aus den Schatten der Erde und des Mondes erbaut er sich den Weg durch die Unendlichkeit, der selbst für den Dämon nur selten und nur unter genauer Beobachtung der Zeitumstände, und nicht ohne Gefahr zu betreten ist. War die Erreichung des Mondes von der Erde aus stets ein Wunsch, der bei dem gewöhnlichen Volke als erfüllbar angesehen wurde, so glaubten nach Erfindung des Luftballons durch Montgolfier) selbst Gelehrte allen Ernstes an die Verwirklichung dieses Wunsches, ja der gelehrte Bischof Wilkins behauptete schon 1640, dass in einem mit Aether gefüllten Ballon die Reise in den Mond möglich sei. Kepler war indessen schon mit allen Hindernissen, die der Annäherung an den Mond in physikalischer und astronomischer Beziehung entgegenstehen, so vertraut, dass er die Ausführung für unmöglich hielt, und wenn er sagt, dass der Weg nach dem Monde dem Geiste nur durch den Schatten der Erde offen steht, so hat er damit andeuten wollen, dass dieser Geister-Weg den Körpern für ewig verschlossen ist.*

36. [57.]

Dies wird ein Physiker leicht einsehen. Denn wenn ein Körper von der Schwere eines Menschen in einem Zeitraum von einer Stunde

**) Joseph Michel Montgolfier, geb. 1740 in Vidalon-lès-Annonay, Papierfabrikant, gest. 1810, erfand mit seinem Bruder Jacques, geb. 1745, gest. 1799, um 1780 den durch verdünnte Luft gehobenen Luftballon, Montgolfière genannt.*

12000 Meilen in die Höhe gerissen wird, und noch der Mangel an Luft hinzukommt, so muss er sterben, wie die Fische, wenn sie kein Wasser haben. Unter den Sätzen, welche die berühmtesten Physiker aufgestellt haben, befindet sich auch der, dass die Oberfläche der Luft, durch die Gipfel der höchsten Berge oder auch schon etwas tiefer begrenzt werde.

Kepler spinnt in diesem und dem Nachfolgenden die Allegorie weiter, indem er seine Deduktionen durch physikalische und astronomische Gesetze begründet. Wir werden sehen [C. 39], dass die Reise in spätestens 4 Stunden beendet sein muss, und da der Weg von Erdoberfläche bis Mondoberfläche ca. 48000 Meilen beträgt, so muss freilich in einer Stunde eine Strecke von ca. 12000 Meilen zurückgelegt werden. Beachtenswerth ist, dass Kepler schon eine Begrenzung der Luftschicht annahm; spätere Forschungen haben allerdings diese Grenze bedeutend höher gelegt und man nimmt heute den Abstand von der Erdoberfläche, in welchem die Atmosphärenschichten noch merkliche Wirkungen im Sinne von Veränderungen der Fortpflanzungsrichtung des Lichtes verursachen, auf etwa 80 km an, ohne damit beweisen zu wollen, dass über diese Höhe hinaus keine der Erde angehörigen und an ihren Bewegungen theilnehmenden Schichten mehr vorhanden sind. Diese wird man vielmehr nach Foerster) mit ausreichender Sicherheit bis zu etwa 150 km Höhe schätzen können. Allein die Höhe, worin ein menschliches Wesen noch zu vegetiren vermag, dürfte nicht viel grösser sein, als Kepler angiebt. Von Berson in neuester Zeit ausgeführte Luftschiffahrten haben ergeben, dass man schon bei 9 km Höhe wegen der Abnahme des Sauerstoffs in der Luft nicht mehr leben kann, auch der hier herrschenden Temperatur von — 48° C. würde der menschliche Organismus kaum widerstehen.*

37.

Wie Kepler selbst in der Note [60] sagt, war er sehr aufgelegt zum Scherzen und mit dem Mantel des Humors und der Satyre hat er in dieser Schilderung manches Traurige seiner Zeit zugedeckt. Wer denkt nicht bei der Erwähnung der ausgemergelten alten Weiber an die zum Blocksberg reitenden Hexen? Und Kepler, der durch die Hexenprocesse so bitteres Leid erfahren, mochte nicht ungern Veranlassung nehmen, diese alten Weiber als besonders tauglich zur Reise hinzustellen, symbolisch so einen Weg andeutend, diese Schmach seiner Zeit von der Erde zu verbannen.

**) Prof. Dr. Wilhelm Foerster, ‚Die Erforschung der obersten Schichten der Atmosphäre.' Sonder-Abdruck aus d. Verhandl. d. Gesellsch. f. Erdkunde zu Berlin. 1891. Heft 6.*

38. [61.]

Wie Deutschland den Ruhm der Beleibtheit und der Gefrässigkeit hat, so Spanien den des Geistes, der Urtheilskraft und der Rechtschaffenheit. Bei so feinen, exacten Wissenschaften aber, wie die Astronomie eine ist (und besonders diejenige, die sich uns vom Monde aus darbietet), würde, wenn der Deutsche und der Spanier sich in gleicher Weise bemühten, dieser um vieles siegen.

Die Spanier galten zu damaliger Zeit für sehr mässig in materiellen Lebensgenüssen.

Im Uebrigen ist mir der Sinn dieser Note nicht ganz klar; vielleicht hat Kepler hiermit auf das mangelhafte Verständniss seiner deutschen Landsleute für die astronomischen Wahrheiten, hauptsächlich für die des Copernicus, anspielen und sagen wollen, dass sie mehr für die Speisung des Leibes als des Geistes sorgten.

39. [62.]

Weil eine Mondfinsterniss annähernd 4 Stunden währen kann. Dies war schon den Alten bekannt; Kepler berechnet die Dauer einer centralen Mondfinsterniss auf 4 Stunden 20 Min. 25 Sec. und setzt ganz richtig hinzu, dass diese Länge selten sei. In der That kann dieser Fall nur dann eintreten, wenn der Mondmittelpunkt genau durch das Centrum des Schattenquerschnitts geht; dann währt die totale Verfinsterung ca. 2 Stunden und die theilweise vor und nachher je ca. 1 Stunde. [C. 136.] Kepler knüpft daran bezügl. seiner Allegorie nun folgende Bemerkung:

Wenn daher irgend ein Körper die Reise nach dem Monde antreten will, so muss er entweder viele Tage hindurch im Kegel des Erdschattens hoch in der Luft sich aufhalten, damit er im Augenblick des Eintritts des Mondes in diesen Schattenkegel bereit ist *[d. h. schon in der Höhe des Mondes sich befinden, um dann nur auf ihn überzutreten]* oder wenn dies seiner Natur entgegen und unbequem ist, so muss er den ganzen Weg von der Erde zum Monde in der sehr kurzen Zeit, wo der Mond sich im Schattenkegel befindet, durcheilen.

40.

Denn wenn der Schatten der Erde den Mond verlassen hat, fällt er wieder in's Unendliche, die Brücke, die bei der Berührung mit dem Monde hergestellt war, ist alsdann wieder abgebrochen und die Reisenden würden ihr Ziel nicht mehr erreichen können.

41. [66.]

Die Schwere definire ich als eine Kraft, die dem Magnetismus ähnlich ist, mit der Attraktion in Wechselwirkung steht. Die Gewalt dieser Anziehung ist grösser unter nahestehenden, als unter entfernteren Körpern; daher leisten sie der Trennung von einander stärkeren Widerstand, wenn sie sich noch nahestehen.

Kepler definirt hiermit die wechselseitige Anziehung zweier Körper ganz richtig und folgert, dass die Anfangsbewegung die schlimmste ist, weil die Attraktion überwunden werden muss. Man erstaunt, wie nahe er hier dem Gedanken der allgemeinen Schwere kommt; s. auch C. 99. Zwar nahm er nicht eine Gravitation im Sinne der Newtonschen Definition an, wohl aber einen Weltmagnetismus, welcher die Himmelskörper durch gegenseitige Anziehung verbinde: also ein grosses magnetisches Sonnensystem. Er hatte — beinahe 100 Jahre vor Newton — bemerkt, dass die Kraft der Sonne, mit welcher sie alle Planeten um sich hält, in grösseren Entfernungen von ihr immer kleiner werden müsse, weil die weiter von ihr abstehenden Planeten sich immer langsamer bewegen, und er stellte selbst in seinen Schriften) die Muthmassung auf, dass diese Kraft der Sonne auf die Planeten sich umgekehrt wie das Quadrat der Entfernung dieser Planeten von der Sonne verhalten könnte, dass also die Kraft in der 2-, 3- oder 4fachen Entfernung von der Sonne nur den 4., 9. oder 16. Theil derjenigen Wirkung habe, welche sie in der einfachen Entfernung ausübt.**)*

Es fehlte nur noch, von der Vermuthung zur Rechnung überzugehen, um seinem Werke die Krone aufzusetzen. An geistiger Kraft mangelte es ihm nicht, die Höhe zu erreichen, von welcher er die Abhängigkeit seiner Entdeckung von einem obersten Gesetz übersehen haben würde, allein selbst wenn er diese Rechnungen angestellt hätte, er würde seine Ideen nicht voll bestätigt gefunden haben, weil zu der Zeit die zu der Calculation nöthige genaue Kenntniss der Planetenelemente noch fehlte.

Wir wissen, dass selbst Newton, als er in Verfolg seiner Forschungen daran ging, durch Rechnung zu prüfen, ob denn in der That dieselbe Kraft der Erde, die den fallenden Apfel zu sich zieht, es sei, die auch den Mond zwingt, seine Bahn um die Erde zu beschreiben, zunächst zu Resultaten kam, die diese Annahme nicht bestätigten und dass dieser Misklang aus der Ungenauigkeit des zu der Rechnung benutzten Werthes des Erdhalbmessers herrührte. Erst 20 Jahre später, als durch Picards neue Gradmessung der Halbmesser der Erde genau bestimmt war, nahm Newton hiermit seine alte Rechnung wieder auf und gelangte nun bald zu seinem grossen Gesetz, welches die Ahnung Keplers voll bestätigte.

---

*) *Astronomia nova u. s. w. 1609. K. O. O. III. Harmonice Mundi. Linz, 1619. K. O. O. V.*

**) *Ueber Keplers physikalische Theorie der himmlischen Bewegung s. auch C. 73.*

„In der Gedankenentwicklung über kosmische Verhältnisse,“ sagt Humboldt), „war Kepler, volle 78 Jahre vor Newtons Entdeckung, einer mathematischen Anwendung der Gravitationslehre am nächsten.*

*Wenn der Eklektiker Simplicius**) nur im Allgemeinen den Grundsatz aussprach, das Nicht-Herabfallen der himmlischen Körper werde dadurch bewirkt, dass der Umschwung [die Centrifugalkraft] die Oberhand habe über die eigne Fallkraft, den Zug nach unten; wenn Joannes Philoponus, ein Schüler des Ammonius Hermeä, die Bewegung der Weltkörper einem primitiven Stosse und dem fortgesetzten Streben zum Falle zuschrieb; wenn Copernicus nur den allgemeinen Begriff der Gravitation, wie sie in der Sonne als dem Centrum der Planetenwelt, in der Erde und dem Monde wirke, ahnend ausspricht, so finden wir bei Kepler in seinem Buche: ‚Von der Bewegung des Mars‘***) zuerst numerische Angaben von den Anziehungskräften, welche nach Verhältniss ihrer Massen Erde und Mond gegen einander ausüben.“*

Wenn der Mond und die Erde nicht durch ihre innere Lebenskraft†) oder durch eine gleich mächtige Kraft jedes in ihrem Umlaufe zurückgehalten würden, so würde die Erde zum Monde den 54. Theil des Zwischenraums emporsteigen, der Mond aber die 53 übrigen Theile des Zwischenraums herabsteigen und sich daselbst vereinigen; wobei jedoch vorausgesetzt wird, dass die Substanz beider Körper gleich dicht ist.

Keplers Sätze von der Schwere verdienen wohl, zum besseren Verständniss seiner Stellung, die er in der Erforschung dieser Naturkraft einnimmt, hier angezogen zu werden††):

Ein mathematischer Punkt, Mittelpunkt der Welt oder nicht, kann schwere Körper nicht bewegen, dass sie sich ihm nähern. Die Physiker mögen zeigen, dass die natürlichen Dinge eine Sympathie zu dem haben, das Nichts ist.

Auch streben schwere Körper nicht deswegen nach dem Mittelpunkte der Welt, weil sie die Grenzen der runden Welt fliehen; werden auch nicht durch Umdrehung des primi mobilis†††) gegen den Mittel-

---

*) *Humboldt, Kosmos III, S. 18.*

**) *Simplicius, peripatetischer Philosoph des VI. Jahrhunderts n. Chr.*

***) *Wie oben K. O. O. III.*

†) *‚Facultas animalis.‘*

††) *s. Kästner, IV, S. 237 ff. Aus der Einleitung zu: ‚Von der Bewegung des Mars.‘ K. O. O. III, S. 146 ff.*

†††) *Das Primum mobile war im ptolemäischen Weltsystem die äusserste [11.], alle anderen umschliessende, Sphäre, wodurch die tägliche Umdrehung der Gestirne erklärt werden sollte.*

punkt getrieben; die wahre Lehre von der Schwere beruht auf folgenden Grundsätzen:

Jede körperliche Substanz, insofern sie körperlich ist, ist geschickt, an jeder Stelle zu ruhen, wohin sie gebracht wird, wenn sie da ausserhalb des Wirkungskreises eines verwandten Körpers liegt *[Definition der ‚Trägheit']; s. auch C. 73.*

Schwere ist eine körperliche Eigenschaft, gegenseitig zwischen verwandten Körpern zur Vereinigung oder Verbindung (wohin auch das magnetische Vermögen gehört) derart, dass viel mehr die Erde den Stein zieht, als der Stein die Erde.

Schwere Körper (wenn wir auch die Erde in den Mittelpunkt der Welt setzten) gehen nicht nach dem Mittelpunkte der Welt als solchem, sondern als Mittelpunkt eines runden verwandten Körpers, nämlich der Erde. Wohin also die Erde gesetzt wird, oder wohin sie ‚facultate sua animali' *[durch ihre Lebenskraft]* gebracht wird, gehen schwere Körper immer nach ihr. Wäre die Erde nicht rund, so gingen schwere Körper nicht von überall her nach dem Mittelpunkte der Erde, sondern von verschiedenen Seiten nach verschiedenen Punkten.

Würden zwei Steine an einem Ort der Welt einander nahe gebracht, ausserhalb des Wirkungskreises eines dritten verwandten Körpers, so würden sie, wie zwei Magnete, in einer mittleren Stelle zusammenkommen und zwar würde der Weg des einen zu dem des andern sich verhalten, wie dessen Masse zu des ersteren Masse. An sich selbst leicht ist nichts, vergleichungsweise leichter ist das, was in gleichem Raume weniger Materie enthält, sei es von Natur oder durch Wärme *[indem die Materie dadurch sich ausdehnt und dünner wird].* So wird das Leichtere vom Schweren aufwärts getrieben, weil es von der Erde schwächer angezogen wird.

Wäre eines Steines Entfernung von der Erde beträchtlich gegen den Halbmesser der Erde, so würde der Stein der sich bewegenden Erde nicht völlig folgen, sondern seine widerstehenden Kräfte mit den Zugkräften der Erde sich vermengen *[d. h. theilweise aufheben].* Das erfolgt aber nie, weil kein geworfener Körper um den 100000. Theil des Halbmessers von der Oberfläche der Erde entfernt wird, selbst die Wolken nicht den 1000. Theil aufsteigen. So reisst die Bewegung der Erde, was sich in der Luft befindet, mit sich fort, als berührte es die Erde.*)

Er führt bestimmt Ebbe und Fluth als einen Beweis an, dass die

---

*) *Das Letzte bringt* Kepler *bei, um die Einwendungen der damaligen Physiker gegen die Bewegung der Erde zu widerlegen.*

anziehende Kraft des Mondes sich bis zur Erde erstrecke, ja, dass diese Kraft, ähnlich der, welche der Magnetismus auf das Eisen ausübt, die Erde des Wassers berauben würde, wenn diese aufhörte, dasselbe anzuziehen.

Der schlagendste Beweis aber der gegenseitigen Anziehung von Mond und Erde, *sagt er in N. [62]*, liegt in der Fluth und Ebbe des Meeres. Der im Scheitel der Oceane stehende Mond zieht die den Erdball umschliessenden Gewässer an und durch diese Anziehung wird bewirkt, dass die von allen Seiten an den Continenten herabfliessenden Gewässer, die senkrecht unter dem Monde liegen, die Gestade bedecken. Während sie inzwischen aber noch auf dem Wege sind und der Mond indessen aus dem Scheitel des einen Oceans fortrückt, werden die Gewässer, die das westliche Ufer bespülen, weil eben die anziehende Kraft aufhört, zurücktreten, und sich nunmehr auf die östlichen Gestade ergiessen.

Dann betrachtet er die daraus erfolgenden Bewegungen, leitet daraus Anhäufungen von Sandbänken, Ueberschwemmungen, Versandungen her u. s. w.

Erfahrene Schiffer versichern, dass die Meeresfluth stärker sei bei verbundenen als bei quadrirten Gestirnstellungen. *[Syzygien resp. Quadraturen s. Fig. 11 u. 12.]*

Später, N. [202], betont er, dass auch die Sonne ihren Antheil an der Erzeugung der grossen irdischen Gezeitenwelle haben muss:

Auch scheint die Meeresfluth bedingt durch die Körpermassen der Sonne und des Mondes, welche die Meeresgewässer mit einer magnetischen Kraft anziehen. Auch die Erde zieht ihre Wassermassen an und das nennen wir Schwere. Was steht also im Wege zu sagen, die Erde ziehe auch die Mondgewässer an, gleich wie der Mond die Erdwässer? Dies zugegeben folgt, dass, wenn Sonne und Erde zusammen oder gegenüber treten, ihre Anziehungskraft sich vereinigt.

Kepler erkannte also schon die Ursache, weshalb die grössten Fluthen stets in die Neu- und Vollmonde, die kleinsten aber in den beiden Vierteln fallen müssen.

Ich habe diesen Gegenstand etwas ausführlicher behandelt, um zu zeigen, einen wie grossen Antheil Kepler an der Entdeckung des Gravitations-Gesetzes hat: er war der Lehrer Newtons, von dem selbst ein Humboldt) sagt, dass die ausschliessliche Bezeichnung dieser grossen Entdeckung als die Newtonsche fast eine Ungerechtigkeit gegen das Andenken des grossen Mannes enthält.*

S. auch N. [67.] [74.] [75.]

**) Humboldt, Kosmos IV, S. 10.*

42. [67.]

Der Stoss ist nicht stark, wenn der Körper, der gestossen wird, leicht nachgiebt. Eine bleierne Kugel wird mehr erschüttert, als eine steinerne, weil je grösser das Gewicht auch der Widerstand grösser ist, welchen sie dem anstossenden Körper entgegensetzt; daher wird der Schlag beim Zusammenstoss schwerer, sich schnell bewegender Körper sehr heftig sein.

Diese ganz richtige Ansicht über die mechanische Wirkung des Stosses folgerte Kepler aus seiner Vorstellung über das Wesen der Schwere. Die Grundlehren der Mechanik lagen zu damaliger Zeit, wie die der Physik, noch sehr im Argen; man fand es bequemer, leeren Träumereien nachzuhängen, als die Natur der Dinge durch mühsame Beobachtungen und geistreiche Combinationen zu ergründen und Keplers Genie tritt uns in diesen mit bewunderungswürdigem Scharfsinn ausgesprochenen Sätzen wieder umsomehr entgegen, als er mit seinem geistigen Auge das erkannte, was die Stockgelehrten seiner Zeit durch unfruchtbare Speculationen erforschen zu können glaubten.

43. [70.]

Unsere Körper werden erwärmt durch die laue Wärme der fortwährenden Ausdünstungen des Erdinnern, welche entweder als Regen oder in der Nacht, bei Abwesenheit der warmen Sonnenstrahlen zu Thau oder Reif verdichtet, herabgehen. Wenn wir dieses äusserlichen lauen Dunstes verlustig sind, so haben wir das Gefühl der Kälte. Ferner ist die ätherische Luft, vom Strahl der Sonne entblösst, infolge der dadurch verursachten Beraubung der Wärme, kalt. Da jene sehr dünn ist, so nimmt sie, so lange sie unbeweglich ist, auch die kleinste Menge Kälte von selbst in sich auf.

Wir ersehen hieraus, dass Kepler die Kälte der höheren Luftschichten bereits erkannt hatte und dass er die Erwärmung der Luft durch die Sonnenstrahlen in ihrer wesentlichen Ursache erklärt. Von der ganzen Oberfläche der Erde, dem Lande sowohl als dem Wasser, sondern sich fortwährend Theile ab, die in luftförmigem Zustand als Dünste und Dämpfe in die Atmosphäre emporsteigen und auf die Beschaffenheit der Luftwärme Einfluss haben. Die von der Sonne auf die Erde fallenden Strahlen vermögen erst dann ihre erwärmende Wirkung auszuüben, wenn sie auf ein Medium treffen, das diese Wärme zu absorbiren fähig ist; die durchgelassenen Strahlen bleiben wirkungslos. Da der Erdboden selbst nun die Sonnenstrahlen fast ganz absorbirt, so erwärmt er sich schnell und theilt diese Wärme dann den unteren Luftschichten mit, von wo sie sich erst nach und nach in die oberen erstreckt; schon dadurch muss die

Temperatur mit der Höhe abnehmen. Die Absorptions- und Leitungsfähigkeit der Luft wird nun aber durch die Beimischung von Dunst wesentlich verändert: eine trockene Luft ist für die wärmenden Sonnenstrahlen ausserordentlich durchgängig, wird also viel mehr Wärme aufnehmen können, als eine mit Wasserdampf erfüllte, der besonders durch die Trübung, die er in der Atmosphäre erzeugt, die Sonnenstrahlen wie ein Schirm von der Erdoberfläche abhält, anderseits aber auch die Wärmerückstrahlung verhindert. Ferner ist die Bewegung der Luft auf die Wärmeaufnahme von Einfluss. Da Kepler eine Begrenzung und eine abnehmende Dichtigkeit der Luftschicht kannte [N. [57]], so folgerte er naturgemäss, dass die Luft in den oberen Schichten, weil die Sonnenstrahlen darin nicht so absorbirt werden können, kalt sein müsse, umsomehr als dort ewige Ruhe herrscht.

Neuere Forschungen haben auch diese Materie modificirt. Durch unbemannte, mit Registrirapparaten versehene Ballons, die bis zu einer Höhe von 19000 m gelangten und dort eine Temperatur von —67° C. verzeichneten, hat man erfahren, dass die Temperatur in den oberen Luftschichten nicht allein erheblich niedriger ist, sondern dass sie mit der Entfernung von der Erde, wenn auch ziemlich gleichmässig, doch viel rascher abnimmt, als man bisher glaubte. Der Einfluss der Jahreszeiten auf die Temperatur reicht zwar in beträchtliche Höhen, verschwindet dann aber gänzlich. Was die Bewegung der Luft anbelangt, so hat man beobachtet, dass in Höhen von 2—4000 m gewöhnlich eine verhältnissmässig stille Luft herrscht; dann nimmt die Bewegung aber zu und erreicht Geschwindigkeiten von mehr als 40 m in der Secunde; s. auch C. 88 und 157.

44.

Durch unsere physische Kraft, d. h. durch die forcirte Bewegung des Körpers und der Gliedmassen wohl nicht, auch wenn die moralische Kraft hinzukäme, durch die man im Uebrigen, wie unerschrockene Luftschiffer bewiesen haben, ganz beträchtliche Kältegrade zu ertragen vermag.

45.

Dies war, wie Kepler aus den Erzählungen des Aristoteles) entnahm, ein Mittel, um den Athemschwierigkeiten bei Besteigung hoher Berge zu begegnen.*

**) Aristoteles, berühmter griechischer Philosoph, geb. 384 v. Chr. zu Stagira in Makedonien, Schüler Platons, seit 343 Lehrer Alexanders d. Gr. Gründer der peripatetischen Schule; gest. 322 in Chalkis auf Euböa.*

46. [74.]

Ohne Zweifel kommt der Körper bei einem so weiten Weg aus dem Kreis der magnetischen Wirkung der Erde heraus und in den des Mondes hinein, letztere erhält also das Uebergewicht; *s. C. 41.*

47. [75.]

Indem die magnetischen Wirkungen von Erde und Mond durch gegenseitige Anziehung die Körper in der Schwebe halten, ist es gleichsam, als ob keine von beiden anziehe. Dann also zieht der Leib selbst als Ganzes seine Glieder, als den geringeren Theil, durch das Ganze an; *s. C. 41.*

Wie wir gesehen, vertrat Kepler die Ansicht, dass alle Körper sich gegenseitig anziehen: die grossen die kleinen und die kleinen die grossen, nach Verhältniss der Massen und der Entfernung. Dass nun diese Wirkung an Einzelkörpern auf der Erde nicht in die Erscheinung tritt, erklärte er von seinem Standpunkt aus ganz folgerichtig aus der Paralysirung durch die Anziehung der Erde, als des überwiegend grösseren Körpers; ähnlich, wie die Wirkung kleiner Lichtquellen durch grössere aufgehoben wird, aus welchem Grunde wir z. B. die Sterne am Tage nicht sehen können.

Fällt nun aber — so schliesst er weiter — die Anziehung der Erde weg, was da der Fall sein wird, wo die Anziehung der Erde und des Mondes sich das Gleichgewicht halten, so tritt die Anziehung von Körpern, die sich in dieser Region befinden, in Wechselwirkung. Ein Analogon ist die Schwere der Luft: der menschliche Körper beispielsweise fühlt sie nicht, obgleich er dadurch recht ansehnlich belastet ist und dieser Umstand war denn auch ein Hauptargument der Gegner Torricellis.) Thatsächlich ist aber der Grund die Ausgleichung durch Gegendruck, denn der Druck der Luft wirkt nach allen Seiten und hebt sich so gegenseitig auf; erst wenn dieser Gegendruck ausgeschieden wird, indem — um bei dem Beispiel zu bleiben — die Luft aus dem Innern des menschlichen Körpers herausgepumpt wird, kann die Schwere, die auf ihm lastet, fühlbar hervortreten.*

**) Evangelista Torricelli, berühmter Mathematiker und Physiker, geb. 1608 zu Faenza, gest. 1647 zu Florenz. Am bekanntesten durch seine Versuche über den Druck der atmosphärischen Luft, in deren Verfolg er das Barometer erfand. Die Torricellische Leere ist der luftleere Raum über dem Quecksilber im Barometer. Torricelli construirte auch Fernrohre. Hauptwerk: ‚Abhandlungen über die Bewegung'.*

48.

Weil dann die Anziehungskraft des Mondes weitaus stärker ist, als die der Erde.

49. [82.]

Die Reise durch den Erdschatten ist eine Allegorie auf die Beobachtung der Mondfinsternisse: der Sonnenschein bezieht sich auf Geschäfte des gemeinen Lebens, die dunklen Zufluchtsörter auf gelehrte Abgeschlossenheit, der Aufenthalt daselbst auf Untersuchungen nach beobachteter Finsterniss. Ich hatte zu Prag eine Wohnung, wo kein Ort bequemer war, um den Durchmesser der Sonne zu beobachten, als der Bierkeller; aus demselben richtete ich durch ein Loch in der Decke den Tubus*) nach der Mittagssonne um den längsten Tag.

50.

*Hier steht im Text von 1634 die Zahl [83], eine solche ist aber unter den Noten nicht vorhanden, auch Frisch**) giebt sie nicht, er geht, wie das Original, von Note [82] gleich zu [84]. über und bemerkt nur am Schluss von [82] — wo Kepler auf eine Vervollständigung der Allegorie in der Note [83] hinweist — ‚Vermisst'.*

51.

Siehe Note [55.]

52. [85.]

Totale Sonnenfinsternisse sind häufiger als totale Mondfinsternisse.

Obgleich sich in der That totale Sonnenfinsternisse weit häufiger ereignen, als totale Mondfinsternisse, so bekommen wir jene seltener zu sehen, als diese, weil eine totale Sonnenfinsterniss immer nur auf einem gewissen Erdstrich sichtbar ist, während der Mond auf der ganzen Erde in gleichem Grade verfinstert erscheint, also überall da, wo er gerade über dem Horizont steht, auch die Finsterniss zu beobachten ist; s. auch C. 129 ff.

53.

Die Ursache der Furcht der Erdbewohner vor einer Sonnenfinsterniss ist hier symbolisch so dargestellt, als wenn sie durch das plötzliche Erscheinen der bösen Geister entstände; s. C. 35. [55.]

---

*) *Es ist hierunter kein Fernrohr, sondern ein Visirrohr zu verstehen, wie solche schon die Alten zu Beobachtungen von Himmelsobjecten verwendeten. Bereits Aristoteles erwähnt, dass man durch einen Tubus weiter sehen könne, als mit blossem Auge.*

**) *K. O. O. VIII, S. 48.*

Hiermit beschliesst Kepler seine Allegorie über die Reise in den Mond und geht nunmehr zur speciellen Mondastronomie über, von der er uns durch den Mund des Dämons das Nachfolgende berichtet.

54.

Kepler drückt hier ganz bestimmt aus, dass die Fixsterne gegen einander dieselbe Lage behalten, ob man sie nun vom Monde oder von der Erde betrachtet. Es ist dies ein hochbedeutsames Moment, das ihm um so willkommener sein musste, als er dadurch den Grundgedanken seines Buches, den Sieg der copernicanischen Lehre, hervorzuheben Gelegenheit fand.

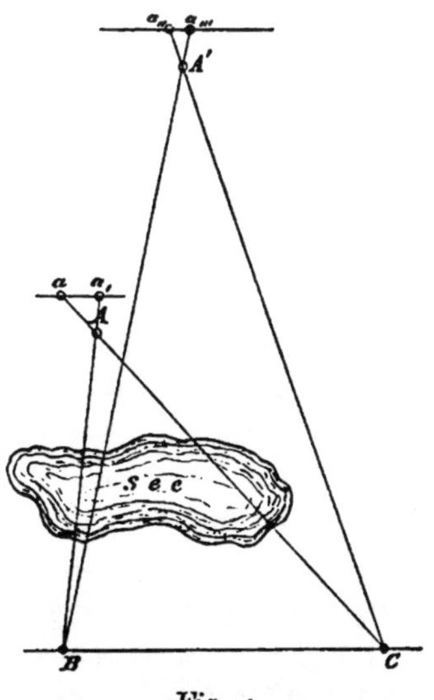

Fig. 4.

So lange nämlich unsere Erde als stillstehend galt, lag in einer Unverrückbarkeit der Fixsterne, schon nach damaligen Begriffen über die Entfernung der Weltkörper, nichts Befremdendes; als aber Copernicus die Erde in Bewegung setzte, sagten die Ptolemäer*): 'wenn das der Fall ist, so müssen die Fixsterne ihre Lage gegen einander verändern, ähnlich wie sich uns bei einer Fortbewegung entfernt stehende Gegenstände, z. B. eine Reihe Bäume, gegen einander zu verschieben scheint'. — Und Tycho Brahe machte wirklich diese Thatsache, oder wie man sich wissenschaftlich ausdrückt, das Fehlen einer Fixstern-Parallaxe als einen Haupteinwand gegen das copernicanische Planetensystem geltend.

Um diesen zunächst nicht unberechtigten Einwand zu verstehen, müssen wir uns den Begriff klar machen. Unter Parallaxe versteht man allgemein die Aenderung des scheinbaren Ortes eines Gegenstandes bei Betrachtung von zwei verschiedenen Punkten aus, gemessen durch den Winkel, den die von dem Gegenstand nach beiden Beobachtungspunkten gezogenen geraden Linien einschliessen.

Die geodätische Aufgabe, die Länge einer Strecke auszumessen, zu der man nicht gelangen kann, bietet Gelegenheit, den Begriff der Parallaxe näher zu definiren. Angenommen es sei die Strecke AB [Fig. 4] zu messen, die durch einen See unterbrochen ist, so wird man von B aus die

---

*) Anhänger der Lehre von der im Mittelpunkt des Planetensystems still ruhenden Erde.

Richtung der Linie nach A visiren [BA], dann von C aus ebenso die Richtung nach A bestimmen [CA], d. h. man wird in B den Winkel ABC und in C den Winkel ACB messen. Kennt man nun noch, durch direkte Messung, die Länge der Linie BC, so wird in dem Dreieck ABC eine Seite und zwei Winkel bekannt sein und man kann daher sowohl den Winkel bei A, als auch die Seite AB berechnen.

Den Winkel bei A nennt man nun die Parallaxe für die Standlinie BC und man erkennt ohne Weiteres, dass der Punkt A, etwa ein Stern, von B und C aus an verschiedenen Stellen des Hintergrundes, etwa des Himmelsgewölbes, nämlich in a resp. a_{I} *gesehen werden muss. Ferner ist sofort klar, dass die Parallaxe für eine und dieselbe Standlinie desto kleiner wird, je weiter der Gegenstand vom Beobachter absteht und dass damit auch die Verschiebung des Punktes kleiner wird; denn in A' ist der Winkel viel kleiner als in A und dem entsprechend rücken auch die Punkte* $a_{\text{II}}a_{\text{III}}$ *näher zusammen. Wird schliesslich die Entfernung BA gegenüber BC unverhältnissmässig gross, so kann die Parallaxe so klein werden, dass sie nicht mehr gemessen werden kann; die ursprünglichen beiden Linien BA und CA scheinen dann parallel zu verlaufen und die Punkte* $a\,a_{\text{I}}$ *fallen zusammen.*

Populär kann man diesen Vorgang klar machen an dem grossen Zeiger einer Uhr, der, weil er über den kleinen hinweggehen muss, stets etwas vom Zifferblatt absteht. Betrachtet man nämlich den Zeiger, wenn es gerade 12 Uhr ist, indem man seitlich rechts daneben sieht, so wird er nicht genau auf 12, sondern noch etwas davor, steht man links daneben, etwas darüber zeigen, und nur wenn man gerade davor steht, wird man die richtige Zeit sehen. Ich möchte diese Abweichung hier die Parallaxe der Zeit nennen und man findet sie — analog unserm vorigen Beispiel — um so kleiner, je weiter man sich von der Uhr entfernt, d. h. je grösser der Abstand im Vergleich zur Länge der Standlinie, unter dem man die Zeiger betrachtet, ist, und sie wird endlich = 0, wenn man gerade davor steht, d. h. wenn das Verhältniss der Entfernung zur Standlinie = ∞ ist.

Nach diesen Betrachtungen erkennen wir, dass der Einwurf Tychos nicht ohne Grund war, denn es müsste, wenn die Erde sich fortbewegte, ein Fixstern, von verschiedenen Oertern der Erdbahn betrachtet, an verschiedenen Punkten des Himmels erscheinen. Die grösste Entfernung zweier solcher Oerter entsteht, wenn die Erde sich einmal im Aphel und einmal im Perihel befindet, also an zwei entgegengesetzten Punkten der Erdbahn, Fig. 5) (S. 59). Die Standlinie* EE_{I} *ist dann der ganze*

**) Die Ekliptik ist sehr carikirt gezeichnet, um die Deutlichkeit hervortreten zu lassen. In Wirklichkeit nähert sich die Erdbahn vielmehr dem Kreise.*

Durchmesser der Erdbahn, beiläufig 40 Millionen Meilen, und man könnte zunächst wohl annehmen, dass bei einer so grossen Standlinie eine Parallaxe stattfinden und z. B. eine Verschiebung des Sternes F, also einmal etwa nach $F_{\prime}$ und einmal nach $F_{\prime\prime}$, beobachtet werden würde. Die Astronomen der damaligen Zeit gaben sich denn auch alle erdenkliche Mühe, diese Verschiebung zu finden: die Gegner des Copernicus, um ihn zu widerlegen, wenn sie keine Parallaxe fänden, die Anhänger, um einen Beweis für sein System zu erbringen, denn thatsächlich würde die Auffindung einer Fixstern-Parallaxe der schlagendste Beweis für die Bewegung der Erde sein. Aber so viel sie auch suchten, sie fanden keine, und die Copernicaner mussten, diesem Argument gegenüber, die Segel streichen.

Da trat Kepler auf und behauptete kühn, dass nicht allein die Entfernungen auf der Erdkugel, sondern auch der ganze Durchmesser der Erdbahn gegenüber der ungeheuren Entfernung der Fixsterne zu einem blossen Punkte zusammenschrumpfe und aus diesem Grunde eine Fixstern-Parallaxe auch nicht gefunden werden könne. Diese Wahrheit, die Kepler, wie viele andere noch, allein durch die Alles durchdringende Schärfe seines Verstandes ergründete, ist später vollauf bestätigt. Man hat, nachdem die Vervollkommnung der astronomischen Beobachtungsinstrumente in nie geahnter Weise gelungen war, in der That Fixstern-Parallaxen gefunden und daraus berechnet, dass z. B. α Centauri — ein sehr schöner Stern des südlichen Himmels — als der uns nächste, doch noch $4^{2}/_{3}$ Billionen Meilen von uns entfernt ist.*) Damit war zugleich der Beweis der Bewegung der Erde auch nach dieser Richtung erbracht.

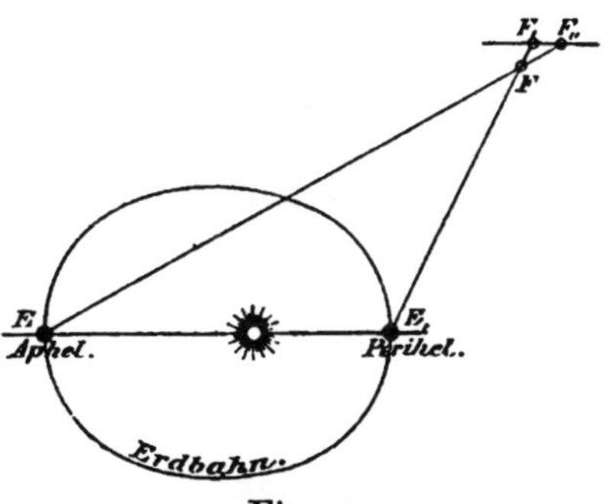

Fig. 5.

Ist also die ganze Erdbahn nur ein Punkt im Weltall, wieviel mehr muss dasselbe von der Mondbahn gelten, und wenn Kepler mit seinem Ausspruch die unendliche Ausdehnung des Himmelsgewölbes vor Augen führt, wie unwahrscheinlich musste da dessen tägliche Umwälzung um die winzige Erdkugel erscheinen?

55. [88.]

Daraus, dass der Mond uns Erdbewohnern immer dieselben Flecken zukehrt, ersehen wir, dass er die Erde umkreist, gleichsam, als wenn

*) Um sich von dieser ungeheuren Entfernung einen Begriff machen zu können, sei bemerkt, dass ein Mensch ca. 140000 Jahre alt werden müsste, um erst 1 Billion Pulsschläge zu erleben.

er mit einer Stange mit dieser verbunden wäre und erkennen ferner, dass er mit seinem uns abgekehrten Theil die Erde niemals, mit seinem uns zugekehrten dagegen immer sieht.

Die Beständigkeit der Flecken auf der Mondscheibe war schon den Alten bekannt, wie hauptsächlich aus Plutarchs merkwürdiger Schrift vom ‚Gesicht im Monde', auf die wir noch zurückzukommen Gelegenheit haben werden, hervorgeht, ohne dass sie indessen weitergehende Schlüsse daran knüpften. Kepler führte diese Erscheinung folgerichtig auf eine Drehung des Mondes um sich selbst während einer gleichzeitigen Bewegung um die Erde zurück.

Auf den ersten Blick erscheint es wie ein Widerspruch, wenn es

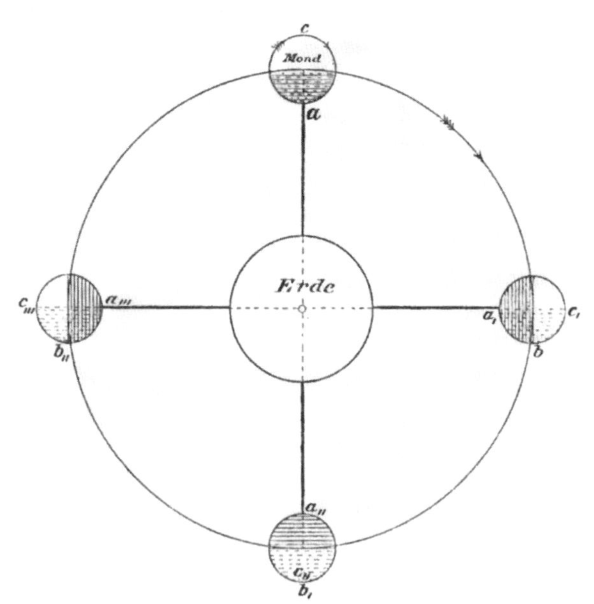

Fig. 6.

heisst, dass der Mond gleichsam wie mit einer Stange mit der Erde verbunden sei; wie könnte sie sich da drehen? Und doch ist es so. Fig. 6 veranschaulicht den Vorgang.

Durch die 4 kleinen Kreise sei der auf seiner Bahn die im Mittelpunkt stehende Erde umkreisende Mond angedeutet. a sei ein Punkt der uns zugekehrten Mondhemisphäre und der Mond bewege sich in der Richtung des Pfeiles um die Erde. Wenn er nun den vierten Theil seiner Bahn durchlaufen hat, so steht der Punkt a, weil der Mond sich in dieser Zeit, der Voraussetzung nach, auch genau $^1/_4$ um sich selbst gedreht hat, in a_I, hat er die Hälfte des Weges vollbracht, so steht er in a_{II}, also a *entgegengesetzt; denn erst stand er unten, nun oben, hat also eine halbe Umdrehung gemacht. Bei ³/₄ seines Weges steht der Punkt in a_{III} und wenn endlich der Mond seinen Lauf um die Erde beendet hat, hat auch der Punkt seine Drehung beendet und steht wieder in a. Man sieht also, dass er sozusagen immer bei der Stange geblieben ist und sich doch gedreht hat, und ferner erkennt man, dass der Mond bei seiner Bewegung um die Erde dieser immer dieselbe Seite zukehrt [wie auch die glatte Schraffirung zeigt]. Denn wenn der Mond sich nicht gedreht hätte, so würde bei seinem Umlauf der Punkt a zunächst nach b, dann nach b_I, weiter nach b_{II} und endlich auch wieder nach a gelangen, wir würden aber dadurch immer verschiedene Seiten des Mondes [wie die punktirte Schraffirung andeutet] zu sehen bekommen; da das aber nicht der Fall ist, so folgt, dass der Mond sich dreht und zwar, dass er diese seine Drehung während seines wahren Umlaufes um die Erde nur einmal vollbringt, derart, dass die Zeiten beider Bewegungen genau zusammenfallen. Hierin liegt eben die Lösung des scheinbaren Widerspruchs.*

Populär kann man sich die Sache veranschaulichen, wenn man einen Apfel an eine Gabel spiesst und sich, die Gabel mit ausgestrecktem Arm in der Hand haltend, auf dem Absatze herumdreht; man hat dann ein Bild, wie der Mond sich um seine Axe drehen und uns doch immer dieselbe Seite zukehren kann.

Ein indirecter Beweis ist das sogn. Ferrier-Rad, das auf der letzten Weltausstellung in Chicago Aufsehen erregte. Dieses Rad ist einem sehr grossen Wasserrade vergleichbar, in welchem an Stelle der Schaufeln Waggons in Zapfen drehbar aufgehängt sind; dreht sich nun das Rad, so machen die Passagiere in den Waggons eine sehr interessante Luftreise. Ein im Mittelpunkt des Rades stehender Beobachter — Erde — wird, wenn er einen in Bewegung befindlichen Waggon — Mond — verfolgt, nach und nach alle 4 Seiten zu sehen bekommen: steht der Waggon über ihm, den Boden, steht er unter ihm, die Decke und steht er ihm je zu den Seiten, so wird er in die linken resp. rechten Fenster hineinsehen. Dass der Waggon sich aber nicht um sich selbst dreht, ergiebt schon die einfache Ueberlegung, da ja sonst die Passagiere durcheinandergeworfen werden würden.

Keplers ‚Traum' wird uns später noch Gelegenheit geben [C. 108 ff.], auf die Flecken des Mondes und die Bewegung unseres Satelliten näher einzugehen, ich bemerke der Vollständigkeit halber aber hier gleich, dass durch die von Galilei später mit Hülfe des Fernrohrs entdeckten Schwankungen des Mondes uns dieser doch nicht immer genau dieselbe Seite zuwendet und dass demnach Alles, was Kepler daraus folgert, nur annähernd — allerdings sehr annähernd — richtig ist.

55. [88.]

Diese Schwankung oder Libration des Mondes ist eine zweifache: von Norden nach Süden und von Osten nach Westen. Die sogn. erste Libration oder die Libration in der Breite wird dadurch verursacht, dass der Aequator des Mondes mit der Ekliptik — wie in Fig. 7 schematisch dargestellt ist — einen Winkel von $1^1/_2{}^0$ bildet und seine Bahn unter 5^0 8′ gegen die Erdbahn geneigt ist, weshalb seine Pole nicht immer an

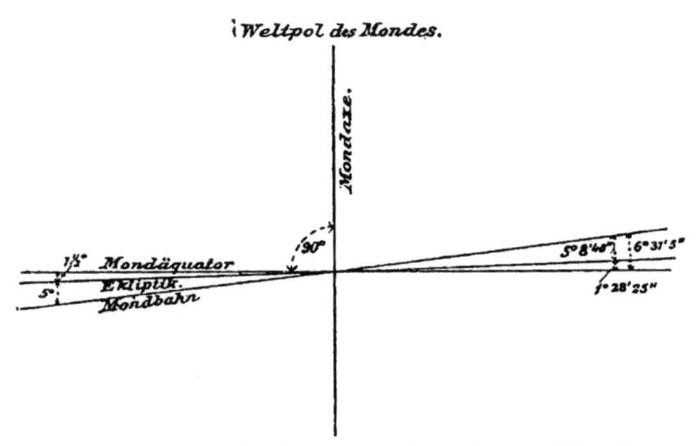

Beziehungen zwischen Mondaequator, Mondbahn und Ekliptik nach dem heutigen Stande der Astronomie.

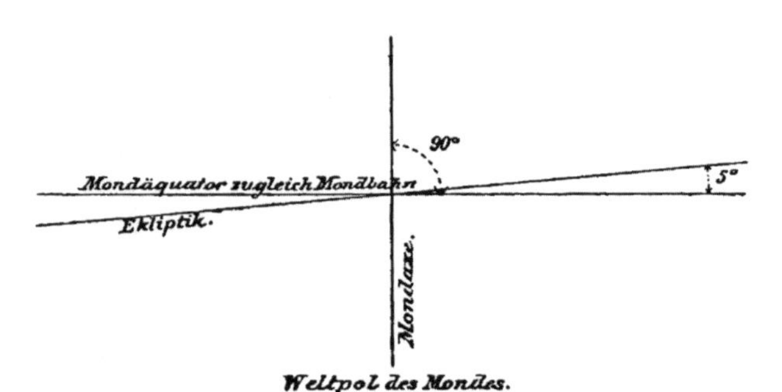

Weltpol des Mondes.

Beziehungen u. s. w. nach Kepler.

Fig. 7.

seinen Rändern liegen. Steht nun z. B. der Mond 5^0 nördlich, resp. südlich von der Ekliptik, so können wir über seinen Südpol, resp. Nordpol noch etwas hinaus blicken. Die zweite Libration oder die Libration in der Länge kommt daher, weil der Mond bei seinem Lauf um dic Erde — seiner Revolution — keine ganz gleichmässige Geschwindigkeit hat wegen seiner verschiedenen Abstände von der Erde, während seine Drehung um sich selbst — seine Rotation — weil von der Anziehungs-

kraft der Erde regulirt, völlig gleichmässig ist. Er schreitet langsamer fort in der Erdferne [Apogäum], schneller in der Erdnähe [Perigäum]. Daher überwiegt in jenem Falle die Rotation seine Revolution, während in diesem das Umgekehrte der Fall und die Folge davon ist, dass sich der Mond für unser Auge bald etwas nach Westen, bald nach Osten um seine Axe zu drehen scheint. Das Stück der uns abgewendeten Mondscheibe, das uns durch diese Schwankungen zu Gesicht kommt, beträgt allerdings nur ungefähr $^1/_{10}$, aber wir lernen dadurch doch nach und nach im Ganzen ca. $^3/_5$ der Mondoberfläche kennen; s. auch C. 97.

56.

Kepler beginnt hiermit in seiner prägnanten Weise seine Ansicht über die selenographische Eintheilung der Mondoberfläche vorzutragen und ich will versuchen, an der Hand einer Zeichnung dieses Bild zu erläutern. [Tafel I.]

Bezüglich derjenigen Ausdrücke, wofür die Erdbeschreibung kein Analogon hat, bemerke ich, dass Kepler, echt astronomisch, bemüht war, die Erde zu deren Formulirung heranzuziehen. So bildet er die Bezeichnung ‚subvolvan' und ‚privolvan', indem er sich vorstellt, wie die Bewohner des Mondes die Erde — ihre Volva — anschauen. Den Mondbewohnern erscheint nämlich die Erde als eine am Himmel sich fortwährend um eine feststehende, gleichbleibende Axe wälzende — volvirende — Kugel [s. C. 62] und ist aus diesem Grunde „Volva" benannt; s. C. 64 u. N. [111].

In unserer Zeichnung ist die Umfangslinie der Divisor oder Theilkreis, weil die ganze Mondoberfläche dadurch in 2 gleiche Hemisphären getheilt wird: in eine uns zugewandte — die subvolvane — und eine uns abgewandte — die privolvane — und entsprechend nennt Kepler die Bewohner der ersteren die Subvolvaner, die der letzteren die Privolvaner; die Subvolvaner sehen also die Volva immer, die Privolvaner dagegen nie. Der Divisor geht durch die Pole des Aequators, die Weltpole des Mondes, ähnlich wie für unsere Erde die Kolur der Solstitien.

Die Solstitien oder Sonnenwenden nennt man nämlich diejenigen beiden Punkte in der Ekliptik, wo die Sonne, entweder nördlich oder südlich, von dem Aequator am weitesten entfernt ist und einige Zeit still zu stehen scheint, um sich dann dem Aequator wieder zuzuwenden. Einen grössten Kreis, welchen man sich durch diese beiden Punkte um die Himmels- oder Weltpole gezogen denkt, nennt man die Kolur der Solstitien; sie theilt, wie der Divisor die Mondoberfläche, das Himmelsgewölbe ebenfalls in zwei gleiche Hälften; s. C. 70.

57. [93.]

Die Ungleichheit der Tage und Nächte, ausser an den Tagen der Aequinoktien, folgt bei uns daraus, dass die Pole der Welt weit von den Polen der Ekliptik entfernt liegen. Diese unsere Weltpole haben die Mondbewohner nicht, dagegen haben sie andere Weltpole, welche den Polen der Ekliptik sehr nahe sind, jedenfalls ist die Grösse in den Abständen mit der unseren nicht zu vergleichen und demgemäss sicher nicht so fühlbar. Deshalb haben sie auch fast immer auf dem ganzen Monde Tag- und Nachtgleiche, wie auch bei uns an den Tagen der Aequinoktien auf dem ganzen Erdkreis der Tag gleich der Nacht ist.

Aus C. 21 haben wir ersehen, dass die Ungleichheit der Tage und Nächte bei uns eine Wirkung der Schiefe der Ekliptik, d. h. des Umstandes ist, dass die Ebene des Aequators nicht mit der Ebene der Ekliptik zusammenfällt, sondern einen Winkel mit ihr bildet. Auf dem Monde nun fallen diese beiden Ebenen nahezu zusammen, es herrscht dort also stets ein ähnlicher Zustand, wie bei uns zur Zeit der Aequinoktien, wenn wir uns, was 2 mal im Jahre vorkommt, in den Schnittpunkten des Himmelsaequators und der Ekliptik, dem Frühlingspunkt und dem Herbstpunkt befinden. Dann ist in der That auch bei uns auf der ganzen Erde Tag und Nacht gleich.

Die Ebene des Erdaequators — Himmelsaequators — bildet mit der Ekliptik einen Winkel von 23½°, die des Mondaequators nur einen solchen von 1½°; [Kepler nahm ihn irrthümlich noch zu 5° an.] Die Erdaxe liegt also gegen die Ekliptik ca. 66½° geneigt und die Mondaxe 88½°. Da Kepler, conform mit der neueren Astronomie, unter Weltpole die Pole der Aequatoren, gewissermassen die Endpunkte der Drehungsaxen, versteht, so folgt, dass die Weltpole der Erde und des Mondes ca. 22° [88½—66½] auseinander liegen [s. Fig. 7 u. Tafel I]. Die Neigung des Mondaequators gegen die Ekliptik, oder die Schiefe der Ekliptik der Mondbewohner ist also sehr gering und deshalb ist auch der Unterschied der Tage auf dem Monde nicht gross, höchstens 6—8 Stunden, was bei der Länge eines Mondtages — 709 Erdstunden [s. C. 59 u. 61] — kaum merklich sein dürfte.

58.

S. C. 59 u. 80 u. N. [117].

59.

Es ergeben sich diese Erscheinungen aus derselben Sinnestäuschung, durch die uns Erdbewohnern die scheinbare Bewegung der Himmelskörper und der Stillstand unserer Erde verursacht wird; s. N. [109.] [111.] u. C. 77. Da der Mond sich in Bezug auf die Sonne in 709 Erdstunden, *nämlich 29,5 × 24, einmal um seine Axe dreht, die Erde schon in 24 Stunden, so müssen sich die Sterne für den Mond ca. 29 mal, nämlich $\frac{709}{24}$, langsamer am Aequator des Mondhimmels bewegen.*

60.

Weil die Sonne in jedem Monat um ein Thierkreiszeichen fortschreitet, so müssen die Mondbewohner, schliesst Kepler ganz richtig, auch an jedem ihrer Morgen ein anderes, in der Reihe folgendes Sternbild des Thierkreises erblicken; s. auch C. 62.

61. [98.]

Wenn wir Astronomen, nicht freilich das bürgerliche Volk, auf der Erde in 8 Jahren 99, oder genauer in 19 Jahren 235 Mondaufgänge beobachten, obwohl denn die natürlichen Mondphasen sich nicht mit derselben Unveränderlichkeit unseren bürgerlichen Geschäften anpassen, wie die Tage und Nächte, können wir von den Mondbewohnern, falls wir solche annehmen, etwas anderes denken, als dass sie dieselben Zahlen herausbringen werden, wenn dort überhaupt eine Kreatur eine Zahl zu fassen vermag, da sie doch diesen Zeitabschnitt zu ihrem Tag haben?*) Das Merkmal aber der abgelaufenen Periode von 19 Jahren ist ihnen, wenn dieselben Sterne genau in der früheren Ordnung wieder aufgehen.

Wie wir den Zeitabschnitt, in welchem sich die Erde in der Richtung von Westen nach Osten einmal um sich selbst dreht, Tag nennen — im bürgerlichen Leben Tag und Nacht; beiläufig 24 Stunden — so geben die Mondbewohner diese Bezeichnung gleichfalls einer Axendrehung ihrer Levania. Da diese mit ihrem Umlauf um die Erde zusammenfällt, so ist ihr Tag — Tag und Nacht — gleich einem Mondumlauf und zwar gleich der Zeit von einem Neumond zum andern, dem „synodischen Monat" von ca. 29 Tagen 13 Stunden, also ca. 709 Erdstunden [29,5 × 24].

Bei der Bewegung der Erde um sich selbst und ebenso bei der Umdrehung des Mondes findet noch ein Unterschied statt in Bezug auf einen festen Punkt am Himmel, z. B. einen Fixstern, oder auf die Sonne, und diesen Umstand hat Kepler mit der Angabe der verschiedenen Zahlen im Text hervorheben wollen. Gegen irgend einen Fixstern nämlich vollendet die Erde resp. der Mond die Drehung etwas früher als gegen die Sonne: es ist das die wahre Axendrehung, und diese Zeit wird bezgl. der

*) *Im Original von 1634 fehlt das Fragezeichen; es ist hier aber jedenfalls eine Fragestellung. Frisch hat es in seiner Ausgabe ergänzt.*

Erde mit dem Namen Sterntag, bezgl. des Mondes mit ‚siderischem Monat' bezeichnet, jener beträgt 23 Stunden 56 Minuten, dieser ca. 27 Tage 8 Stunden. Etwas anders verhält es sich, wenn die Axendrehung gegen die Sonne in Betracht gezogen wird, denn letztere ist natürlich während der Zeit, in welcher die Drehung stattfand, auf ihrer Bahn scheinbar um ein kleines Stück nach Westen vorgerückt, so dass die Erde, resp. der Mond, sich noch ein wenig mehr als einmal um sich drehen muss, damit ihr die Sonne wieder in derselben Gegend des Himmels steht, wie am Tage vorher. Diese Zeit nennt man den ‚Sonnentag', resp. ‚synodischen Monat'. Diese sind also etwas länger, auch nicht immer von gleicher Dauer, wie der Sterntag und der siderische Monat, weil die Sonne nicht alle Tage ein gleich grosses Stück ihrer Bahn zurücklegt, und zwar hat die Erde annähernd 365 Sonnentage, dagegen 366 Sterntage, der Mond 12 resp. 13 im Jahre, oder genauer wie Kepler angiebt.

Man kann sich diesen Vorgang an den beiden Zeigern einer Uhr klar machen. Angenommen die Uhr zeige auf 12 [Fixstern], dann decken sich beide; nach einer Stunde, d. h. nach einem vollständigen Umlaufe [Sterntag] des Minutenzeigers [Erde] hat dieser wieder dieselbe Stelle erreicht, aber der Stundenzeiger [Sonne] steht nun nicht mehr auf 12, sondern ist unterdess um eine Stunde fortgerückt und der andere muss, um ihn einzuholen, noch ca. $\frac{1}{12}$ *eines weiteren Umlaufs zurücklegen. Dieser Theil des zweiten Umlaufs versinnbildlicht eben das Plus, um welches der Sonnentag grösser ist als der Sterntag.*

Alle diese Verschiedenheiten können natürlich unsere Uhren, wegen ihrer mechanischen Einrichtung, nicht mitmachen, sie theilen den bürgerlichen Tag in 24 gleiche Theile. Diese Zeit nennt man die mittlere, sie fällt mit der wahren, d. h. die mit dem wirklichen Stande der Sonne übereintreffende, nur selten zusammen, bald eilt sie ihr voraus, bald bleibt sie gegen sie zurück. Der Unterschied zwischen beiden ist die sogn. Gleichung der Zeit und unsere Uhren müssen, wenn sie ganz richtig gehen sollen, nach dieser Gleichung, welche man in den Kalendern angegeben findet, gestellt werden.

Der Unterschied des synodischen und siderischen Monats bewirkt ein Wandern des Vollmondes im Thierkreis, indem er jeden Monat in einem anderen Sternbild erscheint [s. auch C. 60], ebenso wird dadurch die auffallende Erscheinung bewirkt, dass der Vollmond uns im Sommer niedrig, im Winter aber hoch am Himmel erscheint, denn da er sich immer in der der Sonne entgegengesetzten Gegend der Ekliptik befindet, so muss er in den Winternächten da stehen, wo in den Sommertagen die Sonne steht, und umgekehrt.

61. [98.]

62.

Der Mittelpunkt oder Nabel [s. auch S. 9, o. u. 13, u.] ist derjenige Punkt der für uns sichtbaren Mondoberfläche, durch den die Verbindungslinie der Mittelpunkte des Mondes und der Erde geht [s. Fig. 6. $a, a_{\prime}, a_{\prime\prime}, a_{\prime\prime\prime}$]. Aus C. 57 erhellt, dass dieser Punkt ein fester, auf der Mondoberfläche nicht wandernder ist, der freilich durch die Wirkung der Libration eine geringe Verschiebung nach allen Himmelsrichtungen erfahren kann. Die Erscheinungen, welche die diesen Punkt bewohnenden Seleniten haben, werden mehr oder weniger auch denjenigen zukommen, welche auf dem durch den Nabel gehenden Meridian, eben dem Medivolvan, wohnen; s. Tafel I.

63.

Thatsächlich findet das Gegentheil statt, wie aus Fig. 8 hervorgeht. Bezeichnet nämlich S die Richtung der Sonnenstrahlen, E die Erde und M den Mond, so wird ein Beobachter auf der Erde den Mond M als Neumond, in der Stellung $M_{\prime}$ im ersten Viertel, $M_{\prime\prime}$ als Vollmond und $M_{\prime\prime\prime}$ im letzten Viertel sehen. Nun erkennt man ohne Weiteres, dass für einen im Nabel befindlichen Subvolvaner die Sonne in der Mondstellung $M_{\prime}$ auf-, in der Stellung $M_{\prime\prime\prime}$ untergehen muss, denn im ersteren Falle geht der Mond zum Vollmond, im anderen zum Neumond. Bei den Privolvanern findet aber natürlich in dieser Beziehung immer das Gegentheil statt, mithin geht für einen die Mitte bewohnenden Privolvaner die Sonne in der Mondstellung $M_{\prime\prime\prime}$, also wenn uns das letzte Viertel erscheint, auf; s. N. [114. 143].

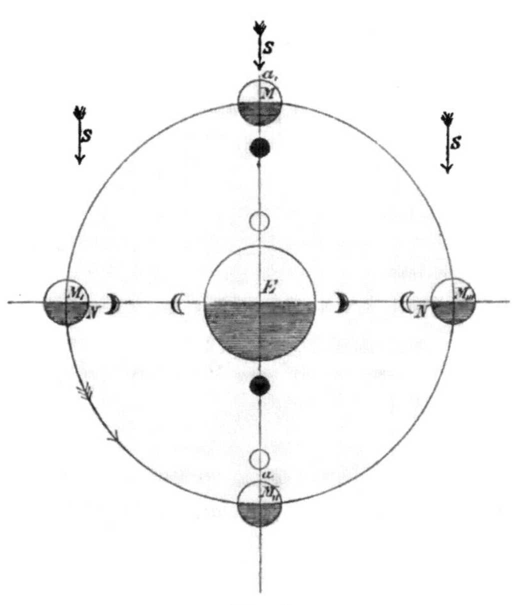

Fig. 8.

Da man aber nicht wohl annehmen darf, dass Kepler sich geirrt hat, so kann man diesen Widerspruch nur dadurch erklären, dass man annimmt, er habe sich hier ganz auf den Standpunkt eines Mondbewohners gestellt [s. auch C. 72], und will die üblichen Phasenbezeichnungen auf die Erde angewendet wissen, denn wie wir später sehen werden [C. 105], *zeigt auch die Erde den Seleniten Phasen, die denen, welche wir am Monde beobachten, ganz ähnlich, nur diesen gerade entgegengesetzt sind, wie gleichfalls aus Fig. 8 ersichtlich ist. Von N in M_I aus gesehen erscheint nämlich die Erde im letzten und von N in M_{III} im ersten Viertel, während der Mond selbst erstes resp. letztes Viertel zeigt; s. auch N. [111].*

Es gilt als Regel, dass die Lichtgestalten der Erde und des Mondes, wenn man jeden dieser Himmelskörper vom andern aus betrachtet, einander ergänzen.

64. [99.]

Die Medivolvane entsprechen unseren Meridianen, aber während wir sehr viele Meridiane haben, besitzen sie *[die Mondbewohner]* nur je einen Medivolvan, nämlich den, der durch die Mittelpunkte je ihrer beiden nach der Volva benannten Hemisphären geht. Dennoch sind die Medivolvane nicht an Stelle unserer Meridiane, sondern die Mondbewohner haben auch noch daneben ihre Meridiane, Halbkreise durch die Pole und die Scheitel der Orte gezogen gedacht, Bundesgenossen gleichsam des eigentlichen Medivolvans. Aber im Gegensatz zu unseren Erdmeridianen, die keinen natürlichen Anfang haben, beginnen die Mondmeridiane bei dem Medivolvan, in welchem Sonne und Volva zugleich zusammentreffen, während sie durch die übrigen Meridiane nicht zugleich, sondern zu verschiedenen Zeiten gehen.

Tafel I. Der Medivolvan wird verglichen mit den Meridianen der Erde, jenen Halbkreisen, welche von einem Pol zum andern gehen und den Aequator unter einem rechten Winkel durchschneiden, auch Mittagslinien genannt, weil in einer jeden derselben gerade täglich die Sonne steht, wenn sie den höchsten Punkt am Himmel erreicht hat. Während es aber unzählige Erdmeridiane giebt, haben die Mondbewohner für jede ihrer Hemisphären nur einen Medivolvan, welche beide zusammen eine Kreislinie bilden, die durch die beiden Pole und die Nabel der beiden Hemisphären geht und sowohl den Aequator als auch den Divisor unter einem Winkel von 90° in zwei einander gegenüberliegenden Punkten schneidet. Daneben kann man sich — so führt Kepler weiter aus — auf dem Monde auch noch Meridiane, analog denen der Erde, denken, die bei dem Medivolvan ihren natürlichen Zählanfang haben, im Gegensatz zu den Meridianen der Erde, die zum Anfang einen willkürlich angenommenen Ort, z. B. die Insel Ferro, oder die Sternwarte zu Greenwich haben.

Auf diese keplersche Eintheilung der Mondkugel ist das zur Bestimmung der einzelnen Mondobjecte gelegte Gradnetz der heutigen Selenographen zurückzuführen; ich habe es in Tafel I mit den Bezeichnungen

Keplers reconstruirt. Wenn man den Mond am Himmel ansieht, so ist unten am Medivolvan Süden, oben Norden, rechts am Aequator Osten, links Westen, wie auch unter Berücksichtigung der Windrose und aus einer einfachen Ueberlegung hervorgeht; s. N. [164]. Hiernach geht auf dem Monde die Sonne im Westen auf, insofern nämlich, als zuerst nach dem Neumond sich am westlichen Rande eine schmale Sichel zeigt, die nach und nach, gen Osten fortschreitend, immer mehr zunimmt und den bekannten Zug des Z bildet, woran der Laie sich leicht und sicher merkt, dass der Mond im Zunehmen begriffen ist. Nach dem Vollmonde fängt die Scheibe am westlichen Rande an, sich zu verdunkeln und diese Verdunkelung schreitet ebenfalls gen Osten fort. Dadurch bildet sich eine Sichel in Form des Zuges des A, das Erkennungszeichen für das Abnehmen des Mondes, und sie verschwindet schliesslich am östlichen Rande des Mondes, zum Untergang der Sonne.

Lässt man die Libration [s. C. 55] ausser Betracht, so ist der Medivolvan die Halbirungslinie der subvolvanen Mondhemisphäre von Norden nach Süden und der Aequator diejenige von Osten nach Westen. Kepler giebt nur den ersten, den Null-Meridian — eben den Medivolvan — an, doch ist die weitere Eintheilung genau so, wie auf der Erdkugel: man zählt von da die selenographischen Längen bis 90° nach Westen mit dem Vorzeichen +, zum Unterschied von den bis 90° nach Osten gezählten Längen mit dem Vorzeichen —; ebenso zählt man vom Aequator die Breitengrade 90° gegen Norden (+) und 90° gegen Süden (—).

Nach dieser Gradeintheilung bestimmen sich beispielsweise annähernd folgende Mondörter:

Tafel I.

1.	Ringgebirge	Tycho	42° 30' südl.	Breite	(—) u.	11° 30'	östl.	Länge	(—)
2.	„	Kepler	7° 50' nördl.	„	(+) u.	38°	„	„	(—)
3.	„	Cassini	40° „	„	(+) u.	4° 15'	westl.	„	(+)
4.	Krater	Mästlin	3° 50' südl.	„	(—) u.	5° 15'	östl.	„	(—)
5.	„	Manilius	14° 30' nördl.	„	(—) u.	9°	westl.	„	(+)
6.	„	Hevel	3° 20' „	„	(—) u.	67° 15'	östl.	„	(—)

65.

s. Tafel I und vorhergehende Commentare.

66.

s. C. 57 u. 62. Unter Tagen sind natürlich Mondtage verstanden, die ungefähr so lang sind, wie unsere Monate, wovon also die Mondbewohner ca. 12 im Jahre haben.

67.

Eben wegen der äusserst geringen Neigung der Bahn, in welcher der Mond sich um die Erde bewegt, die, wie Kepler *ganz richtig angiebt, gegen die Ekliptik nur 5° [genauer 5° 8′ 40″] beträgt; s. Fig. 7. C. 55 u. N. [107]. Diese Neigung ist nicht unveränderlich, doch betragen die beiderseitigen Abweichungen von ihrem oben angeführten Mittelwerth nur 9′.*

68.

Die Zonen auf der Erde entstehen durch den verschiedenen Stand der Sonne gegen die Erde und die daraus resultirende verschiedene Erwärmung, der Grund ist also, wie für den Wechsel der Tages- und Jahreszeiten auch, die Schiefe der Ekliptik; s. Fig. 1. C. 21, 120 u. 125.

Man hat die Erde hiernach eingetheilt in 5 Zonen: 1 heisse, 2 gemässigte und 2 kalte. Die heisse erstreckt *sich bis zu 23½° zu beiden Seiten des Aequators und wird von den beiden Wendekreisen eingeschlossen, die beiden gemässigten gehen von da bis zu den Polarkreisen, je ca. 43° breit, und die beiden kalten, die Kugelflächen, sogn. Calotten, bilden, liegen innerhalb der beiden Polarkreise, deren jeder ca. 23½° von seinem Pol entfernt ist.*

Sehen wir nun, wie es in dieser Beziehung auf dem Monde steht; s. Tafel I. Kepler *giebt die Breite der heissen Zone auf dem Monde zu 10° und ebenso die der beiden kalten Zonen zusammen zu 10° an. Es geschah dies unter der Voraussetzung, dass die Ebene des Mondaequators mit der der Mondbahn zusammenfällt, also ersterer ebenfalls einen Winkel von 5° mit der Ekliptik bilde. Das ist aber nach der Kenntniss der neueren Astronomie nicht der Fall, sondern der Mondaequator ist gegen die Ekliptik nur unter einem Winkel von 1½° [genauer 1° 28′ 25″] geneigt [s. Fig. 7. C. 57]. Daher gilt Alles, was* Kepler, *hierauf fussend, ausspricht, noch in stärkerem Maasse: die Sonne entfernt sich nur wenig vom Aequator, sie erscheint demselben Ort das ganze Jahr hindurch fast in derselben Höhe; es werden also kaum Jahreszeiten auf dem Monde existiren. Für die unter dem Aequator liegenden Gegenden steht die Sonne immer fast in einem Scheitelkreise, für die an den Polen liegenden immer nur wenig über oder unter dem Horizont. Seine Wendekreise sind nur 1½° vom Aequator, seine Polarkreise nur 1½° von den Polen entfernt; die Breite der heissen Zone, die auf der Erde 47° beträgt, ist also auf dem Monde nur 3° gross und auf diesem Strich, der ungefähr die Breite von 12 Meilen hat, wird die Sonne mit ihrer ganzen Gluth herniederbrennen. Dieselbe Ausdehnung haben die kalten Zonen zusammen, wo die Sonne, wie an unsern Erdpolen, ½ Jahr sichtbar und ½ Jahr unsichtbar ist, wo also eine alles erstarrende Kälte herrschen wird. Die gemässigten Zonen, wenn anders wir sie hier so nennen können, nehmen mithin auf dem Monde den bei weitem grössten Raum ein. Ich habe sie mit dem Namen ‚neutrale Zonen' belegt.*

69. [103.]

Gemässigt wage ich sie nicht zu nennen, denn auf dem Monde giebt es keine gemässigte Temperatur, wie wir sehen werden.

Ob sich in den zwischen der heissen und der kalten Zone liegenden Gebieten die Temperatur so verhält, wie bei uns, bezweifle ich, auch Kepler will sie keine gemässigte nennen. Man muss hier berücksichtigen, dass zur Zeit, wo Kepler seinen Traum — und auch noch, wo er die Noten dazu — schrieb, die Ansichten über die atmosphärischen Verhältnisse des Mondes, die ja bei Beurtheilung der Temperaturausgleichungen eine wichtige Rolle spielen, ganz falsche waren. Wir werden später speciell hierüber noch höchst interessante Erörterungen erfahren; N. [223].

70.

Ich habe die Erklärung der Solstitial- und Aequinoktialpunkte schon in C. 56 u. 57 gegeben und bemerke zum weiteren Verständniss dieser Stelle noch, dass die Aequinoktialpunkte nicht unveränderlich an derselben Stelle der Ekliptik beharren, sondern dass die Sonne jährlich um 50″ von Osten nach Westen zurückbleibt, was in 72 Jahren 1°, in 2160 Jahren aber 30° oder $\frac{1}{12}$ der Ekliptik oder ein ganzes Thierkreisbild beträgt. Mithin würden die Aequinoktien zu einem ganzen Umlaufe im Thierkreise $12 \times 2160 = \sim 26000$ Jahre bedürfen [s. auch C. 121]. Die Veränderung überhaupt ist eine Folge der Einwirkung der Planetenmassen auf die nicht völlig kugelförmig gestaltete Erde, abweichend von der Kugelförmigkeit durch Erhöhung in der Nähe des Aequators rings um die Erde herum, und durch die Abplattung an den Polen.

Diese langperiodische Erscheinung nun vollzieht sich den Mondbewohnern schon in einem Zeitraum von 20 ihrer tropischen Jahre, welche je einen Mondsommer und einen Mondwinter in sich schliessen.

71.

Kepler spielt hier auf das ‚Primum mobile' an. Er liebte es, bisweilen noch auf die alten Ausdrücke zurückzugreifen. Besonders scheinen die Ptolemäischen Begriffe noch ganz geläufig zu seiner Zeit gewesen zu sein, da man ihnen sehr häufig in seinen Werken begegnet.

72.

Es könnte höchst auffallend erscheinen, dass **Kepler** *hier die Sonne als Planet bezeichnet, aber man erinnere, dass er sich streng auf den Standpunkt eines Mondbewohners stellt [s. auch C. 63] und ein solcher wird die Erde, die für ihn ja feststeht, nicht als Planet auffassen, wohl aber die Sonne, die er in Bewegung sieht, gleich wie auch im Alterthum Sonne und Mond zu den Planeten gezählt wurden. Die Alten nahmen 7 Planeten an: Saturn, Jupiter, Mars, Sonne, Venus, Merkur und Mond. Letzterer fällt bei den Seleniten, als ihr Standpunkt, fort, ebenso wie die Erde bei den Alten.*

Dass **Kepler** *die Mondbewohner noch ganz in den naiven Anschauungen des Alterthums erhält, geschah wohl nicht ohne Absicht: er wollte damit den Gegensatz zu den Erdbewohnern hervorheben, die sich bereits von den Scheinannahmen eines* **Ptolemäus** *zu der wahren Lehre des* **Copernicus** *emporgeschwungen hatten.*

73.

Die Unregelmässigkeiten, welche die Gestirne in ihrem Laufe unter sich und zu einander zeigten, wurden von den Alten Ungleichheiten genannt; sie unterschieden hauptsächlich zwei: einmal diejenige, welche von der wirklichen Ungleichförmigkeit der Bewegung und von der wirklichen Abweichung der Bahnen von der Kreisgestalt herrührt — die sogn. erste Ungleichheit — und ferner diejenige, welche von dem Stande der Planeten zur Sonne abhängt und sich u. A. in Stillständen, Richtungsänderungen der Bewegung und Schleifenbildung der Bahnen äussert — die sogn. zweite Ungleichheit —.

Die zweite Ungleichheit hatte schon Copernicus durch die tägliche Rotation der Erde um ihre Axe und durch die jährliche Bewegung um die Sonne richtig erklärt; zur Ausgleichung der ersten Ungleichheit musste erst **Kepler** *dem Himmel seine Gesetze geben, von denen das* **erste** *und* **zweite Gesetz** *hier in Betracht kommen. Die grosse Entdeckung, dass alle Planeten sich in Ellipsen bewegen, in deren einem Brennpunkt die Sonne steht [I] und dass der von der Sonne nach dem Planeten gezogene Fahrstrahl in gleichen Zeiten gleiche Flächenräume überstreicht [II], hat endlich das ursprüngliche copernicanische Weltsystem von den excentrischen Kreisen und den hypothetischen Epicykeln des Ptolemäus befreit.* „Durch hartnäckig fortgesetzte Arbeiten,“ *sagt* **Kepler** *an anderer Stelle,* „brachte ich es endlich dahin, dass sich die Ungleichheiten der Bewegung der Planeten **Einem** Naturgesetz unterwarfen, so dass ich mich rühmen kann, eine Astronomie ohne Hypothesen errichtet zu haben.“

Die Entdeckungsgeschichte der keplerschen Gesetze, wie wir sie in seinen Werken) vor uns haben, ist im höchsten Grade lehrreich und giebt uns ein Bild seiner unermüdlichen geistigen Arbeit.*

Als er die genauen, Jahrzehnte lang fortgeführten Beobachtungen des Tycho Brahe über die Bewegungen des Planeten Mars durch einen glücklichen Zufall in die Hände bekam, erkannte sein weit ausblickender Geist sofort, dass er nicht allein das, was er suchte — die Kenntniss verbesserter Excentricitäten der Planetenbahnen — sondern weit mehr darin finden würde.

„Durch die Bewegung des Mars," *rief er siegesgewiss aus,* „müssen wir zu den Geheimnissen der Astronomie gelangen, oder in solchen beständig unwissend bleiben." —

*Auf die Entwicklungen und Rechnungen einzugehen, die Kepler ersann und durchführte, um zu seinen glänzenden Resultaten zu gelangen, ist hier nicht der Platz; ich empfehle den sich dafür Interessirenden die verdienstvollen Schriften von Apelt und Goebel.**)*

Eingehen möchte ich hier nur kurz darauf, wie Kepler es sich erklärt, dass die Bahnen der Planeten nicht Kreise, sondern Ellipsen sein müssten, weil diese Erklärung an seine Idee vom Weltmagnetismus anknüpft und mir Gelegenheit giebt, Keplers physikalische Theorie der himmlischen Bewegungen in den Kreis der Erörterungen zu ziehen.

*An Stelle der festen Sphären, an denen die Alten sich die Planeten und Sterne gleichsam geheftet dachten und durch deren Umschwung sie die Bewegungen erklärten, setzte Kepler eine andere Naturkraft, welche den Planet innerhalb der Grenzen seines Gebiets erhält und verhindert, dass er nicht aus den Himmelsräumen herabfällt, nämlich die Trägheit [s. auch Keplers Sätze von der Schwere, C. 41], vermöge welcher jeder Körper, wenn er ausser dem Bereich einer bewegenden Kraft sich befindet, an seinem Orte in absoluter Ruhe verharrt. Seine physikalischen Gedanken über die Sonnenwelt leiteten ihn noch vor Entdeckung der Sonnenflecken***) zu der Annahme einer Umwälzung der Sonne um ihre Axe und er deducirte nun, dass von der Sonne eine bewegende Kraft ausgehe, welche die Planeten im Kreise mit sich herumführe. Dieser ‚im-*

**) ‚Neue Astronomie oder die Physik des Himmels' . . . u. s. w. Prag 1609. K. O. O. III. ‚Weltharmonik.' Linz 1619. K. O. O. V.*

***) ‚J. Keplers astronomische Weltansicht' von Dr. E. F. Apelt. Leipzig 1849. ‚Keplers astronomische Anschauungen und Forschungen' von Dr. K. Goebel. Halle 1871.*

****) Die Sonnenflecken wurden um 1611 fast gleichzeitig von Chr. Scheiner, Galilei und Johann Fabricius, geb. 1587 zu Orteel, gest. um 1615, Sohn des bekannten Mathematikers und Predigers David Fabricius, entdeckt.*

materielle Ausfluss aus der Sonne‘ ist nicht identisch mit Keplers magnetischer Kraft, auf die er seinen Begriff von der Schwere construirte, sie wirkt nicht anziehend, sondern umdrehend und zwar nach einer Richtung, West-Ost, und deshalb schloss Kepler auch, dass sie nicht mit dem Quadrat der Entfernung, sondern im einfachen Verhältniss der Entfernung abnehme.) Dass die Umlaufszeiten der Planeten nicht mit der Umwälzungsdauer der Sonne übereinstimmten, überhaupt nicht alle Planeten dieselbe Umlaufszeit haben, ergab sich nun für Kepler ganz naturgemäss: die bewegende Kraft der Sonne wird mit ihrer Entfernung schwächer, und die Planeten selbst setzen vermöge ihrer Trägheit der Umdrehungsfähigkeit der Sonne Widerstand entgegen und zwar einen um so grösseren, je grösser ihre Masse ist.*

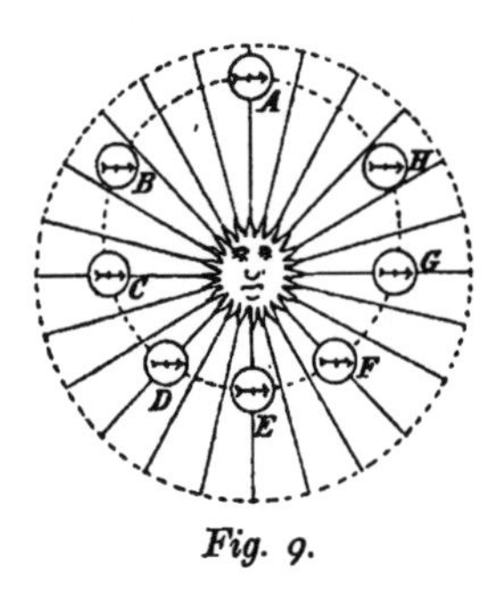

Fig. 9.

*Weshalb bewegen sich nun aber, wie anzunehmen es wohl am nächsten läge, die Planeten durch diese Einwirkung der Sonnenkraft nicht in Kreisen, sondern in Ellipsen um ihren Centralkörper? Dies liegt, wie Kepler in seinem Werke**) ausführlich erläutert, daran, dass jeder Planet, nach Art eines Magneten, eine Magnetaxe hat, deren einer Pol die Sonne ‚verfolgt, ihr freundlich‘ ist, deren anderer sie ‚flieht, ihr feindlich‘ ist. Diese Magnetaxe bleibt sich bei der Rotation und Revolution immer parallel, gleich der Nadel eines um einen festen Punkt herumgeführten Compasses.***)*

In Fig. 9 bedeute A, B .... H die Stellung des Planeten in seiner Bahn um die Sonne, und die Pfeile die Lage der Magnetaxe [deren Spitze der freundliche, deren Fahne der feindliche Pol sei], dann wird in A, wo diese Axe der Sonne ihre Seite zukehrt und beide Pole gleich weit von der Sonne abstehen, diese jene weder anziehen noch abstossen, sondern nur um sich herumdrehen. Hierdurch kommt der Planet nach und nach in die Lagen B, C, D, wo der freundliche Pol der Sonne zugekehrt ist: er wird also in diesem Theil seiner Bahn von der Sonne angezogen werden und sich ihr nähern, bis er nach E kommt, seinem Perihel. Hier

---

**) Wie Apelt in seiner angezogenen Schrift, S. 72, hierzu treffend bemerkt, ist dieser Grund allerdings etwas sonderbar.*

***) ‚Auszüge aus der Astronomie des Copernicus.‘ Linz 1620. Buch IV, Cap. 57. K. O. O. VI, S. 337 ff.*

****) Ich folge in Nachstehendem wesentlich den schon angeführten Schriften: Apelt S. 73 ff. u. Günther S. 66 f.*

steht die Anziehung und Abstossung wieder im Gleichgewicht, wie bei A. Bei seinem weiteren Lauf durch F, G und H findet das Umgekehrte statt, der feindliche Pol ist der Sonne zugekehrt, er wird also von ihr abgestossen und entfernt sich von ihr, bis er wieder in seine Stellung A zurückgelangt, sein Aphel.

Da nun aber die Sonne in der einen Bahnhälfte den freundlichen Magnetpol der planetarischen Axe anzieht, in der andern den feindlichen abstösst, so kann sie sich nicht immer parallel bleiben, sondern muss sich eine gewisse Ablenkung von ihrer Normalstellung gefallen lassen, sie erleidet eine ‚Inclination' und zwar geht diese so vor sich, dass der Planet seine Magnetaxe genau nach der Sonne richtet, wenn er seine mittlere Entfernung C erreicht. Fig. 10 lehrt uns die Sache richtig überblicken. In A und E steht der Pfeil normal zur grossen Axe der Ellipse, die Inclination ist nicht vorhanden; in den Oktanten-Punkten D und B ist eine solche, wenn auch nur wenig, zu bemerken; in C, dem Endpunkt der kleinen Axe der Bahn, erreicht die Inclination ihr Maximum, und zwar geht die verlängerte Magnetaxe durch den Brennpunkt, den Mittelpunkt der Sonne selbst hindurch. Die durch die verschiedenen Entfernungen des Planeten von der Sonne in den beiden Quadranten D und B bedingte stärkere, resp. schwächere Anziehung wird durch das längere resp. kürzere Verweilen in den Quadranten ausgeglichen.

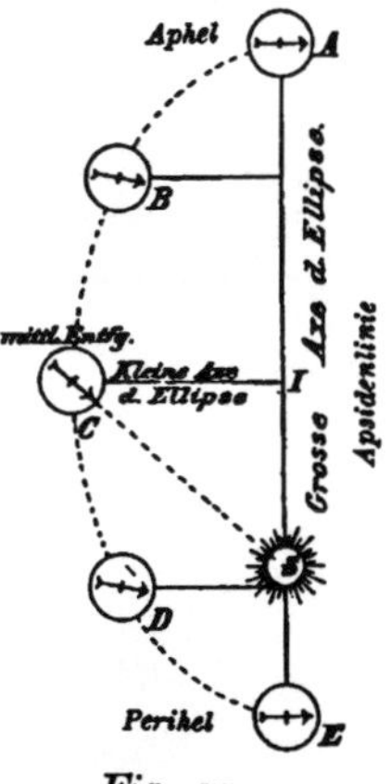

Fig. 10.

Wenn nach einem vollständigen Umlauf die Magnetaxe nicht ganz genau in ihre ursprüngliche Lage zurückkehrt, sondern eine geringe Inclination übrig bleibt, so ist offenbar die Folge davon eine Bewegung der Apsidenlinie der Planetenbahn.

Die Aenderung der Magnetaxe erläutert Kepler mit der Aenderung der Lage der Erdaxe, aus welcher der Rückgang der Nachtgleichen folgt.

74.

Der Lauf des Mondes in seiner Bahn ist keineswegs ein gleichmässiger, sondern er erleidet in der mannigfaltigsten Weise Unregelmässigkeiten — Störungen genannt —, welche sich einem Beobachter auf dem Monde natürlich als Ungleichheiten in den Bewegungen der Himmelskörper, als Sonne und Planeten, darstellen werden, ebenso wie wir auf der Erde die Ungleichmässigkeiten der Erdbewegung den ausserhalb von uns stehenden Himmelsobjecten zuschreiben.

Die von Kepler angezogenen Ungleichheiten sind in der That die bedeutendsten und haben sich eben deshalb wohl den damaligen noch mit unzureichenden Hülfsmitteln angestellten Beobachtungen auch nicht entziehen können.

In Nachfolgendem gebe ich in möglichst populärer Weise eine Erklärung dieser Ungleichheiten.

Wir wissen [C. 41], dass die Kraft, mit welcher die Sonne die Himmelskörper anzieht, sich umgekehrt wie das Quadrat der Entfernung verhält, also z. B. 4 mal schwächer ist, wenn der angezogene Planet doppelt so weit entfernt ist. Stehen nun Erde, Sonne und Mond in einer geraden Linie, entweder so, dass der Mond zwischen Erde und Sonne, in Konjunktion als Neumond [Fig. 11, I.] oder so, dass der Mond jenseits von Erde und Sonne, in Opposition als Vollmond [Fig. 11, II.] sich befindet, so wird im ersteren Falle der Mond stärker als die Erde, im anderen Falle die Erde stärker als der Mond von der Sonne angezogen. In beiden Stellungen, die man die Syzygien nennt, wird aber die Distanz zwischen Erde und Mond dadurch vergrössert und mithin die Kraft, mit welcher die Erde auf den Mond wirken kann, vermindert, folglich die Bewegung des letzteren verlangsamt. Wenn dagegen Erde, Sonne und Mond einen rechten Winkel mit einander bilden, wie es in den ersten und letzten Vierteln, den sogn. Quadraturen der Fall ist [Fig. 12, III u. IV., S. 77], der Abstand beider Körper von der Sonne also annähernd gleich ist und beide in einem, wenn auch äusserst kleinen, spitzen Winkel nach der Sonne zu angezogen werden, so ist zwar die Kraft selbst, mit welcher

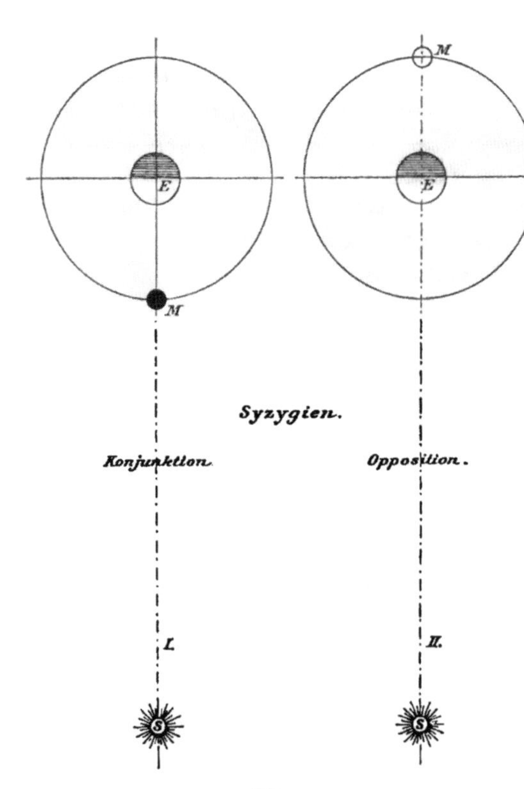

Fig. 11.

die Sonne sie anzieht, nicht verschieden, wohl aber die Richtung der Anziehung, die bei beiden nach der Sonne convergirt. Daraus folgt, dass Mond und Erde einander etwas genähert, die Wirkung beider aufeinander verstärkt und die Bewegung des einen Körpers — Mond — um den andern — Erde — beschleunigt wird. Die aus diesen Verhältnissen entstehenden Störungen im Laufe des Mondes wurden schon von Ptolemäus entdeckt; man nennt sie die Evektion, sie kann die Länge des

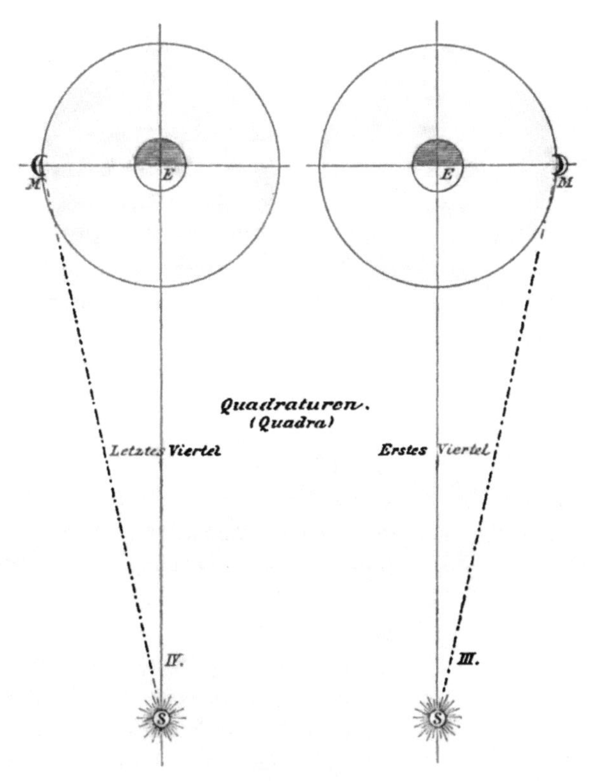

Fig. 12.

Mondes zur Zeit der Syzygien um etwa $^5/_4{}^0$ vergrössern, umgekehrt in den Quadraturen um ebensoviel verringern und hat eine Periode, d. h. einen Zeitraum, nach welchem die betreffenden Erscheinungen in derselben Folge wiederkehren, von $31^4/_5$ Tagen, ist also für den Mond eine tägliche. Wenn ferner der Mond auf halbem Wege zwischen Neumond und erstem Viertel, erstem Viertel und Vollmond, Vollmond und letztem Viertel, letztem Viertel und Neumond, in den sogn. Oktanten steht, so macht die Richtung, nach welcher die Sonne auf Erde und Mond einwirkt, mit der vom Monde zur Erde gedachten einen schiefen Winkel. Dadurch entsteht nicht sowohl ein direktes Nähern und Entfernen, sondern vielmehr ein Vor- und Rückwärtsschieben des Mondes in Bezug auf seinen Ort: er muss demnach im II. und III. Quadranten seiner Bahn voraus sein, während er im IV. und I. Quadranten hinter dem ungestörten Ort zurückbleibt [Fig. 13, V.]. Diese Störung, die von Tycho Brahe um 1590 entdeckt wurde, nennt man die Variation; sie ist kleiner als die Evektion, indem sie nur eine Ortsveränderung des Mondes von nahezu 36 Bogenminuten bewirken kann; ihre Periode beträgt $14^3/_4$ Tage.

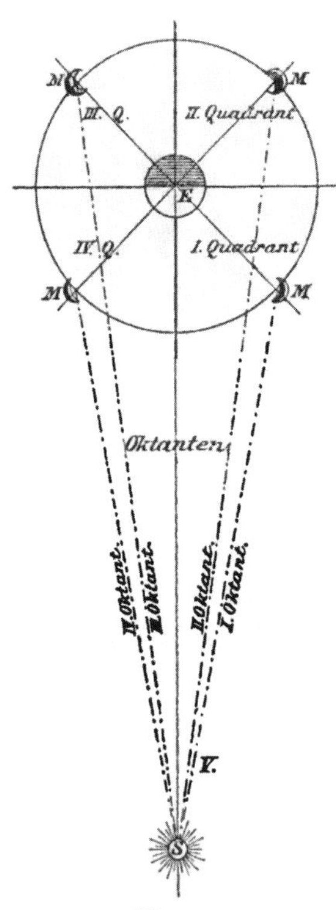

Fig. 13.

Der Lauf des Mondes ist im Winter etwas langsamer als im Sommer, denn da die Erde sich in einer Ellipse um die Sonne bewegt, muss die störende Kraft der letzteren abnehmen oder zunehmen, je nachdem die Erde sich dem Aphel nähert — der Sonne also entfernter ist — oder dem Perihel, wo sie ihr am nächsten ist. Zu Anfang Januar wird daher die Entfernung des Mondes von der Erde etwas grösser sein und er sich langsamer um die Erde bewegen als zu Anfang Juli. Diese Ungleichheit der Mondbewegung führt den Namen ‚jährliche Gleichung', weil sie vom Erdjahr abhängig ist, sie bewirkt, dass der Mond im Frühjahr etwa 11 Minuten hinter seinem mittleren Ort zurückbleibt, im Herbst dagegen demselben um ebensoviel vorauseilt, ist also noch weit kleiner als die Variation; s. auch C. 79. [111].

Die Variation verursacht es vorzugsweise, dass die Lage der Apsidenlinie, d. h. die Verbindungslinie derjenigen Punkte der elliptischen Mondbahn, in denen die Erdnähe und Erdferne eintritt, sich verändert, so zwar, dass diese Punkte in jedem Jahre ungefähr um den Betrag von $40^3/_4{}^0$ vorschreiten, also in etwa $8^5/_6$ Jahren — genauer 8 Jahren 310 Tagen 14 Stunden — einen ganzen Umlauf durch die Bahn vollenden. Auch die Knotenlinie der Mondbahn, d. h. die Linie durch die Durchschnittspunkte der Mond- und Erdbahn, verändert hierdurch ihre Lage, indem sich die Knotenpunkte in der Weise auf der Ekliptik verschieben, dass sie der Bewegung des Mondes entgegenkommen; sie weichen *also beständig, ähnlich wie unsere Frühlingspunkte, und zwar etwa im Jahr um $19^1/_3{}^0$ zurück, so dass sie in ca. $18^3/_5$ Jahren — genauer in 18 Jahren 218 Tagen 20 Stunden — um den ganzen Himmel herum kommen. Denn die Sonne, welche immer in der Ebene der Ekliptik steht, trachtet stets dahin, den Mond, solange er sich ausserhalb dieser Ebene befindet, in dieselbe hineinzuziehen und beschleunigt so den Zeitpunkt, in welchem der Mond den Durchschnittspunkt seiner Bahn mit der Ekliptik erreicht.*

Mit den hier angeführten Ungleichheiten des Mondlaufes sind diese bei weitem nicht erschöpft, sondern die neuere Mondtheorie enthält derer noch eine ganze Reihe, die sowohl den Ort des Mondes in Länge als auch in Breite betreffen. Sie sind indessen für das populäre Verständniss ungeeignet, nur möchte ich kurz darauf hinweisen, dass auch die bereits erläuterte Libration [s. C. 55] den Seleniten in mancher Beziehung Ungleichheiten am Himmel vortäuschen dürfte.

75.

Also diejenigen, welche im Mittelpunkt der für uns sichtbaren Mondhemisphäre wohnen, einem Punkte, der dem Nabel in der Richtung der Verbindungslinie der Mittelpunkte des Mondes und der Erde gegenüberliegt [Fig. 6. $c, c_{I}, c_{II}, c_{III}$]. Im Uebrigen s. C. 62.

76. [107.]

Der Mond weicht von der Ekliptik zur Seite ungefähr 5^0 ab von der Erde gesehen; von der Sonne gesehen aber ungefähr nur ebensoviel Minuten, weil das Verhältniss der Bahnen ein wenig grösseres als ein 60 faches ist.

Wenn Kepler von den Beziehungen zwischen Ekliptik, Aequator und Mondbahn, wie wir gesehen haben [C. 55 u. 57], auch keine genaue Kenntniss hatte, so war ihm doch der Winkel, den die Mondbahn mit der Ekliptik macht, ziemlich richtig mit 5^0 bekannt; trotzdem ist das von ihm oben angegebene Resultat ein ganz falsches. Der Grund hierfür liegt darin, dass Kepler das arithmetische Verhältniss der Entfernungen des Mondes und der Sonne von der Erde bei weitem zu gross annahm: es ist nicht ein 60 faches, sondern ein 400 faches. Der Irrthum ist zumeist in der Unkenntniss der Sonnenentfernung begründet, denn über die des Mondes war man damals schon ziemlich genau unterrichtet.

Da Kepler in einer nächsten Note noch weitere Schlüsse hieraus zieht, es ausserdem für die gesammten astronomischen Messungen von grösster Wichtigkeit ist, so rechtfertigt es sich, etwas ausführlicher auf dieses Verhältniss einzugehen.

Aristarch) war der erste, welcher die Entfernung der Sonne zu bestimmen versuchte, er rechnete heraus, dass die Sonne etwa 18—20mal so weit von der Erde entfernt sei als der Mond. An diesem Facit konnten auch die Berechnungen Hipparchs**) und Ptolemäus' wenig ändern und es hat sich viele Jahrhunderte behauptet; ja selbst Kepler legte es, wie wir aus N. [109] erfahren, noch z. Zt. als er den Text seines Traumes schrieb, seinen Berechnungen zu Grunde. Später, als er nach den Beobachtungen Tychos die Berechnung der Rudolphinischen Tafeln begann, kamen ihm indessen Zweifel über die Richtigkeit des überlieferten Werthes, er dehnte seine Rechnungen hierauf aus und fand, dass die Sonne mindestens 60mal so weit von der Erde entfernt sein müsse, als der Mond, also ungefähr 3500 Erdradien, oder mit anderen Worten, dass die Sonnenparallaxe, d. i. der Winkel, unter welchem von der Sonne aus der Erdradius erscheint, jedenfalls kleiner sei als 1 Bogenminute. Erst mehrere Jahre nach Keplers Tode, um die Mitte des XVII. Jahrhunderts ist von Wendelin***) eine wesentlich bessere Bestimmung gegeben: er berechnet das Maximum der Parallaxe zu 15 Bogensekunden, wodurch das Verhältniss auf ein 240faches gebracht wurde. Jetzt kennt man die Sonnenparallaxe mit grosser Genauigkeit; sie ist ca. 8,8 Bogensekunden und das Verhältniss danach ein 400faches.*

Es ist interessant zu sehen, wie die Sonne im Verlauf der Jahrtausende immer weiter und weiter in den Weltraum zurückgewiesen wird: von 1 Million bis zu 20 Millionen Meilen! —

Wenn man nun dieses Verhältniss an Stelle des keplerschen in seine Rechnung einsetzt, so wird die resultirende Abweichung der Sonne in Wirklichkeit nicht ca. 5 Minuten, sondern nur etwa 45 Sekunden betragen.

77. [109.].

Da die Erde und der Mond in jährlicher Bewegung sich um die Sonne drehen, der Mond inzwischen auch um die Erde, so bewegt sich der Mond, wenn er zwischen Sonne und Erde kommt, was wir als Neumond bezeichnen, der Bewegung der Erde entgegen *[Fig. 14, S. 81]*.

**) Aristarch von Samos, geb. 267 v. Chr. Einer der bedeutendsten Astronomen des Alterthums; er soll schon die Umdrehung der Erde um die Sonne behauptet haben; wird auch als Erfinder der Sonnenuhr genannt.*

***) Hipparch von Nikäa, geb. 160 v. Chr. Begründer der wissenschaftlichen Astronomie.*

****) Godofredus Wendelin, geb. 1580 zu Lüttich, gest. 1643 zu Condé in Belgien. Berühmter Astronom, der sich hauptsächlich mit der Erforschung des Sonnensystems erfolgreich beschäftigte.*

Aber er bewegt sich nicht soviel entgegen, als die Erde fortschreitet *[s. C. 79]*. Die Erde durcheilt nämlich an einem Tage den 365. Theil ihrer Bahn, der Mond nur den 30. der seinigen; da diese *[die Mondbahn]* wenig mehr als den 60. Theil jener *[der Erdbahn]* beträgt, so ist der 30. dieses 60. ungefähr der 1800. der ganzen Erdbahn und also der 5. Theil des Theiles $\frac{1}{365}$. Wenn uns also der Mond voll erscheint, so schreitet er $\frac{6}{5}$ von dem fort, was die Erde zurücklegt und bei Neumond $\frac{4}{5}$, im ersteren Falle also $\frac{1}{2}$ mal mehr. *s. S. 83, o.*

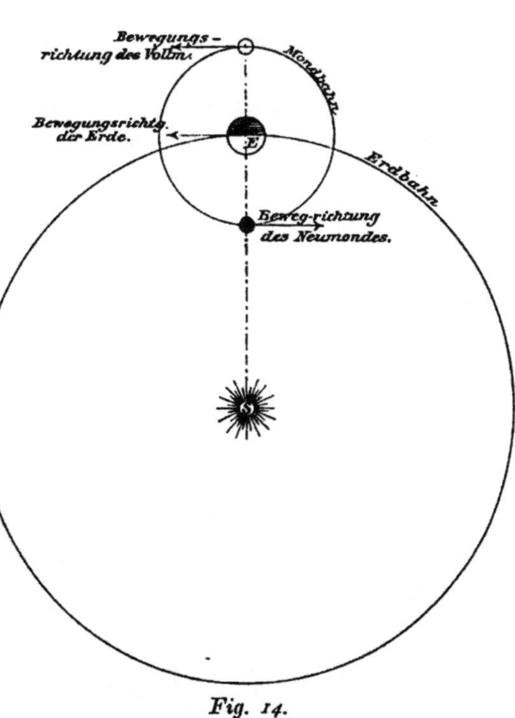

Fig. 14.

Aber ich muss den Leser daran erinnern, dass dieser Traum vor der letzten Berichtigung der Proportionen der Himmelsbahnen geschrieben ist, wo ich nach dem damals Bekannten angab, dass die Sonne ungefähr das 1200 fache des Erdhalbmessers entfernt sei, der Mond das 60 fache *[s. C. 53]* und sonach das Verhältniss der Bahnen nicht ein 60 faches, sondern ein 20 faches sei. Wenn man nun die Bahn des Mondes gleich dem 20. Theil der Erdbahn setzt, so ist der 30. — nämlich der tägliche — Theil dieses 20., der 600. der Erdbahn und so mehr als die Hälfte der täglichen Bewegung der Erde. Es bleibt also von der täglichen Bewegung der Erde unter dieser Annahme dem Neumond weniger als die Hälfte, was fast nichts ist, während dem Vollmond mehr als das $1\frac{1}{2}$ fache hinzugefügt wird; infolgedessen bewegt sich der Vollmond mehr als 4 mal so schnell als der Neumond. Da nun die Mondbewohner wähnen, dass der Mond still stehe, so scheint ihnen im Gegentheil die Sonne die Bewegung und die ungleiche Schnelligkeit ihrer Bewegung auszuführen; *s. N. [111]*.

Die Bewegung des Mondes mit der Erde um die Sonne kann man sich populär vorstellen durch einen Reisenden in dem Waggon eines dahineilenden modernen D-Zuges. Macht der Reisende [Mond] einen Spaziergang durch die Reihe der Waggons und geht dabei der Fahrrichtung des Zuges [Erde] entgegen, so befindet er sich in der Lage des Neumondes: seine totale Fortbewegung wird sein gleich der des Zuges minus seiner eigenen. Umgekehrt, geht er mit der Fahrrichtung, so befindet er sich in der Lage des Vollmondes und seine totale Fortbewegung wird sich zusammensetzen aus der des Zuges plus seiner eigenen. Im ersteren Falle wird er also gegen die Geschwindigkeit des Zuges zurückbleiben, im letzteren ihr vorauseilen. Um das Bild vollständig zu machen, kann man sich als Sonne den Mittelpunkt der Erde denken.

Die Geschwindigkeitsunterschiede des Mondes, von denen Kepler spricht, stellen sich selbstverständlich in Wirklichkeit nur einem Beobachter auf der Sonne dar, für die Mondbewohner sind die Bewegungen der Sonne nur scheinbare, eben weil sie ihre eigenen Bewegungen, in der Voraussetzung ihres festen Standpunktes, auf die Sonne übertragen. Dass die Privolvaner dasselbe an ihrem Mittage beobachten, was die Subvolvaner um Mitternacht sehen, und umgekehrt, folgt aus C. 63.

Zur Erläuterung der keplerschen Rechnung, die, seinem klaren Geiste entsprechend, etwas sprungweise ist, sei noch Folgendes angegeben:

Ursprünglich hat er also das von mir in C. 76 ausführlich besprochene Verhältniss als ein 20faches angenommen.

Es sei der Erdradius ca. 850 deutsche Meilen), so wäre danach*

die Entfernung der Sonne $1200 \times 850 = 1\,020\,000$

und die des Mondes $\frac{1\,020\,000}{20} = 51\,000;$

die tägliche Bewegung der Erde $\frac{1\,020\,000}{365} = 2800$

und die des Mondes $\frac{51\,000}{30} = 1700.$

Die tägliche Bewegung des Mondes ist mithin $\frac{1\,020\,000}{1700}$ *= dem 600. Theil der Erdbahn und* $\frac{1700}{2800} = 0{,}61$*, also mehr als die Hälfte der täglichen Bewegung der Erde.*

Der Neumond wird sich demnach bewegen:

$1 - 0{,}61 = 0{,}39$ *[weniger als die Hälfte] und der Vollmond* $1 + 0{,}61 = 1{,}61$*, mithin* $\frac{1{,}61}{0{,}39}$*, also mehr als 4mal so schnell fortschreiten.*

In N. [109] hat Kepler nun das von ihm zuerst erhaltene Facit

---

*) *Kepler nimmt ihn zu 860 ‚Milliare' an; s. C. 34.*

rektificirt, indem er das Verhältniss 1:60 zu Grunde legt. Führen wir mit diesem, wonach

die Entfernung der Sonne = 3060000
und die des Mondes = 51000

wäre, die Rechnung durch, so finden wir, dass ist:

die Bewegung des Neumondes = 0,8 oder $\frac{4}{5}$
und die des Vollmondes = 1,2 oder $\frac{6}{5}$ } *s. S. 81, o.*

letzterer also nur noch 1,5mal so schnell fortschreitet.

Setzen wir endlich das dem heutigen Stande der Wissenschaft entsprechende Verhältniss, das 400fache, ein, so schrumpft der Geschwindigkeitsunterschied auf 1:1,06 zusammen, eine Differenz, die kaum mehr wesentlich genannt werden kann.

Man erkennt also, dass die Mondbewohner die Sonne unter den Fixsternen nicht sprungweise fortschreiten sehen werden — aber man muss auch andererseits zugeben, dass Kepler nach seiner Kenntniss von den Proportionen der Himmelsbahnen wohl berechtigt war, eine solche Erscheinung anzunehmen.

78.

In ähnlicher Weise, wie auf der Sonne, würden sich auch natürlich die Geschwindigkeitsunterschiede des Mondes auf einem anderen, ausserhalb der Erd- und Mondregion liegenden Beobachtungspunkt darstellen und Kepler musste consequenterweise so urtheilen, wie im Text geschehen. Denn nach der Progression [s. auch C. 89] für die Entfernung der Planeten war ihm bekannt, dass Merkur, Venus und Mars, die sogn. sonnennahen Planeten, der Erde und mithin auch unserm Mond unter Umständen näher kommen konnten, als die Entfernung der Erde von der Sonne beträgt, während er Jupiter, der von Mars durch die erst später durch die Entdeckung der Asteroiden ausgefüllte ‚Lücke im Planetensystem') getrennt ist, und gar Saturn schon in weit grösserer Entfernung wusste.*

Von allen Planeten kann Venus unserm Mond am nächsten kommen, in günstigster Position auf ca. 5 Millionen Meilen: da wäre die Differenz wohl noch merkbar; und wenn auch für Merkur und Mars, die sich nur auf ca. 12 resp. 11 Millionen Meilen heranwagen, kleine Unterschiede wahrzunehmen sein werden, so ist doch bei Jupiter und gar Saturn jede Spur davon verwischt; denn die Abstände dieser Planeten von unserm Mond betragen im günstigsten Falle immer noch ca. 86 resp. 178 Millionen Meilen.

---

*) „Zwischen Jupiter und Mars muss ein Planet eingeschaltet werden", *sagt Kepler in seinem Prodromus. p. 7.*

79. [111.]

Wenn die Bewegung, welche der Mond ausführt, infolge der Täuschung der Erscheinung, den Sternen zugeschrieben wird, so werden letztere ohne Zweifel auch dadurch eine Bewegung zeigen, dass der Mond sich im Apogäum langsam, im Perigäum schnell bewegt. Es ereignet sich aber, dass bald der Vollmond, bald der Neumond, bald die Vierteln am langsamsten sich bewegen und so der Reihe nach durch alle Phasen. Wenn aber Vollmond ist, befinden sich die Medisubvolvaner im Mittag, bei Neumond haben sie ihre Mitternacht, und umgekehrt bei den Privolvanern; *s. C. 63.*

Diese Bewegungsunterschiede zeichnen sich von den vorbeschriebenen dadurch aus, dass sie im Mondlauf wirklich stattfinden und zwar weil nach dem I. keplerschen Gesetz auch der Mond sich nicht in einem Kreise, sondern in einer Ellipse, und zwar von merklicher Excentricität, bewegt, in deren einem Brennpunkt die Erde steht. Nach dem II. keplerschen Gesetz [s. C. 73] werden sich also die Geschwindigkeiten des Mondes in seiner Bahn stetig ändern, er wird sich langsamer bewegen, wenn er sich am weitesten von der Erde — im Apogäum — und schneller, wenn er sich derselben am nächsten — im Perigäum — befindet; s. auch C. 74.

Weil nun der Mond sich mit der Erde zugleich um die Sonne bewegt und zwar in einer Geschwindigkeit, die von jener der Erde ganz verschieden ist, so werden gleiche Mondphasen, die ja von dem Stande des Mondes zur Sonne abhängen, nicht immer mit gleichen Ständen in seiner Bahn um die Erde zusammenfallen, vielmehr z. B. im Apogäum oder im Perigäum der Reihe nach alle Phasen erscheinen und so diejenigen Erscheinungen stattfinden, die Kepler im Text erwähnt.

80. [117.]

Einmal ist also der Weg, ein andermal die Geschwindigkeit verschieden; Fig. 15, S. 85.

Die aus dem Mittelpunkte der Sonne S nach den Berührungspunkten L und V mit der Mondbahn gezogenen Linien trennen diese in den äusseren Theil LPV und den inneren LNV. Im ganzen äusseren Bogen sind die mittleren Privolvaner im Schatten des Mondes, in den beiden Berührungspunkten L und V erhalten sie den ersten resp. letzten Sonnenstrahl; der ganze innere Bogen der Bahn LNV ist im Sonnenlicht eingeschlossen.

Zum besseren Verständniss habe ich in der Zeichnung Fig. 15, die im Uebrigen von Keplers Hand herrührt, auf den Monden die Punkte der Medivolvaner mit Mp, Mp_{I}, Mp_{II} *und* Mp_{III} *und die Sonnenstrahlen* SMp *und* SMp_{II} *nachgetragen. Denkt man sich nun den Mond in der*

Richtung des Pfeiles in Bewegung, so werden die Privolvaner der Mitte im Stande L den ersten Sonnenstrahl empfangen: ihr Tag beginnt; in N werden sie Mittag haben, in V erhalten sie den letzten Sonnenstrahl: ihre Nacht beginnt, um in P ihren Höhepunkt, Mitternacht, zu erreichen. Da der Bogen LNV kleiner ist, wie der Bogen VPL, so folgt ohne Weiteres, dass der Tag etwas kürzer sein muss als die Nacht. Das Umgekehrte findet bei den Subvolvanern statt, wie eine analoge Betrachtung aus der Zeichnung ergiebt.

Kepler kommt in N. [113] unter der Annahme, dass TR im rechten Winkel zu der Verbindungslinie von Sonne und Erde durch den Mittelpunkt der Erde gehe, zu dem Resultat, dass der Winkel LCT [= Winkel VCR], d. h. die Ausgleichung des Mondes in der Quadra) im Maximum $7\frac{1}{2}^0$ beträgt; der Bogen, der das Apogäum einschliesst, LPV also 195^0 [$= 180 + 2 \times 7\frac{1}{2}$] und der Bogen, der das Perigäum begreift, LNV mithin den Rest der Mondbahn, also 165^0 [$= 180 - 2 \times 7\frac{1}{2}$] beträgt.*

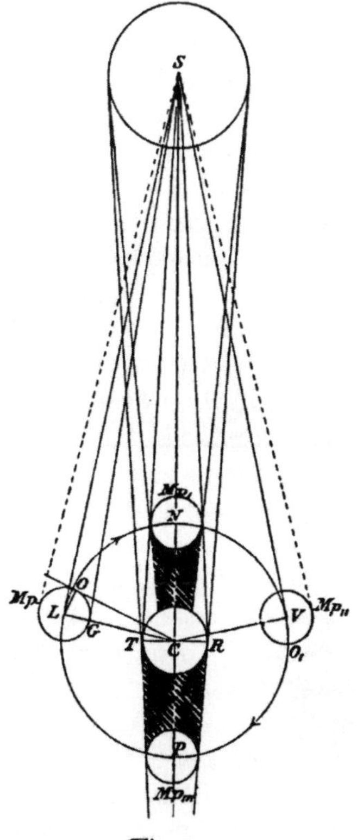

Fig. 15.

81. [114.]

Diese Verzögerung ist eine Wirkung des apogäen Mondes; und die Privolvaner der Mitte haben ihre Mitternacht zu derselben Zeit, zu welcher uns Erdbewohnern der Vollmond erscheint. Wenn also Vollmond und Erdferne zusammentreffen, so ist bei den Privolvanern die längste Nacht; wenn dagegen der Neumond im Apogäum erscheint, so werden bei den Privolvanern sich Tag und Nacht mehr ausgleichen, aus entgegengesetzten sich wechselseitig ergänzenden Ursachen; *s. auch C. 61. [98.] u. C. 63.*

82. [115.]

Wenn man annimmt, dass der Mond von Lebewesen bewohnt ist, so muss man diesen auch zur Erhaltung und Erwärmung gewisse Ausdünstungen aus dem Mondkörper zugestehen; der zarte Dampf

*) *Eine frühere Bezeichnung des ersten und letzten Mondviertels.*

aber wird unter der Einwirkung der Kälte zu schneeigem Mehl verdichtet, welches die Form des Reifes ist; *s. auch N. [196].*

83. [116.]

Im Traum wird Freiheit des Denkens gefordert, zuweilen auch dafür, was in Wirklichkeit wohl nicht besteht. So muss man hier annehmen, dass die Winde dadurch entstehen, dass die Himmelskörper der ätherischen Luft entgegeneilen, was ich nicht zu widerlegen glaube, wenn ich *[an anderer Stelle]* es hierauf begründe, dass die Morgenzeit sowohl allen Lebewesen als auch Gewächsen angenehm und heilsam sei und ebenso, dass sehr häufig auf den höchsten Gipfeln der Berge, auch der heissen Zone, ewiger Schnee liegt; *s. auch N. [120].*

Man muss sich bei diesen Noten erinnern, dass Kepler auf dem Monde Luft und Wasser annahm; ob diese Annahme aber eine ganz bedingungslose war, scheint mir nach diesen und manchen anderen seiner Aeusserungen mindestens zweifelhaft. Da er am Schluss seines ‚Traumes' gerade auf diese Sache noch sehr ausführlich eingeht, so werde ich meine Bemerkungen im Anschluss daran bringen und bemerke hier nur des Zusammenhanges wegen vorweg, dass neuerdings von dem Astronomen Pickering, der den Vortheil hat, auf seiner Beobachtungsstation zu Arequipa [Peru] bei ausserordentlicher Durchsichtigkeit der Luft zu beobachten, die bestimmte Behauptung aufgestellt ist, dass der Mond früher bewässert gewesen sein muss. Er hat nämlich eine ganze Anzahl der sogn. Mondrillen geprüft und meint, dass sie ihrer Aehnlichkeit mit irdischen Flussbetten nach unbedingt als ehemalige Wasserläufe anzusehen sind; Bildung und Form sprechen der Meinung des Gelehrten nach durchaus dafür. Aber noch mehr: Pickering regt auch die Frage wieder an, ob denn der Mond wirklich so gänzlich wasserarm sei, wie man gewöhnlich annimmt. Er weist auf zahlreiche dunkle Flecke hin, die zeitweise in den Kratern, an den Rillen, in den sogn. Meeren und zwar gerade zur Zeit des Vollmondes, in der man nicht an Schatten denken darf, erscheinen und dann wieder verschwinden. Man könnte sich kaum enthalten, immer wieder an Wasser in jenen Höhlungen zu denken, vielleicht an gefrorenes, das nur zum Theil aufthaut.

84.

Siehe C. 80 u. [113].

85. [118.]

Die Sonne sehen wir von der Erde aus unter einer Grösse von 30 Skrupel.*) Der Mond kommt als Neumond der Sonne ungefähr

*) *Kepler bedient sich hier noch des bei den älteren Astronomen gebräuchlichen Maasses ‚Skrupel', welches 1 Bogenminute bedeutet.*

um $\frac{1}{59}$ oder vielmehr um eine Kleinigkeit weniger näher als wir und unsere Erde. Daher ist die Sonne in jener Hemisphäre des Mondes, welche von ihr beleuchtet wird, auch im Verhältniss grösser zu sehen, d. i. ungefähr $\frac{1}{2}$ Skrupel. Die Alten haben jedoch an ein viel kleineres Verhältniss der Bahnen geglaubt, nämlich an ein solches von 1 : 18, das ist etwas weniger als 2 Skrupel; *s. C. 77. [109].*

Die Sonne zeigt den Erdbewohnern ungefähr denselben scheinbaren Durchmesser, wie der Mond, deshalb nimmt Kepler ohne Weiteres dieselbe Grösse dafür an; N. [126]. Streng genommen sind die scheinbaren Durchmesser nicht ganz gleich: der der Sonne schwankt zwischen 31′ 31″ und 32′ 35″ — im Mittel = 32′ 2,4″ — und der des Mondes zwischen 29′ 24″ und 33′ 34″ — im Mittel = 31′ 8″ —.

Der Neumond kommt der Sonne ungefähr um den halben Durchmesser seiner Bahn näher als die Erde [Fig. 11] und da Kepler das Verhältniss der Bahnen wie 1 : 60 angiebt, so würde dieses Stück $\frac{1}{60}$ sein. Wir wissen aber, dass es nur $\frac{1}{400}$ ausmacht und danach würde die Vergrösserung nur 4,5 Bogensekunden betragen, ein Werth, der nicht mehr in die Erscheinung treten dürfte.

86. [119.]

Aus obiger Note 109 geht hervor, dass sich für die Privolvaner der Mitte die Sonne um Mittag 3 mal *[tertia parte]* langsamer bewegt, als für die Subvolvaner um den ihrigen; *s. auch C. 77.*

In Note [109] ist nachgewiesen, dass der Neumond sich 4 resp. $1\frac{1}{2}$ mal langsamer bewegt als der Vollmond. Jedenfalls ist aber der Schluss gerechtfertigt, dass die Sonne den Privolvanern der Mitte um ihren Mittag auch soviel langsamer fortschreitet, als den Subvolvanern um den ihrigen.

87. [120.]

Denn unter Voraussetzung dessen, was wir in Note 116 festgestellt haben, bietet der Mond als Neumond sicher der ätherischen Luft weniger Widerstand als die Erde und selbst weniger als im Vollmond.

Wenn Kepler hier auf seine Theorie von der Entstehung der Winde anspielt, so will er damit erklären, dass bei den Privolvanern der Mitte um ihren Mittag, wo der Mond in der Neustellung steht und sich also langsamer bewegt, gelindere Winde herrschen, als bei den Subvolvanern in der Vollmondstellung; s. auch C. 77.

88.

Alle über die Temperaturen auf der Mondoberfläche etwa gemachten Angaben können naturgemäss auf irgend eine Genauigkeit keinen Anspruch machen, in's Besondere können sie mit denjenigen auf unserer Erde nicht verglichen werden, wo, wie wir wissen [C. 43], die Atmosphäre einen wohlthätigen Ausgleich von Wärme und Kälte vermittelt. Wenn beispielsweise Diesterweg) die Temperaturen auf dem Monde als ausserordentlich wechselnd, so im Laufe eines Mondtages von + 200 und selbst 300° bis zu — 120 und 130° angiebt, so bleibt er uns den Grund für diese Annahme schuldig.*

*Einen besseren Vergleich liesse vielleicht der Planet Merkur zu, der nach der neuesten Entdeckung Schiaparellis**) sich in derselben Weise um die Sonne bewegt, wie unser Mond um die Erde, so dass er der Sonne — wie unser Mond der Erde — immer dieselbe Seite zuwendet. Unter der gleichen Annahme, dass auch dem Merkur eine Atmosphäre fehlt, würden die Temperaturunterschiede nur noch in weit grösserem Maassstabe statthaben, denn da der Merkur einestheils der Sonne viel näher ist wie der Mond, anderseits die Sonne zum Centralkörper hat, so würde die Gluth auf der subsolaren Hemisphäre ohne Grenzen sein; die Kälte auf der prisolaren Hälfte hingegen könnte analog derjenigen auf der privolvanen Hemisphäre des Mondes gedacht werden. Wir wissen leider wenig von dem Oberflächenzustand unseres sonnennächsten Planeten, allein es ist wohl sicher, dass der Merkur mit einer Atmosphäre umgeben ist, die also die Temperaturverhältnisse modificiren würde.*

*Wenn Kepler die Hitze auf dem Monde 15mal glühender als die in Afrika schätzt, so ist diese Annahme aus der Erwägung entstanden, dass die Sonne den Mond ungefähr in einer 15mal längeren Periode bescheint wie die Erde, und Afrika von den damaligen Geographen als das heisseste Land angesehen wurde.***)*

Mit einem geringen Schein von Berechtigung könnte man vielleicht die Temperatur des Weltraumes auch für die Kälte einer privolvanen Mitternacht annehmen. Die Kälte im Weltraum ist von Herschel†) auf — 146° C. berechnet, eine Temperatur, die das in Sibirien††) beobachtete Kälteextrem von 68° C. allerdings weit hinter sich lässt; s. auch C. 157.

**) A. Diesterweg, „Populäre Himmelskunde". 1891. 15. Aufl.*

***) Giovanni Virginio Schiaparelli, Astronom, geb. 1835 in Savigliano; seit 1862 Direktor der Sternwarte in Mailand.*

****) Die höchsten Temperaturen, + 55° C., sind in Australien beobachtet.*

†) John Fr. W. Herschel, geb. 1792 zu Slough, gest. 1871 zu London, berühmter Astronom, Sohn von Fr. W. Herschel, des Entdeckers des Planeten Uranus.

††) In Ostsibirien, Jakuten-Gebiet.

89. [121.]

Fast doppelt sage ich. Die Entfernung der Erde von der Sonne beträgt im Apogäum 101 800, die Entfernung des Mars von der Sonne im Perigäum 138 243; wenn also die aphele Erde und der perihele Mars unter derselben Länge sich treffen, so würde der Zwischenraum *[der Abstand von Erde und Mars]* 36 443 betragen.

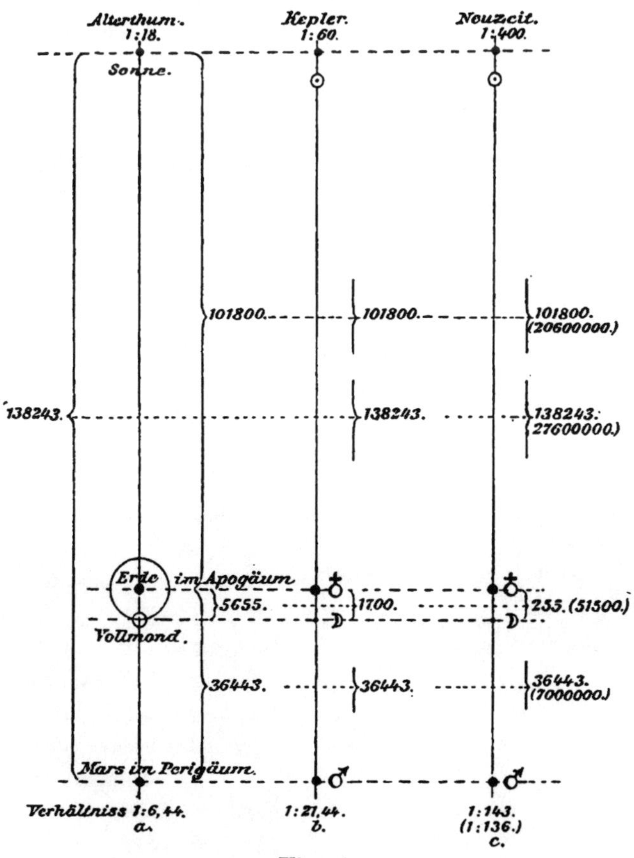

Fig. 16.

Stelle Dir nun vor, der Durchmesser der Bahn des Mondes betrage nach der Ansicht der Alten den 18. Theil desjenigen der Erdbahn und es sei Vollmond, so dass die Privolvaner, in ihrer Mitternacht sich befindend, den Mars am nächsten hätten. Der 18. Theil von 101 800 ist 5655: um diese Strecke würden jene dem Mars näher sein, als wir Erdbewohner *[Fig. 16, a]*. Das Verhältniss dieses *[dieser Strecke zu der Entfernung von der Erde]* zu 36 443 ist weniger als der 6. Theil *[6,44]*.

Dieserwegen würden die Subvolvaner bei unserem Neumond, d. i. ihrer Vollvolva den Mars weniger als 3 mal so klein sehen, als die Privolvaner bei unserem Vollmond, d. i. ihrer Mitternacht *[vergl. auch C. 61]*. Bei Anwendung der wirklichen Bahnproportionen aber, wie ich sie in den rudolph. Tafeln angewandt habe, wird dieses Verhältniss bedeutend herabgemindert; denn die Annäherung des Mondes an den Mars beträgt danach kaum den 21. Theil *[21,44]* der Sonnenentfernung *[Fig. 16, b]* und der Unterschied der Erscheinung bei diesen und jenen wenig mehr als den 11. Theil des Ganzen.

Setzen wir endlich das Verhältniss 1 : 400 ein, so erhalten wir: $\frac{101800}{400} = 255$, *und das Verhältniss dieses zu der Entfernung des Mars von der Erde ist dann nur der 143. Theil [Fig. 16, c] und der Unterschied ungefähr der 72. Theil.*

Diese Zahlen stimmen ziemlich gut mit denjenigen überein, die wir erhalten, wenn wir die Rechnung mit den neueren Werthen unter Beibehaltung des der keplerschen Rechnung analogen Ganges durchführen:

Entfernung der Erde von der Sonne im Apogäum 20600000
Entfernung des Mars von der Sonne im Perigäum 27600000
Differenz = 7000000
Entfernung des Mondes von der Erde = Annäherung des Mondes an Mars $\frac{20600000}{400}$ = 51500

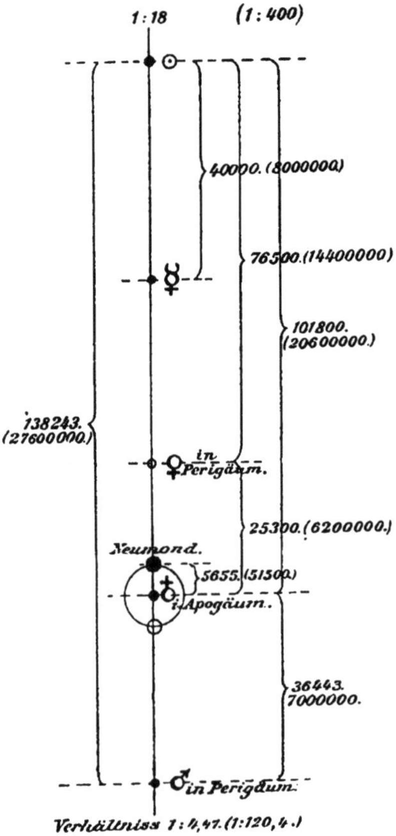

Verhältniss 1 : 4,47. (1:120,4.)

Fig. 17.

Mithin Verhältniss $\frac{7000000}{51500}$ = *136. Theil, und der Unterschied = 68. Theil [s. die eingeklammerten Zahlen in Fig. 16, c, auch Fig. 17].*

Die in seinen Noten gegebenen Zahlen der Entfernung der Planeten von der Sonne hatte Kepler nach der ihm schon bekannten Progression oder Potenzreihe, auf die später Titius [1766] und Bode [1772] bei

Nachweis eines fehlenden Planeten zwischen Mars und Jupiter hinwiesen: $4 + 0 \times 3$; $4 + 1 \times 3$; $4 + 2 \times 3$; $4 + 4 \times 3$ u. s. w. angeordnet. Setzt man danach die mittlere Entfernung des Merkur = 4, so ergiebt sich für Venus 7, für Erde 10, für Mars 16 u. s. w., wie aus den Angaben Keplers in den Noten [121] u. [123] ersichtlich ist, wenn man berücksichtigt, dass er hierin nicht die mittleren Entfernungen, sondern die im Aphel resp. Perihel angiebt.)*

Wie genau Kepler die Verhältnisse der Planetenabstände übrigens bekannt waren, zeigt folgende Zusammenstellung der wirklichen mittleren Abstände mit den Zahlen, welche er nach den tychonischen Beobachtungen vor nahezu 300 Jahren abgeleitet hatte:

Planeten	*Wahre Abstände*	*Resultate nach Kepler*
Merkur . .	*0,38709*	*0,38806*
Venus .	*0,72333*	*0,72400*
Erde . .	*1,00000*	*1,00000*
Mars .	*1,52369*	*1,52350*
Juno . .	*2,66870*	—
Jupiter . .	*5,20277*	*5,19650*
Saturn .	*9,53885*	*9,51000*
Uranus . .	*19,18239*	—
Neptun . .	*30,03628*	—

90. [122.]

Die Ausweichungen *[Elongationen]* der Venus und des Merkur von der Sonne können auch von den Subvolvanern der Mitte beobachtet werden, besonders in derjenigen Stellung des Mondes, in welcher er etwa denselben Abstand von der Sonne hat, wie die Erde selbst. Doch den Bewohnern des Divisors erscheint die Sonne entweder bei Vollmond und wenn der Mond die grösste Entfernung von der Sonne hat oder bei Neumond in der Sonnennähe im Horizont. Die Ausweichungen jener Planeten werden aber am sichersten entweder kurz vor Aufgang oder bald nach Sonnenuntergang der nahen Sonne beobachtet, namentlich beim Merkur. Ist also bei den wahren Bahnverhältnissen der Unterschied der geradlinigen Zwischenräume zwischen der Sonne und dem Monde ungefähr der 30. Theil des Ganzen, so ist auch der dieser Ausweichungen nicht viel anders.

S. auch Schlussbemerkung von C. 91.

**) Ueber die genauen und vollständigen keplerschen Resultate der Entfernungen im Aphel und Perihel siehe die schon angezogene Schrift von Apelt S. 84, m. u. 109, o.*

91. [123.]

Damit die Venus den Mondbewohnern grösser erscheint, als den Erdbewohnern, muss die Venus der Erde und der Mond der Sonne am nächsten sein. Wenn aber der Mond der Sonne am nächsten ist, zur Zeit unseres Neumondes, dann sehen freilich die Medisubvolvaner weder die Sonne noch die Venus, weil sie dann ihre Mitternacht haben. Dieser Anblick bleibt also nur denen, welche den Divisor bewohnen. Es ist aber ein ziemlich augenscheinlicher Unterschied zwischen dem Anblick der Venus bei den Subvolvanern und dem Mars bei den Privolvanern (wiewohl die Bewohner des Divisors den Anblick beider geniessen können), weil bei der grössten Annäherung der Venus und der Erde noch ein Zwischenraum von 25300 bleibt, wovon der Abstand des Mondes den grössten Theil beträgt (also geringer wie beim Mars, welcher, wie vorhin erwähnt, 36443 beträgt) *[Fig. 17]*.

Es resultirt dieser Vorgang für die Venus aus denselben Erwägungen, wie bei dem Mars, nur muss man bemerken, wie auch aus Fig. 17 hervorgeht, dass er sich ereignet, während wir Neumond haben; denn da die sogn. unteren Planeten, d. h. solche, deren Entfernung von der Sonne kleiner ist, als die der Erde, der Erde am nächsten sind, wenn sie zwischen Sonne und Erde stehen, so können sie auch dem Monde nur am nächsten kommen, wenn auch dieser zwischen Sonne und Erde steht, also sich uns als Neumond darstellt. Dann aber haben die Medisubvolvaner ihre Mitternacht und können die Venus nicht sehen. Dem ähnlich verhält es sich mit dem Merkur.

Da von allen Planeten die Venus der Erde am nächsten kommen kann, so muss auch der Mond sich ihr am meisten nähern und deshalb ihre scheinbare Grösse, vom Monde aus gesehen, am bedeutendsten variiren.

Aber alle diese Erscheinungen, die Kepler in N. [109] ff. erläutert, beruhen, wie wir gesehen haben, auf einer unrichtigen Voraussetzung und fallen in Nichts zusammen, wenn man die heutigen Werthe zu Grunde legt. In Wirklichkeit werden sich die Erscheinungen wohl nicht sehr von denen unterscheiden, wie wir sie von unserer Erde aus auch beobachten und sehen.

92. [124.]

Der Divisor wurde oben *[C. 56 u. S. 8, o.]* als der Kreis definirt, der durch die Pole der monatlichen Axendrehung des Mondes geht. Aber die Bahn des Mondes hat eine Breite einerseits nach Norden, anderseits nach Süden und die Axe, deren äusserste Enden die Pole bilden, steht senkrecht auf der Ebene der excentrischen Bahn.*) Ob-

*) *Es ist hier nicht an eine excentrische Kreisbahn zu denken, sondern an eine*

wohl sonach die Pole des Mondes in Bezug zur Sonne nicht abweichen, so steht dennoch der Pol unserer Ekliptik, welche sie für die mittlere Ekliptik halten, vom Pol der Mondbahn ab, da ja dieser um jenen in einer Zeit von 19 Jahren herumgeht. *[vergl. N. [98.] [129.], C. 61 u. S. 13, m.]* Wenn also die Stellung der Venus zwischen Erde und Sonne gesucht wird, so kann jene nicht durch die Elongation in der Länge, sondern nur allein durch die Breite gesehen werden. Die südliche Grenze derselben nun ist im Zeichen der Fische, das aphele Intervall derselben nicht weit vorher im Anfang des Wassermanns; sie wird also dann von der Erde und dem Monde aus in den gegenüberliegenden Zeichen, dem Löwen und der Jungfrau gesehen. Wenn also der Pol des Mondes sich diesem Zeichen der mittleren Ekliptik zuneigt, neigt er gegen Norden und dann kann die Venus klarer und deutlicher bei der Sonne durch ihre Breite gesehen werden, weil eben die Breite des Aphels grösser ist als die des Perihels.

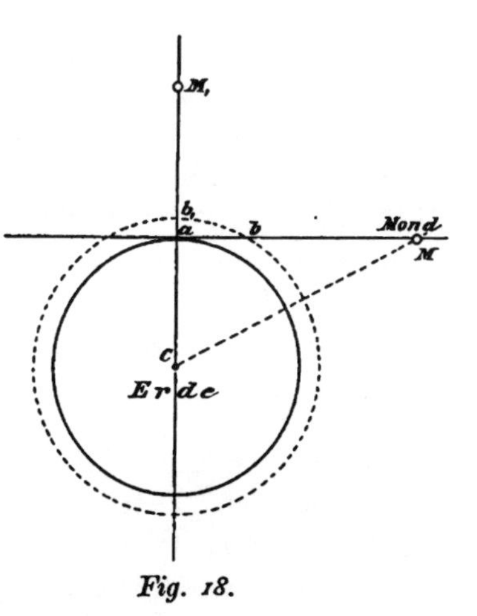

Fig. 18.

93.

Diese Erscheinung ist wohl schon Manchem, der den Mond mit einiger Aufmerksamkeit beobachtete, aufgefallen, ohne dass er sich den Grund dafür klar machen konnte, ja, er ist wohl gar bei seinen Betrachtungen zu dem Resultat gekommen, dass eigentlich gerade das Gegentheil stattfinden müsse. Denn in der That ergiebt eine einfache Ueberlegung, dass der Mond, wenn er aufgeht, ungefähr um die Länge eines Erdhalbmessers, also um ca. 6400 km entfernter vom Beobachter ist, als wenn er hoch am Himmel steht [vergl. in Fig. 18 die Linien aM und aM_1], mithin auch bei der Kulmination in M_1 grösser gesehen werden müsste, wie beim Aufgang in M, mindestens nicht kleiner.

Es kann sich hier also nur um eine Täuschung handeln, und zwar hat diese einentheils einen optischen Grund, anderseits ist es eine einfache Urtheilstäuschung. Im Fall nämlich der Mond dicht am Horizont steht [M], sehen wir ihn von a aus durch eine Luftschicht, die der Linie ab, wenn er kulminirt [M_1] dagegen nur durch eine solche, die der Linie ab_1 entspricht. Die erstere Schicht ist aber bedeutend dicker, wie die

---

Bahn, die von der Kreislinie abweicht, eine Curve, worin der Centralkörper excentrisch steht [Ellipse].

93.

letztere, der Mond wird uns also in M durch die Wirkung der Luftperspective und eine verstärkte Divergenz der Lichtstrahlen vergrössert erscheinen. Anderseits ist es eine Thatsache, dass das Auge die Grösse von Gegenständen nach der Ausdehnung der Fläche, auf welcher es dieselben erblickt, abschätzt, so zwar, dass ihm ein Gegenstand um so grösser erscheint, je mehr Raum er auf der Beobachtungsfläche einnimmt. Hierzu kommt, dass das Auge gewohnt ist, die Grösse eines Objectes auch nach dem Verhältniss der in der Nähe befindlichen Gegenstände zu bemessen. Wenn der Mond nun über den Horizont emporsteigt, findet das ihn beobachtende Auge irdische Gegenstände, als Häuser, Bäume, Berge, Thürme u. s. w., die einmal das Gesichtsfeld einengen, ferner aber auch zu Vergleichen mit ähnlich geformten Objecten, z. B. Schornsteinen, Baumtheile, Gebirgskuppen, Kuppeln u. s. w. Veranlassung geben, wodurch die Mondscheibe grösser angesehen wird, als sie ist. Denn wenn man den Mond durch ein dunkles Blendglas betrachtet, wodurch die ihn umgebenden irdischen Gegenstände unsichtbar werden und nur die helle Mondscheibe in's Auge fällt, so wird sofort die imaginäre Vergrösserung wesentlich reducirt. Erst wenn der Mond höher und höher steigt und dann am freien Himmelsgewölbe auf einer weithin unbegrenzten Fläche steht, durch keinerlei Vergleichsobjecte beeinflusst, schwindet das Trugbild gänzlich und Luna erscheint in ihrer wahren Grösse.

94. [126.]

Es ist von den scheinbaren Durchmessern, nicht von den wirklichen die Rede *[s. C. 85]*. So ist der scheinbare Halbmesser des Mondes im Apogäum 15′ und seine Parallaxe bei derselben Stellung 58′ 22″, was etwas weniger ist als 60, dem Vierfachen von 15. Ebenso gross aber, wie die Parallaxe des Mondes, würde der Halbmesser der Erde erscheinen, wenn das Auge auf dem Monde wäre. Das Verhältniss ist also etwas kleiner als viermal, was quadrirt 16mal macht, d. h. grösser als 15mal für die sichtbaren Scheiben.

Hier die Rechnung:

58′ 22″ Logar. logist.	2761
15′ 0″ Logar. logist.	138629
Das Verhältniss ist	135868
Dies quadrirt giebt:	271736

Zu diesem Logar. logist. ergiebt sich als Numerus 3′ 58″. Wenn also die Erdscheibe 60′, so ist die Mondscheibe 3′ 58″; da 4′ 0″ der 15. Theil von 60 ist, so ist mithin das Verhältniss etwas grösser.

Es ist interessant, dieser Rechnung nachzuspüren, um zu erfahren, wie Kepler auch hier sprungweise vorgeht.

Geschichtlich sei vorausgeschickt, dass Kepler *bei seinen astronomischen und logistischen [Sexagesimal-]Rechnungen, z. B. in den rudolphinischen Tafeln, sich der napierschen oder natürlichen Logarithmen bediente, die er in einem eignen Werke*) neu berechnete und für die rechnerische Praxis einrichtete. Mit diesen Logarithmen ist unser Beispiel durchgeführt.*

Ausgehend von der Thatsache, dass dem Beschauer auf dem Monde der Erdhalbmesser ebenso gross erscheint, wie wir die Parallaxe des Mondes beobachten und dass der scheinbare Halbmesser des Mondes $= 15'$ *ist, die Parallaxe ferner* $= 58'\ 22''$, *so erscheint der Mond zur Erde im Verhältniss* $\frac{15'}{58'\ 22''} = \frac{900}{3502} = \frac{1}{3{,}89}$.

Die Formel, nach welcher Kepler *rechnete, ist nun folgende:*

$$\left(\frac{15'}{58'\ 22''}\right)^2 \times 60'.$$

Rechnet man diese mit den jetzt gebräuchlichen briggischen oder künstlichen Logarithmen aus, so kommt man zu demselben Resultat wie Kepler, *nämlich:*

num. 900	= *log.* 2,9542425
num. 3502	= *log.* 3,5443161
Das Verhältniss ist	= *log.* 0,4099264 — 1
quadrirt	= *log.* 0,8198528 — 2 (*dieses* $\times$ 60′)
(60′ = 3600″) *num.* 3600	= *log.* 3,5563025
	2,3761553

Zu diesem log. ergiebt sich als num. $= 237{,}77'' = 3'\ 58''$.

Kepler *rechnete also das quadratische Verhältniss zwischen dem scheinbaren Halbmesser des Mondes und der Parallaxe aus und aus diesem die Grösse der Mondscheibe im Gegensatz zur Erdscheibe, wenn diese* 60′ *ist.*

Nun beachte man den Sprung. Da nämlich $60' = 1^0$ *ist, so sah* Kepler *sofort voraus, dass er leichter und einfacher zum Ziel käme, wenn er zuletzt nicht mit 60, sondern mit 1 multipliciren konnte, denn dann fällt selbstverständlich der Schluss der Rechnung weg, da der Multiplikator 1 den Multiplikanden als Produkt giebt. So sucht* Kepler *zu dem log. des quadrirten Verhältnisses sofort den num. [Part. sexagen. s. Chil. logm. K. O. O. VII. S. 392] und findet* $3'\ 58''$.

In meiner Rechnung wird sich dann auch, da der log. von $1 = 0$, *als num. des log.* $0{,}8198528 - 2$, $\quad 0{,}066047^0 = 3'\ 58''$ *ergeben.*

---

*) *Chilias Logarithmorum. Marburg 1624. K. O. O. VII. S. 390.*

Wie Kepler nun zu der Zahl 60 gekommen ist? Ich meine, es ist ganz im Sinne der keplerschen Philosophie, wenn man annimmt, dass sein Bestreben, überall in der Natur ein Ebenmaass, die Harmonie, zu finden — woraus ja auch seine Idee entsprungen ist, die Anordnung der Planetenbahnen mit den regelmässigen Gebilden der Geometrie in Zusammenhang zu bringen) — ihn auch hier geleitet hat, 60′ statt 58′ 22″ zu wählen. So war das Verhältniss gerade 4 : 1, und nun beweist er durch die blosse Rechnung, wie das harmonische Verhältniss von dem wirklichen, damals bekannten, abweicht.*

Das Ebenmaass, der Accord des Verhältnisses ist 60 : 4, weil ja, wie Kepler selbst sagt, 4′ der 15. Theil von 60′ ist. Das quadratische Verhältniss ist in der That etwas grösser, nämlich 60 : 3,967, d. h. man sieht die Erde auf dem Monde nach der Fläche 15,14mal so gross, als wir den Mond sehen. In den populär-astronomischen Büchern wird die Grösse unserer Erdscheibe vom Monde aus gesehen flächeninhaltlich als 13—13½mal derjenigen des Mondes angegeben. Es basirt diese Angabe auf einer Berechnung mit den wirklichen Durchmessern von Erde und Mond.

Diese ist, mit der hier gebotenen Einschränkung, folgende:

Durchmesser der Erde ~ 12735 km
„ *des Mondes* ~ 3480 „

$$\text{Verhältniss} = \frac{12735}{3480} = 1 : 3{,}6595.$$

Auf Flächeninhalt berechnet ergiebt sich:

$$\text{Fläche der Erde} \left(\frac{12735}{2}\right)^2 \times 3{,}14 = 127\,311\,476 \,\square\text{km}$$

$$\text{„ des Mondes} \left(\frac{3480}{2}\right)^2 \times 3{,}14 = 9\,506\,664 \,\square\text{km}$$

$$\text{Das Verhältniss } \frac{127\,311\,476}{9\,506\,664} = 1 : 13{,}392.$$

Die Erde wird sich also den Seleniten als eine Scheibe zeigen, deren Durchmesser $\sim 3{,}66$ *und deren Fläche* $\sim 13{,}4$*mal so gross ist als die, mit der der Mond sich uns präsentirt.*

Es muss für die Mondbewohner in der That ein über alle Beschreibung prachtvoller Anblick sein, ihre Volva als eine so imposante, stets sichtbare Scheibe am Himmel glänzen zu sehen. Immer wechselnde Bilder zeigend, noch gehoben durch den tiefschwarzen Hintergrund, bald ab-, bald zunehmend, lässt sie Sonne und alle Gestirne des Himmels in

---

**) s. ‚Geheimniss des Weltbaus‘, Tübingen 1596. K. O. O. I. u. ‚Weltharmonie‘, Linz 1619. K. O. O. V.*

abgemessenen Bahnen langsam an sich vorüberziehen. Ich werde weiter unten [C. 108] noch näher auf die Beschreibung der Volvenoberfläche einzugehen Gelegenheit nehmen.

Es ist wohl zweifellos, dass die Gelehrten des Mondes, wenn man diese annimmt, den wahren Zusammenhang der Erscheinungen im Laufe der Zeiten ebenso richtig werden ergründet haben, wie es den unsrigen in analogen Fällen gelungen ist; aber wer wollte es dem Mondvolk verargen, wenn es seine in majestätischer Ruhe verharrende Volva als die oberste Gottheit verehrte, wie die Völker der Erde in vergangenen Zeiten die Sonne?

95.

Das ist für diejenigen Seleniten der Fall, die die Gegend des Theilkreises bewohnen. Diesen erscheint die Volva als halbe Scheibe an ihrem von Bergen und Kratern begrenzten Horizont und muss ihnen in diesem gigantischen Rahmen, noch vergrössert durch das eingeengte Gesichtsfeld [s. C. 93] einen wunderbaren Anblick gewähren.

Für die diesseits des Divisors stehenden Beobachter, die gegen den Nabel wandern, erhebt sich die Kuppe allmählig immer höher und höher, so dass sie schliesslich zur vollen Scheibe wird, für die jenseits in's Land der Privolvaner pilgernden schrumpft sie immer mehr zusammen, bis sie ihnen endlich ganz verschwindet — auf Nimmerwiedersehen.

Wenn Kepler die Kuppe als eine glühende bezeichnet, so hat er dabei wohl an unsere am dunstigen Horizont auf- und untergehenden Tages- und Nachtgestirne gedacht, da wir aber wissen, dass der Mond keine Atmosphäre hat, so werden auch analoge Erscheinungen, wie wir sie beim Auf- und Untergang beobachten, bei der Volva den Seleniten unbekannt sein; s. auch C. 165.

96.

Es ist hier die geographische Breite eines Ortes gemeint, worunter man bekanntlich den Abstand desselben vom Aequator versteht. Zu deren Bestimmung bedient man sich der Polerhebung. Da wir nun den Pol selbst nicht erreichen können, so nehmen wir unsere Zuflucht zum Polarstern; man weiss, dass dieser Stern, welcher unter dem Aequator im Horizont erscheint, sich über demselben erhebt, wenn man sich von dem Aequator nordwärts entfernt und nach demselben herabsinkt, wenn man sich dem Aequator nähert. So braucht man also nur die Entfernung des Polarsterns für irgend einen Ort zu messen, um seine geographische Breite zu finden.

Die Subvolvaner haben es insofern leichter, als sie zur Bestimmung der geographischen Breite einfach den Stand ihrer überall und stets sichtbaren Volva direkt benutzen können und ausserdem diese Bestimmung, wie wir sahen [s. S. 13, m.], mit Hülfe ihrer Pole zu machen im Stande sind.

97.

Streng genommen ist diese Stellung für einen bestimmten Ort keine feststehende. Denn wie wir aus C. 55 ersehen, zeigt der Mond uns Schwankungen und diese werden sich für die Mondbewohner, die ja still zu stehen wähnen, in Schwankungen ihrer Volva abspiegeln. Sie bewirken, dass sich die Volva für jeden gegebenen Mondort in einem Raum bewegen kann, den ein sphärisches Rechteck von 15° Länge und 13° Breite einschliesst. Unter- und aufgehen kann sie nur für diejenigen Mondgegenden, deren Horizont dieses Rechteck durchschneidet, was ungefähr für 1/7 der Mondoberfläche der Fall ist.)*

98. [129.]

Bliebe die Axe des Mondes der Erdaxe während des ganzen Umlaufes parallel, so würden wir bisweilen an der nördlichen und südlichen Begrenzung des Mondes neue Flecken sehen und zwar dann, wenn wir den Mond der Sonne gegenüber im Krebs oder Steinbock erblicken —.

Also in den Solstitien. Kepler war hier nahe daran durch Induction eine der Librationen [die erste] des Mondes zu finden und wenn er die Beziehungen zwischen Mondaequator, Mondbahn und Ekliptik schon richtig gekannt hätte [s. Fig. 7], so würde er diese Eigenthümlichkeit des Mondes sicherlich schon vor Erfindung des Fernrohrs angenommen haben. In C. 55 ist die Libration des Mondes nach Norden und Süden, die sogn. erste, näher begründet, da Kepler aber den Mondaequator als mit der Mondbahn zusammenfallend annahm, so konnte er zu dem richtigen Resultat nicht kommen. Ein Fernrohr stand ihm damals noch nicht zur Verfügung und da die erwähnte Schwankung zu gering ist, um mit blossem Auge wahrgenommen werden zu können, so schloss er: weil dies *[nämlich das Auftreten neuer Flecken]* nicht der Fall ist, so ist auch die Axe des Mondes nicht parallel der Erdaxe, also auch nicht nach denselben Punkten gerichtet, wie die der Erde, die wir die Weltpole nennen.

Das ist ja an sich richtig, indessen nicht in dem Maasse, wie Kepler nach seinen Annahmen finden musste.

---

*) *s. Mädler, „Populäre Astronomie". 1849. S. 168 f.*

99. [134.]

Dieser grosse Vorzug, den die Seleniten durch den Besitz ihrer Volva vor den Bewohnern der Erde voraus haben, also ein einfaches Mittel zur sicheren Bestimmung der selenographischen Breite sowohl, als auch der Länge, musste in erhöhtem Maasse die Aufmerksamkeit Keplers erregen, denn durch die damals gemachten überseeischen Entdeckungen und dadurch nothwendig gewordenen weiteren Seereisen war das Problem der geographischen Ortsbestimmung im höchsten Grade actuell geworden und die Astronomen beschäftigten sich eingehend mit der Lösung desselben.

Kepler schlug für die Längenbestimmung die magnetische Deklination vor, ohne selbst viel Vertrauen zu dieser Methode gewinnen zu können und auch Gilbert) und Galilei widmeten diesem Gegenstand, ohne besseren Erfolg, ihre Aufmerksamkeit; die Astronomie und hauptsächlich die Präzisionsmechanik waren zu damaliger Zeit eben noch nicht genügend ausgebildet, um die Ideen dieser grossen Männer für die Praxis brauchbar zu gestalten. Humboldt erzählt**), er habe aus dem Schiffsjournal des Columbus erwiesen, wie derselbe auf der zweiten Reise [April 1496], als er seiner Schiffsrechnung ungewiss war, sich durch Deklinations-Beobachtungen über die geographische Länge zu orientiren gesucht.*

*Der Vollständigkeit halber sei noch erwähnt, dass später Halley***) in einem Werke über die Magnetnadel, 1682, den Vorschlag machte, die Seelänge durch sie zu bestimmen; was nur dann möglich sein würde, wenn jeder Ort seine besondere, aber constante Deklination hätte, was jedoch, wie auch Halley selbst dann zugiebt, nicht der Fall ist.*

Wir haben zwar die Finsternisse und die Fixsternbedeckungen durch den Mond, indessen sind das mühevolle und leicht zu Irrthümern führende Methoden. Ferner war ich damals, als ich die Astronomie des Mondes schrieb *[1593—1609]* der Meinung, dass die magnetische Deklination mit dem Meridian sich ändere, dass man sie also gleichsam zur allgemeinen Längenbestimmung von Orten verwenden könne.†) Ungefähr um dieselbe Zeit tauchte auch die ‚Méco-

---

**) William Gilbert, Arzt in London, hervorragender Physiker, gest. 1603.*

***) Kosmos IV, S. 115.*

****) Edmund Halley, geb. 1656 in Haggerston bei London, gest. 1742 in Greenwich; berühmter Astronom, Direktor der Sternwarte zu Greenwich; berechnete die Wiederkehr des nach ihm benannten Kometen.*

†) Im Original von 1634 steht ‚latitudines‘ — also Breite — und auch Frisch hat so; es liegt hier aber offenbar ein Druck- oder Schreibfehler vor und muss ‚longitudines‘ heissen.

métrie' eines gewissen Franzosen auf. Aber die Forschungen William Gilberts über den Magnetismus und die vielen sorgfältig erwogenen Experimente desselben haben diese oberflächlichen und irrigen Versuche Lügen gestraft. Ausser dem Pol giebt es keinen bestimmten Punkt auf der Erdoberfläche nach dem die Magnetnadel hinweist, wohl aber aller Orten bergige Erhebungen, die die Nadel ein wenig beeinflussen. *s. Schluss dieses Commentars.*

Die Verfinsterungen des Mondes blieben bis in die 2. Hälfte des XVII. Jahrhunderts das beste Mittel zur Längenbestimmung, obgleich sie wegen der Unsicherheit, mit welcher der erste Moment der eigentlichen Finsterniss in Folge des verschwommenen Halbschattens sich nur ermitteln lässt, wenig genaue Resultate geben. Um diesem Uebelstand zu begegnen, benutzte Kepler die Sonnenfinsternisse dazu, da der Anfang und die Phasen dieser sich weit schärfer beobachten lassen. Die Vorausberechnung setzt aber schwierige Rechnungen und eine genauere Kenntniss der Bewegungen des Mondes voraus, als man sie zu Keplers Zeiten hatte und er berechnete auch deshalb u. A. den Längenunterschied zwischen Graz und Oranienburg um ca. 2⁰ zu hoch. Daher wohl auch sein absprechendes Urtheil über diese sonst gute Methode. Das ferner angegebene Bestimmungsverfahren auf Grund von Fixsternbedeckungen durch den Mond beruht auf ähnlichen Principien, wie das vorhergehende und ist mit denselben Fehlern behaftet. Auffallend ist es, dass Kepler hier der Methode der Monddistanzen keine Erwähnung thut, obgleich sie ihm nicht unbekannt sein durfte; denn bereits Amerigo Vespucci) soll sie angewandt haben; sicher ist, dass der deutsche Astronom Werner**) sie schon 1514 in Vorschlag gebracht hatte.***) Es werden bei diesem Verfahren mittelst Sextanten die Winkelabstände des Mondes von der Sonne*

*) *Amerigo Vespucci, italienischer Seefahrer, geb. 1451 in Florenz, gest. 1512 zu Sevilla.*

**) *Joh. Werner, Astronom und Geograph, geb. 1468 zu Nürnberg, gest. dort 1528.*

***) *Siegmund Günther meint [in s. Schrift: ,Kepler u. d. tellurisch-kosmische Magnetismus', S. 42, Anm. 5], dass das 2. von Kepler erwähnte Verfahren wohl auf die Längenbestimmung durch Monddistanzen zu beziehen sei; eine Meinung, der ich insofern beipflichten muss, als beide Methoden im Princip ja gleich sind, indem für eine Bedeckung die Distanz Fixstern—Mondrand nur eben = o geworden ist. Kepler erwähnt die Methoden der Längenbestimmung an verschiedenen Stellen in seinen Werken, so in ,Astronomia' [K. O. O. VI, S. 299]; hier meint er unzweifelhaft einmal die der Mondfinsternisse und ein andermal die der Monddistanzen. In einem Brief an Krüger [ebenda S. 23] ist nur von der Methode der Mondfinsternisse die Rede. Ich schliesse daraus, dass er die beiden wohl als ein und dieselbe ansieht, wie es ja auch im Princip in der That der Fall ist.*

oder den Fixsternen bestimmt, woraus dann die Länge des Ortes abzuleiten ist. Allerdings war auch hier wieder zu Keplers Zeiten die mangelhafte Kenntniss der Mondtheorie der praktischen Anwendung entgegen, aber heute gilt die Methode als eine der besten und wird neben der durch Bestimmung des Zeitunterschiedes mittelst genauer Chronometer besonders auf Schiffen angewandt.

Jener Franzose, von dem Kepler redet, ist der französische Physiker Guillaume Nautonnier, dessen ‚Mécométrie de l'aymant' [Längenbestimmung mit Hülfe der Magnetnadel; τὸ μῆκος, die Länge] 1603 zu Paris erschienen war. Die dort noch festgehaltene, von Kepler selbst früher gebilligte Lehre, dass sich gesetzmässig die magnetische Deklination mit der geographischen Länge ändere, war durch Gilberts ‚Physiologia nova de Magnete' (1600) beseitigt worden, und dieser Physiker lehrte, dass jede Erhöhung auf der Erde ein Localcentrum magnetischer Attraction sei, welches die Grösse der Missweisung und Neigung bestimme; Kepler hat die Gilbertsche Lehre jedoch nicht in aller Strenge adoptirt. Merkwürdig ist, wie Humboldt*) gefunden hat, dass Gilbert in seinem Werke, also kaum 20 Jahre nach der Erfindung des Inclinatoriums von Robert Norman, schon Vorschläge macht, die geographische Breite durch die magnetische Inklination zu bestimmen.

In seiner schon erwähnten Schrift hat Siegmund Günther den Standpunkt, welchen Kepler zu der Lehre vom Erdmagnetismus einnahm, erschöpfend klargelegt, sowie die Verdienste, die er sich um die Erweiterung dieser Lehre erworben, voll gewürdigt. Günther kommt darin auch auf unsere Stelle zu sprechen: danach scheint sich Kepler von der durch seinen Verkehr mit Nautonnier angeregten Idee, durch die Variation der magnetischen Deklination die geographische Länge zu bestimmen, noch 1607 nicht ganz losgesagt zu haben. Denn auf einen Brief von Herwart aus diesem Jahre, worin sich dieser u. A. wegen einer Anleitung zur Schiffahrtskunde, die systematischer gearbeitet wäre, als die des Nonius**) bei Kepler erkundigt, empfiehlt dieser ihm: ‚das höchst verdienstvolle Werk Gilberts über den Magneten und die geistvollen Spekulationen des languedocschen Edelmannes Nautonnier'.

Dann kommt Kepler noch einmal, am Schluss des 3. Capitels seines ‚Auszug aus der Astronomie des Copernicus' [1618] auf diese Idee zurück***), allein da ist seine Hoffensfreudigkeit bereits eine sehr herabgeminderte.

---

*) Kosmos I, S. 429.

**) Pedro Nuñez, portugiesischer Geometer, geb. 1492 zu Alcazar, gest. 1577 zu Coimbra. Angeblich Erfinder des Nonius, einer Vorrichtung zum Messen kleiner Theile von Theilstrichen.

***) K. O. O. VI, S. 299 ff.

„Wie bestimmt man“ — *so fragt er* — „den Längenunterschied zweier Orte der Erdoberfläche? Die Astronomen müssen sich mit Finsterniss-Beobachtungen behelfen.“

Wie er sich später [zwischen 1620—1630] ganz von der nautonnierschen Lehre abwendet, geht aus N. [134] hervor. Zu dem letzten Satz dieser Note, mit welchem er resignirt allen seinen früheren Bemühungen um die Auffindung des Poles ein Dementi ertheilt, macht Anschütz) die Bemerkung: ‚Hier haben wir die Identificirung der magnetischen Kraft und der Schwerkraft, auf die Kepler seine ganze Astronomie gründete, in einer Gestalt, die eigenthümlich an die Versuche Maskelynes**) erinnert‘.*

Anschütz wollte, wie er mir auf meine Anfrage mitzutheilen die Güte hatte, hiermit auf das erste Auftauchen der Ansicht von der Identität der magnetischen Kraft und der Schwerkraft bei Kepler aufmerksam machen, welche ihm die Grundlage seiner ganzen späteren Planetentheorie geworden ist. Mit dem Hinweis auf die Versuche Maskelynes, die Schwerkraft durch die auf ein Pendel durch Gebirgsmassen ausgeübte ablenkende Kraft zu bestimmen, wollte Anschütz ferner darauf hinweisen, dass Kepler ebenfalls den Gebirgsmassen eine die Magnetnadel ablenkende Kraft zuschreibt, eine Auffassung, die bei dem Umstande, dass er die eigentliche Schwerkraft nicht kennt, und an ihre Stelle die magnetische Kraft setzt, gewiss eine unverkennbare Aehnlichkeit mit der Idee Maskelynes erkennen lässt.

100.

s. C. 97.

101. [136.]

Nicht von den kleinsten und unscheinbarsten gilt dies, sondern auch von den sehr gut sichtbaren der 1. Ordnung. Da nämlich auf dem Monde eine Nacht so lang ist, wie bei uns 15, so scheint den Mondbewohnern in einem solchen der 25. Theil des Thierkreises, das sind 14^0 an der Volva vorüberzuziehen, weil in einem Jahr ungefähr 25 Hälften der natürlichen Monate enthalten sind. In 14 Graden aber können einige geeignete Fixsterne, von denen ja der Himmel ganz besäet ist, mit der Volva zusammentreffen.

Wie aus dieser Note hervorgeht, ist das Vorüberziehen der Gestirne und der Sonne hinter der Volva für den Levanier nur eine Täuschung;

---

*) *‚Anschütz‘, wie vor., S. 105.*

**) *Nevil Maskelyne, Direktor der Sternwarte zu Greenwich, geb. 1732 zu London, gest. 1811 zu Greenwich.*

in Wirklichkeit bewegt sich, wie wir wissen, die Volva mit dem Monde. Diese Bewegung beträgt in einem synodischen Monat, d. h. in der Zeit von einem Neumond zum andern, ungefähr den $12\frac{1}{2}$. Theil des ganzen Thierkreises und da eine Mondnacht die Hälfte dieses Monats dauert, so scheinen die Levanier in dieser Zeit ca. den 25. Theil des Thierkreises, also 14^0 zu durchwandern; s. auch C. 61.

102.

Der Mittelpunkt des Mondes entfernt sich von der Ekliptik nach Kepler 5^0 18′ [s. N. [138], auch Fig. 7]. Da wir nun aus N. [126] ersehen haben, dass die Parallaxe des Mondes = 58′ 22″, also die Mondbewohner den Halbmesser der Erdscheibe in dieser Grösse sehen, so verdeckt die Volva ihnen nach und nach ein Stück am Himmel von 5^0 18′ + 58′ 22″ = 6^0 16′ 22″ Breite zu beiden Seiten der Ekliptik, d. i. ungefähr $6\frac{1}{3}^0$ und alle Sterne, die in dieser Region stehen, müssen sich nach und nach hinter die Volva zurückziehen.

103.

Zwar kehren sie öfter zurück und zwar in einem Zeitraum von einem unserer Monate, indessen nicht in der früheren Ordnung; dies geschieht eben nur nach Vollendung des angegebenen Cyclus von 19 Jahren. Der Grund dafür ist der Umlauf der Mondknoten in eben derselben Zeit.

104.

Die Ursache ist also in beiden Fällen die Stellung der Sonne; s. C. 63.

105. [142.]

Denn an den übrigen Stellen auf dem Monde erscheinen zur Zeit der Neuvolva Sonne und Volva zugleich und wenn, wegen des hellen Lichtes der Sonne, das Horn ihres Mondes *[der Volva also]*, das ihm von seiner Scheibe übrig geblieben ist, nicht gesehen wird, so ist es eben aus optischen Gründen. Aber denen, welche die Polarzone bewohnen, steht die Sonne etwas unter dem Horizont, der Mond *[Volva]* dagegen über demselben, letzterer ist ihnen also um so deutlicher sichtbar.

Kepler spricht hier von der Volvenphase im Moment der Erneuerung. Wir haben bei der entsprechenden Phase unseres Mondes dieselbe Erscheinung, aber uns wird sie erst ungefähr 2 Tage nach dem astronomischen Neumond sichtbar, wenn der Mond sich noch etwas über dem Horizont befindet, während die Sonne schon untergegangen ist; ebenso verschwindet die Mondphase ca. 2 Tage vor dem Neumond, so dass der

Mond ungefähr 3—4 Tage ganz unsichtbar bleibt. Die erste und letzte feine Sichel wird eben durch die Strahlen der Sonne verdeckt; s. C. 165. [223].

Auf dem Monde dagegen wird das erste Erscheinen der Volvasichel viel früher, resp. das Verschwinden derselben viel später stattfinden, einentheils wegen der soviel grösseren Volvascheibe und dann wegen des Mangels einer Atmosphäre auf dem Monde, wodurch der blendende Einfluss der nahen Sonne, der optische Grund Keplers, aufgehoben wird. Ganz unsichtbar wird die Volva also nur im Moment der astronomischen Neuvolva sein, und auch dann noch wird die ganze Scheibe im sogn. aschgrauen Lichte [s. C. 141] erglühen, welches freilich, als von dem soviel kleineren Erdmond herrührend, nicht so intensiv als das unseres Mondes sein kann, indessen auch durch den Fortfall der Sonnenblendung gewinnen dürfte.

106. [143.]

Siehe auch C. 63. Kepler demonstrirt diesen Vorgang wieder an der schon in N. [117] benutzten Zeichnung. s. Fig. 15 auf S. 85.

Wenn als Anfang des Tages der Zeitpunkt gilt, wo die Sonne zuerst im Horizont erscheint und zugleich der Mond in L die erste Quadratur durchläuft, wenn also der Winkel SLC der Verbindungslinie des Mittelpunktes des Mondes L mit dem Mittelpunkt der Sonne S und der Erde C ein rechter ist, so wird auch der Winkel SGL der Tangente SG nahezu ein rechter sein. Die aus dem Mittelpunkt der Sonne an die Oberfläche der Erde gezogene Tangente ST bezeichnet in dem Berührungspunkt T den Punkt, wo die Sonne im Horizont erscheint; aus demselben Grunde erscheint in dem Orte G des Mondes, der von SG berührt wird, die Sonne im Horizont und eine rechtwinklig aus dem Mondmittelpunkt L durch den Berührungspunkt G nach der Erde gezogene Linie wird den Scheitel jenes Mondpunktes bezeichnen. Mithin befindet sich für diejenigen Mondbewohner, denen die Sonne im Horizont steht, die Volva im Scheitel, d. h. jene haben dann Tagesanfang.

107. [144.]

Dagegen werden in der Gegend, deren Bewohnern zur Zeit des Viertels die Volva im Horizont erscheint, wie in O, die Strahlen CO aus dem Mittelpunkt der Volva die Oberfläche des Mondes berühren und die aus dem Mittelpunkt L des Mondes durch diesen Berührungspunkt O gezogene Linie LO macht den Winkel O zum Rechten *[d. h. sie bildet mit der Linie OC einen rechten Winkel]*, wenn also dieser Berührungspunkt auf einem nahezu grössten Kreise des Mondkörpers sich bewegt, so wird es auf diesem einen Punkt geben, so gelegen, dass eine aus *L* durch ihn gezogene Linie in die Ekliptik fällt. Es sei dies der Punkt *O*. Für die in der Ekliptik liegenden Punkte stehen die Pole der Ekliptik im Horizont. Wenn also die Zeit des I. Viertels ist, muss, da auch im Augenblick desselben Winkel *LOC* ein rechter ist, *O* ein solcher Punkt sein, der sowohl die Pole der Ekliptik als auch die Volva im Horizont hat. Die Linie *LO* muss also der Sonne am nächsten sein und dann also die Sonne im Scheitel stehen und folglich muss es Mittag sein.

Es erhellt dieser Vorgang schon unmittelbar aus der Anschauung: den Mondbewohnern in O, denen zur Zeit des I. Viertels die Volva im Horizont erscheint [Linie OC], steht die Sonne im Scheitel [Linie LS], sie haben also Mittag. Im letzten Viertel, wo diese Bewohner sich in O, befinden, haben sie dagegen Mitternacht.

108. [147.]

Von den Flecken im Monde schliessen wir auf die Beschaffenheit der Mondoberfläche, als zusammengesetzt aus Nassem und Trocknem. Und dieser Rückschluss ist nicht falsch. Denn wir beweisen durch die sichersten optischen Lehrsätze, dass mit jener Verschiedenheit des Dunklen und Hellen eine Unebenheit und eine Gleichförmigkeit der Oberfläche verbunden sei, derart, dass das, was hell erscheint hoch und bergig, dagegen das, was dunkel, eben und niedrig ist. Hierdurch aber wird der Unterschied zwischen Land und Meer gebildet. Das ist Alles, was wir Erdbewohner von der Oberfläche des Mondes wissen.

Bis 1610; s. auch Appendix C. 2. [1].

Anderseits gestehe ich meinen Mondbewohnern aus der Umkehrung dieses Schlusses zu, dass, da ja die Oberfläche der Erde auch Berge und Meere hat, sie den Bewohnern des Mondes ebenfalls den Anblick von Flecken im Hellen darbietet.

Die Flecken in der Mondscheibe beschäftigten schon die Astronomen der frühesten Zeiten, eben weil sie mit blossem Auge sehr gut sichtbar sind; indessen war man über das Wesen derselben lange im Unklaren. Bekannt ist die Vorstellung von dem ‚Gesicht‘ und dem ‚Mann im Monde‘, obgleich schon mehr eine kindliche Phantasie dazu gehört, um sich diese Bilder zurechtzulegen. Nach Ansicht Anderer sollten sie ein Reh oder einen Hasen vorstellen, daher die Sanskritnamen: Reh- oder Hasenträger. Eine sehr phantastische Meinung über die Mondflecken war die des Agesianax: es sei der Mond ein Spiegel, der uns die Gestalt und Umrisse unserer Continente und Meere reflectire; und in Persien herrscht *noch heute eine ähnliche Vorstellung. „Was wir dort im Monde sehen," sagte ein Perser zu Humboldt*), „sind wir selbst, es ist die Karte unserer Erde."*

*Plutarch war der erste, der die Färbungen auf der Mondscheibe als Unebenheiten der Oberfläche erkannte, und in seiner merkwürdigen Schrift ‚Vom Gesicht im Monde'**) spricht er bestimmt aus, dass die Flecken, also die dunklen Stellen der Mondscheibe, Meere und Ebenen seien. Dieser Meinung widersprach noch Kepler zu der Zeit, als er den Text seines Traums schrieb, wie einige seiner Noten [154, 155, 156, 165, 166 u. 174] nachweisen und zwar hielt er die dunklen Stellen für Land und die hellen für Wasser. Eine Besteigung des Berges Schökel bei Graz hatte ihn in dieser Meinung bestärkt,* ‚denn bei dem Anblick von der Höhe' — *schreibt er an David Fabricius,* — ‚überstrahlten die Flüsse bei weitem durch ihren Glanz die durch das Licht der Sonne erhellte Erde'.***) *Es ist wohl erklärlich, dass Kepler bei der Interpretation der Lichtunterschiede, welche er mit seinen unvollkommenen Instrumenten auf dem Monde bemerkte, unsicher war.*

Erst später, wahrscheinlich durch Galilei veranlasst, änderte er seine Ansicht, und sah nun ganz richtig in den dunklen Parthien ebene, in den hellen dagegen koupirte Flächen. Dass er sich an Stelle der ebenen Flächen Meere dachte, war eine zu damaliger Zeit allgemein verbreitete Annahme, man nannte sie auch deshalb Mare, eine Bezeichnung, die noch heute, freilich nur in rein nominalem Sinne, auf den Mondkarten geführt wird.

Durch die Anwendung immer grösserer Fernrohre ist es nach und nach gelungen, eine auf wirklichen Beobachtungen gegründete Topographie des Mondes zu entwerfen; man weiss jetzt, dass auf dem Mond kein Gegensatz des Oceanischen und Kontinentalen herrscht, nur einer des Starren und Weichen, des Festen und Lockeren mag angenommen werden, und solchergestalt die Verschiedenheit des Lichtreflexes nur von den verschiedenen Bodenformationen abhängen.†)

Etwas anderes ist es mit der vom Monde aus angeschauten Erde: dass das Land den Seleniten heller als das Meer erscheinen muss, ist unzweifelhaft; denn ebenso, wie die Oberfläche des Mondes hat diejenige unserer Erde die Fähigkeit, das von der Sonne empfangene Licht entsprechend der Verschiedenheit der einzelnen Theile verschieden zurück-

---

*) *Kosmos III, S. 544.*

**) *s. Einleitung.*

***) *s. auch ‚Dissertation über den Sternboten'. K. O. O. II, S. 496.*

†) *s. Mädler, ‚Populäre Astronomie'. 1849. S. 187 ff.*

zustrahlen. Zur Bezeichnung dieser Fähigkeit hat Lambert) das Wort Albedo eingeführt: es besitzt ein Körper eine um so grössere Albedo, je mehr von dem auf ihn fallenden Lichte er zurückzustrahlen vermag, je grösser sein specifisches Reflexionsvermögen ist. Da nun die Stoffe der Erde eine verschiedene Albedo besitzen, so werden auch, aus grosser Entfernung gesehen, ganze Länderstriche, je nach Beschaffenheit der Schichten, in stärkerem oder geringerem Lichte glänzen und insbesondere die Continente durch grössere Helligkeit sich von den Oceanen auszeichnen. Aber die hellen und dunklen Stellen werden den Mondbewohnern nicht in einförmigen Parthien, sondern in mannigfachen Variationen erscheinen, denn anders wie die Kreidefelsen werden beispielsweise die grossen Sandwüsten Afrikas, anders die weit ausgedehnten Urwälder, anders die Steppen Amerikas, anders endlich die Moorgebiete Europas das Licht zurückstrahlen. Ja, selbst die Oceane dürften in ihren Flecken Verschiedenheiten in den Nuancen aufweisen, weil die Färbung bei nicht allzutiefen Meeresstellen durch die Unebenheiten der klippenvollen Gründe, wegen des Uebergewichts des aus der Tiefe aufsteigenden Lichts über die Intensität desjenigen, welches die Oberfläche des Meeres zurückstrahlt, einen Einfluss erleidet, der von einer so grossen Höhe herab deutlich wahrgenommen werden wird.*

Ich will in Nachstehendem versuchen, ein ungefähres Bild zu entwerfen von dem Anblick, den die Mondbewohner von ihrer Volva haben, indem ich dabei einerseits die Ideen Keplers beachte, anderseits aber auch auf die den neueren Forschungen entsprechenden Verhältnisse Rücksicht nehme.

Unter der Voraussetzung, dass die Sehorgane unserer Nachbarn dieselbe optische Schärfe haben wie die unsrigen, werden sie, wenn die Erdatmosphäre klar ist, eine Totalübersicht der Erde geniessen, ähnlich der, welche wir von der diesseitigen Mondhemisphäre haben, indessen werden sich ihnen die Begrenzungen der Flecken viel schärfer zeigen, wie sich uns die Mondflecken. Die einzelnen Continente erscheinen in hellen Parthien auf dunklem Grunde, ebenso die Inseln, von denen sich solche etwa von der Grösse Corsikas noch deutlich werden unterscheiden lassen. Es werden also geographische Streitfragen, wie z. B. die, ob Grönland eine Insel ist oder nicht, bei unseren lunarischen Nachbarn längst entschieden sein. Doch nicht in dem fahlen Weiss der Mondoberfläche, sondern in verschiedenen, meist glänzenden, hellen Farbentönen präsentiren sie sich dem staunenden Beschauer. Die grösseren Gebirgszüge, Ströme und Seen

---

**) Johann Heinrich Lambert, geb. 1728 zu Mülhausen i. Els., gest. 1777 zu Berlin. Hervorragender Optiker und Mathematiker.*

dürften wohl in scharfen, verschieden gefärbten Linien und Punkten hervortreten, sonst werden Details, am wenigsten Werke der Menschen, kaum zu unterscheiden sein.

Am grossartigsten muss der Anblick der Volva für die Seleniten sein, wenn zur Zeit, wo die Sonne im Krebs steht, die Volva ihnen die Spitze ihres Nordpols zuwendet [s. S. 16, o.]. Dann haben sie bei Vollvolva die erleuchtete östliche Erdhalbkugel vor sich, wie sie sich umrisslich auf der entsprechenden Karte eines Atlas darstellt. Oben zunächst die ganze Nordpolregion, ungefähr in einem Radius, der sich bis zu der Insel Island erstreckt. Hier wird die weisse Farbe, herrührend von den Schnee- und Eisfeldern der arktischen Region, vorherrschen, aus der Grönland und die umliegenden Inseln und Küsten sich in schwach gelblichem Ton hervorheben werden. Kepler erzählt, dass die Holländer von Nowaja-Semlja aus nördlich stets offenes Wasser gesehen haben; danach dürfte sich eine leichte, dunkle Schattirung in dem Weiss in dieser Richtung erkennen lassen, die ungefähr den Weg bezeichnet, den Nansen und Johansen auf der kühnen Polarfahrt eine Zeit lang verfolgten.

Links von den Eisfeldern wird der nordamerikanische Continent in schwach grünlichgelber Färbung, entsprechend den weiten Steppen dieses Erdtheils sich zeigen, vielfach durchzogen von bräunlich schimmernden, hin und wieder weiss getupften Streifen der grossen Gebirgszüge; rechts Europa und Asien in ziemlich gleichmässigem Gelb, nur zuweilen unterbrochen durch bräunliche Gebirgslinien und dunkle Punkte einiger Seengebiete.

Im unteren Theil der Volvascheibe erstreckt sich links das gelblich glänzende Südamerika, auf deren nördlicher Hälfte die ausgedehnten Urwälder in grüner Farbe sichtbar sein werden; hier wird sich auch der grosse Amazonenstrom als eine von Westen nach Osten verlaufende schwarze Linie bemerkbar machen, während an der Ostküste die Cordilleren als braune, zuweilen weiss getupfte Streifen erkennbar sein dürften.

Das bunteste Bild wird das rechts unten liegende Afrika zeigen: im Norden die blasse, fast an die Farbe der Mondscheibe erinnernde ausgedehnte Fläche der Sahara, im übrigen Theil eine blassgelbe, von mehreren grösseren grünlich schimmernden Parthien durchzogene Ebene. Die ganze Fläche ist nun besäet mit intensiv grünen Punkten, schwärzlichen Flecken und bräunlichen Streifen, herrührend von Oasen, Sümpfen und Gebirgszügen, durch welche sich vereinzelt dünne schwarze Linien hindurchwinden.

Von den verschiedenen Nuancen der dunklen Farbe, der die Erdtheile umgebenden Meere, ist namentlich ein zwischen Nord- und Südamerika sich hinziehender Streifen bemerkenswerth, der sich bei den

Antillen in zwei Arme theilt, von denen einer auf Grönland zugeht und der andere sich zwischen Südamerika und Afrika verliert.

Modificirt nun werden alle diese Farbennuancen durch die Jahreszeiten und die Erdatmosphäre. Der Einfluss der letzteren macht sich besonders bemerkbar durch meteorische Veränderungen, Wolken, Nebel und elektrische Erscheinungen; so werden z. B. die Nordlichter auf die weisse Fläche der Nordpolregion röthliche, flimmernde Farbentöne setzen, von der Sonne rosig gefärbte Dunstgebilde über weite Gebiete dahinziehen und die Dämmerungserscheinungen an den Lichtgrenzen, also am östlichen und westlichen Rande der Volvascheibe oft intensiv rothe Umrahmungen hervorbringen.

Dieses Gesammtbild stelle man sich vor in einer Grösse, die flächeninhaltlich die unserer Mondscheibe 14mal übertrifft, thronend in majestätischer Ruhe vor einem tiefschwarzen Hintergrund und man wird wenigstens einen Begriff von dem grossartigen Eindruck erlangen, den die Volva auf die Mondbewohner ausüben muss.

Dass das Spiegelbild der Sonne in den Meeren der Volva den Seleniten sichtbar sein wird, wie Mädler andeutet), glaube ich kaum. Das würde dann freilich der glänzendste Punkt auf der Volva sein, ein sehr interessantes Phänomen: man denke sich ein helles von Osten nach Westen, aber viel langsamer wie die Flecken, vorüberziehendes Pünktchen, bald verschwindend, bald wieder auftauchend, je nachdem es auf Land oder auf Wasser trifft.*

Die Frage, ob lebende Wesen und durch diese bedingte Einrichtungen und Veranstaltungen auf dem Monde vorhanden sind, werden wir später, wo Kepler auf die Topographie des Mondes eingeht, erörtern, hier wollen wir uns nur damit beschäftigen, ob es den Seleniten möglich wäre, die Bewohntheit der Erde wahrzunehmen. Da können wir, natürlich wieder unter der Annahme, dass die Augen der Mondbewohner den unsrigen an Schärfe gleich sind, ohne weiteres behaupten, dass mit blossem Auge — ebensowenig wie wir am Monde — die Seleniten an unserer Erde etwas wahrnehmen würden, was auf eine lebende, sich bewegende, schaffende Welt schliessen liesse: kein Thier, selbst nicht von der Grösse eines Elephanten, keine Pflanze, kein Gebäude, keine Stadt ist gross genug, um wahrgenommen zu werden; nur gewisse vulkanische Ausbrüche, auch wohl Katastrophen wie der Brand von Moskau oder von Hamburg würden vielleicht dem gerade genau hinsehenden Beobachter als kleine leuchtende Punkte in der Nachtseite der Volva erschienen sein.

**) ‚Mädler', wie oben, S. 169. Siehe auch Jul. Schmidt, „Der Mond" S. 161, Anm. 159.*

Günstiger aber gestalten sich die Dinge, wenn wir annehmen, dass den Mondbewohnern ebenso feine Instrumente zur Verfügung stehen, wie gegenwärtig uns. Professor W. Foerster, Direktor der königl. Sternwarte zu Berlin, giebt u. A. in einem seiner Vorträge) sehr interessante Aufschlüsse über diese Materie. Er nimmt an, dass man unter den allergünstigsten Verhältnissen, d. h. mit den besten optischen Mitteln und bei der vollkommensten und gleichmässigsten Durchsichtigkeit der über dem Beobachter liegenden atmosphärischen Schichten, auf den Oberflächen der Weltkörper zwei helle Punkte auf dunklerem Grunde oder umgekehrt noch deutlich getrennt sehen kann, wenn der Winkel, unter welchem ihr Abstand von einander gesehen wird, etwa* $\frac{2}{100}$ *der Bogensekunde übersteigt. Hieraus kann man, folgert Foerster weiter, ungefähr auf die Grenze der Unterscheidbarkeit von Einzelheiten schliessen, also z. B. auf die Sichtbarkeit eines kleinen Dreiecks, welches durch drei in jenem kleinsten Abstande von einander befindliche Punkte gebildet wird u. s. w.*

Auf Grund unserer Kenntniss der Entfernungen der Weltkörper, die hier in Frage kommen, können wir sagen, dass z. B. auf der Erde unter jenen günstigsten Verhältnissen Einzelheiten für die Seleniten erkennbar sein würden, deren wirkliche Dimensionen nur wenige Zehner des Meters betragen, also etwa Gegenstände, wie die grösseren von uns errichteten Gebäude oder ein in dunklen Uniformen auf einer sonnenbestrahlten gelben Sandfläche manövrirendes Bataillon u. s. w.

Danach ist es, meine ich, wohl denkbar, dass die Seleniten von der Besiedelung ihrer Volva Kenntniss haben mögen, denn gestehen wir einmal zu, dass es Mondbewohner giebt, so werden wir weiter auch zugeben müssen, dass es vernunftbegabte Wesen sind, die Wissenschaft, Kunst und Industrie pflegen und nicht zum wenigsten in einer so exacten Wissenschaft wie der Astronomie dieselbe Stufe der Vollkommenheit werden erreicht haben, wie wir.

*Dieser Erkenntniss ist auch wohl der Vorschlag Fechners**) entsprungen, den er Mitte unserer 30er Jahre machte, wie wir uns mit den Bewohnern des Mondes oder des Mars in Verbindung setzen könnten, der dahin ging, dass man auf einer mehrere Quadratmeilen grossen Ebene mit verschiedenfarbig blühenden Pflanzen, als Gras, Raps, Buchweizen u. s. w. grosse geometrische Figuren, z. B. den pythagoreischen Lehrsatz, aussäen*

**) s. ‚Mittheilungen der Vereinigung von Freunden der Astronomie' u. s. w. 1894. Heft 11, S. 162.*

***) Gustav Theodor Fechner, geb. 1801 in Gross-Särchen bei Muskau, gest. 1887, als Professor der Physik in Leipzig.*

solle. Diese Figuren müssten den Bewohnern unserer Nachbarplaneten, welche, mit guten optischen Instrumenten ausgerüstet, die sie umgebenden Weltkörper beobachten, auffallen; sie würden alsdann, um ihrerseits ihren Verstand zu zeigen, mit ähnlichen Figuren antworten, und so würde sich nach und nach eine Zeichensprache entwickeln, die schliesslich zu einer Verständigung führen könnte. Dieser Vorschlag ist gewiss sehr genial ausgedacht, er leidet nur an dem Uebelstand, dass die Unterhaltung eine sehr langsame sein würde, da zwischen Frage und Antwort immer mindestens die Zeit von einer Blüthe zur anderen, d. h. ein Jahr, vergehen müsste. Doch hiergegen weiss der Physiker Cros in Paris Rath: er will an Stelle der langsamen optischen Zeichen schnelle elektrische Lichtsignale von hoher Leuchtkraft treten lassen, die sich in regelmässigen Zwischenräumen wiederholen und so die Aufmerksamkeit unserer Nachbarn im Weltenraum erregen sollen.

109.

Hatten wir schon vorhin [C. 99] die sicheren Mittel kennen gelernt, welche den Seleniten ihre Volva zur geographischen Ortsbestimmung gewährt, so erkennen wir hier auf's Neue, welche grossen Vorzüge sie auch bezüglich der Zeitbestimmung vor uns voraushaben. Man muss sich daran erinnern, dass der Tag der Mondbewohner ungefähr einem unserer Monate gleicht, und da die Phasen der Erde — ihrer Volva — sich in diesem Zeitraum wiederholen, so haben sie an diesen eine Eintheilung ihres Tages. Ferner haben sie eine solche an den Flecken der Volva und so eine natürliche, ewig beleuchtete, immer gehende Uhr am Himmel, welche ihnen den Tag in grössere und kleinere Theile theilt: die grösseren giebt die Lichtgestalt, die kleineren die Rotation der Erde. Bedenkt man ferner, dass die Mondbewohner in der Volva eine grosse Weltkarte [wie vorhin beschrieben] vor sich haben, die ihnen die Topographie der Erde in einer Genauigkeit zeigt, um die sie unsere Geographen beneiden müssen, so erscheint es umsomehr ein Räthsel, dass der Schöpfer seinen Menschen nicht diesen bevorzugten Platz zum Aufenthalt bestimmte [vergl. auch C. 143] und man kann sich wahrlich des Gedankens nicht erwehren, dass der Mond in einer früheren Periode, wo er noch für die Existenz lebender Wesen günstigere Verhältnisse aufwies, bewohnt war.

110.

Vergl. N. [109]. Diesen Nachsatz hat Kepler wohl aus dem Grunde gemacht, um den Werth der oben geschilderten Vorzüge in einem noch helleren Lichte erscheinen zu lassen; er meint, dass die zahlreichen Un-

gleichmässigkeiten im Laufe der Sonne und Sterne, wie sie vom Monde aus sich darstellen, eine selenitischerseits hierauf begründete Zeiteintheilung vereiteln würden.

111. [153.]

Die beiden Hälften sind die beiden Theile der Welt, die eine die alte Welt, bestehend aus Europa, Asien, Afrika, die andere die neue mit Nord- und Südamerika. Dass ich aber diesen Unterschied der Hälften mehr auf den Norden beschränkt habe, ist deswegen geschehen, weil Magellanica, ein durch Süden sich lang hinstreckendes Land, noch unbekannt ist und sich immer weiter erstrecken soll in beide Hemisphären, sowohl der neuen als auch der alten Welt.

Den Anblick dieser beiden Hälften hat man sehr deutlich, wenn man auf einen Atlas die östliche und die westliche Halbkugel der Erde, welche dort gewöhnlich auf einem Blatte neben einander dargestellt sind, ansieht. Man erblickt dort auch ‚Magellanica', das heutige Australien, mit den zugehörigen unzähligen Inseln, wie es sich im Süden von der alten Welt in die neue hineinzieht. Kepler nannte es so, weil den Anfang der Entdeckung Australiens Magelhaens) machte [1521 mit den Marianen]. Die weitere Entdeckung erfolgte sehr langsam, erst 1616 wurden Theile des Continents erforscht, so dass Kepler nur sehr ungenügende Kenntnisse von dem fünften Erdtheil haben konnte. Vergl. auch folgende Commentare.*

112. [154 u. 155.]

[154] Ich habe den Anblick der alten Welt einen dunkleren genannt, weil ich annahm, dass die Länder schwärzlich seien. Gewissermassen zusammenhängende Flecken habe ich gesagt, weil Europa mit Asien in Skythien zusammengehalten wird, Asien mit Afrika in jenem Theil von Arabien, der zwischen Aegypten und Palästina liegt.

[155] Den Anblick der Hälfte, worin die neue Welt liegt, habe ich etwas heller genannt aus derselben irrigen Annahme, weil sie mehr Meere, die grossen Gebiete des inneren sowohl, wie des äusseren Oceans, hat, die Amerika in der Mitte zu einem engen Isthmus zusammenzwängen, es gleichsam erdrosseln.

Den Mondbewohnern wird also die alte Welt heller als die neue erscheinen. Nach der Vorstellung Keplers hängt Europa mit Asien durch das Land zwischen dem schwarzen Meer und der Ostsee zusammen, das früher

---

*) *Fernão de Magelhaens, portugiesischer Seefahrer, geb. 1480, wollte einen neuen Seeweg nach den Molukken auffinden, entdeckte die nach ihm benannte Strasse, das stille Meer und die Marianen. Gest. daselbst 1521.*

von den Skythen, im Alterthum nomadisirenden Völkerschaften, bewohnt wurde und das auf der Karte), die er zu seinen Studien benutzte, ‚Scythia‘ benannt ist. Es ist das heutige Gebiet des Aralsees, nördlich von Iran, vom Kaukasus und dem schwarzen Meer. Der Zusammenhang von Asien und Afrika, von dem* Kepler *spricht, ist jetzt durch den Suezkanal durchstochen und es ist wohl möglich, dass die Mondbewohner diesen, als erst nachträglich entstanden, für ein Zeichen menschlicher Thätigkeit und Kultur auf ihrer Volva erkannt haben werden. Die Trennungslinie zwischen Asien und Afrika wird sich den Seleniten von heute also als eine gerade dunkle Linie darstellen. Ein nicht so scharfes Trennungsgebiet werden sie zwischen Nord- und Südamerika gewahren: Central-Amerika und die Antillen werden ihnen als hellere Parthien die Grenze bezeichnen. Ob sie die Anfänge des Panamakanals als Trennungsstrich ansehen werden, ist bei dem bekannten Schicksal dieses mit so grossen Hoffnungen begonnenen Werkes zweifelhaft.*

Unter ‚inneren Ocean‘ versteht Kepler *den atlantischen, unter ‚äusseren Ocean‘ den grossen oder stillen Ocean; mit dem ‚inneren Meer‘ bezeichnet er auf seiner Karte speciell den mexikanischen Golf und das karibische Meer, mit dem ‚äusseren Meer‘ speciell den Theil des grossen oder stillen Oceans, der von den Spaniern den Namen ‚mar del Sur‘ [westlich von Central-Amerika] erhalten hat.*

113.

Der atlantische Ocean; er wird den Mondbewohnern aber dunkel erscheinen.

114. [156.]

Der brasilianische, atlantische, deucaledonische Ocean, das Eismeer sich erstreckend bis zur Meerenge von Anian und auslaufend in den japanischen Ocean, in den der Philippinen, der Molukken und der Salomonsinseln.

Kepler *beschreibt hiermit die um die einzelnen Erdtheile liegenden Gewässer. Nach seiner Karte versteht er unter ‚atlantisches Meer‘ nur den nördlichen Theil des atlantischen Oceans, etwa zwischen Europa und Amerika; den nördlich des Aequators liegenden Theil zwischen Afrika und Amerika nennt er, nach einer spanischen Bezeichnung: ‚mar del Nort‘, den südlich des Aequators liegenden Theil zwischen Afrika und Südamerika ‚Oceanus Aethiopicus‘. Der brasilianische Ocean ist auf seiner Karte nicht angegeben, scheint aber der zwischen Brasilien und Afrika*

*) *Diese Karte, die* Frisch *in seiner Ausgabe K. O. O. VI, S. 628 u. 681 f. beschrieben hat, hatte* Kepler *auch einigen Exemplaren seiner rud. Tafeln beigefügt.*

gelegene Theil des atlantischen Oceans zu sein. Ebenso ist auf der Karte der deucaledonische Ocean nicht verzeichnet. Deukalion war der Sohn des Prometheus und ward nach der grossen Fluth der Stammvater des Menschengeschlechts, insbesondere durch seinen Sohn Hellen, Stammvater der Griechen. Kepler meint hier also vermuthlich das griechische, das ägēische und, im weiteren Sinne, das mittelländische Meer. Die Meerenge von Anian ist die Behringsstrasse, die Asien von Amerika trennt.

115.

Dies ist in der That ein sehr interessantes Bild, welches sich den Seleniten in ziemlich scharfen Umrissen hell auf dunklem Grunde darbietet. Man erkennt es auf jeder Karte besonders deutlich, wenn man den entsprechenden Länderkomplex in einiger Entfernung betrachtet.

Die Auffassung Keplers [Europa giebt Afrika einen Kuss] war zu seiner Zeit bereits verbreitet; denn wir lesen bei Peschel-Ruge): ‚Ein Spielwerk, welches der Baseler Buchdrucker Wechel für Kaiser Karl V. anfertigte, nämlich die Darstellung Europas unter dem Bilde einer königlichen Jungfrau, zeigt uns, dass man wenigstens ein Auge hatte für die bedeutungsvolle Gliederung unseres Festlandes‘. Und Kepler, der Phantasievolle, musste solchen morphologischen Blick natürlich in noch höherem Grade haben.*

Der bis an die Achseln abgeschnittene Kopf ist ganz Afrika: der behaarte Hinterkopf der Sudan, die Stirne Tigris, die hervorspringende Nase Maghrib el Aksa, der Mund der Hafen von Mlila und das Kinn Algerien, welches in Tunesien einen energischen Abschluss findet. Der Hals wird durch Tripolis gebildet und selbst der verrätherische Adamsapfel fehlt in Barka nicht.

*Fast noch eklatanter ist das Mädchen, welches der grösste Theil von Europa hergiebt; besonders der durch Spanien gebildete Kopf, die deutlich ausgeprägte Nase [Sevilla], der geöffnete Mund [bei Malaga], das durch Murcia bezeichnete Kinn, ferner die durch die östliche und westliche Küste begrenzte klassische Haarfrisur und der durch einen Theil des südlichen Frankreichs vervollständigte Hals — das alles ist unverkennbar. Die Kosten des Gewandes bestreiten Russland, die Gebiete um das schwarze Meer und Kleinasien**), die beiden Arme werden durch die britischen*

**) ‚Geschichte der Erdkunde‘, München 1877, S. 450.*

***) Kepler giebt hier noch die alten Bezeichnungen: Sarmatien, Thrakien, Moscovia, Tartarei. N. [160]. Sarmatien bezieht sich auf das heutige Polen und Westrussland, die sogn. sarmatische Tiefebene, welche das Nomadenvolk der Sarmaten bewohnte; Thrakien ist das heutige Rumelien; Moscovia ist das Gebiet um Moskau, also Innerrussland.*

Inseln und Italien dargestellt, und die Katze endlich, Skandinavien, ist ein so deutliches Gebilde, dass es nicht nöthig ist, es näher zu beschreiben.

Dergleichen Bilder würde ein Mondreisender wohl noch mehrere zu sehen bekommen, ich erinnere nur an die betende Frau [Ostsee]; doch wir wollen uns mit Kepler bei diesem einen, das jedenfalls an Grossartigkeit der Gruppirung alle überragt, bescheiden.

116. [164.]

*Es ist Asien mit Indien und China u. s. w. gemeint.**)

Asien erstreckt sich freilich von Europa aus nach Osten, aber weil der Mond sich in derselben Richtung um die Erde bewegt, in welcher sich die Erde um ihre Axe dreht, so scheint den Mondbewohnern die vor ihnen liegende Hemisphäre der Erde, ihrer Volva, nach Westen zu gehen. *s. auch C. 64.*

117. [165 u. 166.]

Beide Oceane und der amerikanische Continent; freilich nach der falschen Annahme. *s. N. [155].*

Sie wird also dunkler erscheinen; s. C. 112.

118. [167—169.]

Südamerika mit Brasilien; Nicaragua, Yucatān und Popayān. *s. auch N. [164].*

Die Glocke ist der südamerikanische Continent; man kann sich das Bild so vorstellen, dass Brasilien mit den angrenzenden Provinzen die eigentliche Glocke und Patagonien den Klöppel bildet; den Strick stellen die schmalen Länder dar, die, Nord- und Südamerika verbindend, unter dem Namen Central-Amerika zusammengefasst werden.

119. [171 u. 172.]

Nordamerika, Magellanica; s. C. 111.

120.

Kepler will damit sagen, dass die Levanier aus den Flecken auf der Volva den jedesmaligen Stand der Sonne im Thierkreis erkennen können und mithin wissen, welche Jahreszeit zur Zeit auf der Erde

---

*) *Asia, Tartaria, Cathaia, Sinae, India u. s. w. N. [163]. Mit Cathaia ist das heutige China gemeint. Nordchina wurde mehrere Jahrhunderte von den am Sungari ansässigen Chitanen beherrscht; von ihnen rührt der Name Chitai oder Chatay her, unter dem China den innerasiatischen Völkern bekannt war. Sinae bezieht sich ebenfalls auf China, da dort die Sinesen, benannt nach der Dynastie des Tsin, wohnen. s. auch Peschel-Ruge, wie vor. S. 112 u. 168.*

herrscht. Denn der Wechsel der Jahreszeiten hat seinen Grund [s. auch C. 68] in der Neigung der Ekliptik gegen den Aequator, wodurch für beide Erdhälften eine verschiedene Höhe der Sonne und eine davon abhängige verschiedene Wirkung ihrer Strahlen hervorgebracht wird, und durch diese schiefe Axenstellung der Erde muss sich nothwendig eine eigenthümliche, wechselnde Bewegung einzelner Flecken ergeben, die vom Monde aus nicht unbeachtet bleiben kann und, wie Kepler ganz richtig weiter angiebt, in dem Sinne gedeutet werden muss. Fig. 19, s. auch N. [180] u. C. 127.

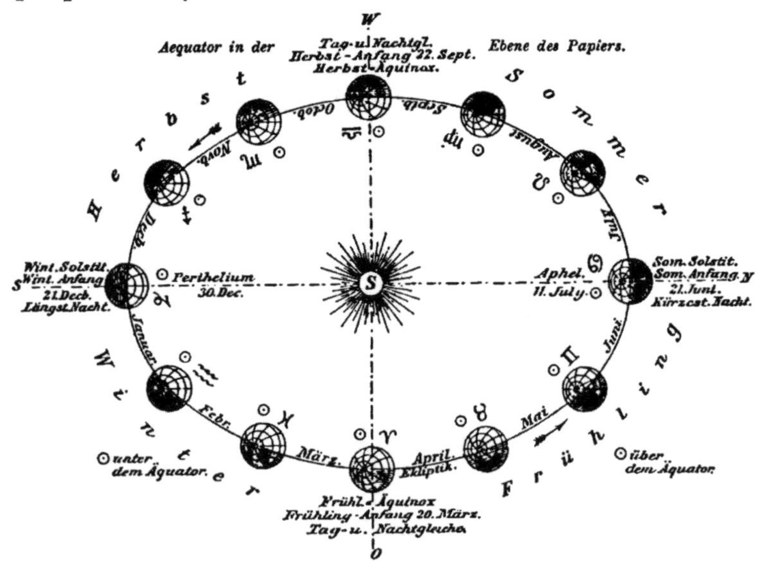

Stellungen der Erde zur Sonne während des Jahres.
Für die nördl. Erdhälfte.

Fig. 19.

121.

Es ist nothwendig, hier auf den Unterschied in der Bezeichnung der Sternbilder im Thierkreis und der Zeichen in der Ekliptik hinzuweisen [s. auch Fig. 19]. Man würde nämlich die Zeichen vergeblich in den wirklichen Sternbildern suchen, obgleich beide denselben Namen führen. Zur Zeit der Alten, vor ca. 2000 Jahren, als man die Eintheilung des Thierkreises vornahm, fiel das Sternbild mit dem Zeichen desselben in der Ekliptik wirklich zusammen, doch wegen des Zurückweichens der Nachtgleichen [s. auch C. 70] hat sich nach und nach eine Abweichung gebildet, die mit den Jahren immer grösser wird; sie beträgt ca. 50″ jährlich. Gegenwärtig hat sie schon ca. 30° erreicht, d. h. Sternbild und

Zeichen sind um ein ganzes Sternbild verschoben, so zwar, dass der erste Punkt in der Ekliptik, der Frühlingspunkt, nicht mehr im Sternbild des Widders, wie vor 2000 Jahren, sondern in demjenigen der Fische liegt, also um 30° von Osten nach Westen zurückgewichen ist, und so alle übrigen. Dies dauert so lange, bis nach ca. 25000 Jahren die Zeichen die ganze Ekliptik durchlaufen haben und dann einmal wieder zusammenfallen. Wenn es also heisst, die Sonne befinde sich im Sternbild oder Zeichen des Krebs, so soll damit angedeutet werden, dass sie ihren höchsten Punkt erreicht hat, in Wirklichkeit werden wir sie dann im Sternbild der Zwillinge finden u. s. w. Die Bezeichnung ‚Sternbild' ist die alte, ursprüngliche, ‚Zeichen' dagegen gehört der neueren Astronomie an. Dass die gleichen Namen beibehalten sind, trotzdem sie nicht mehr zutreffen, geschah aus Gründen der Einheit, weil man sonst aus der Aenderung nicht herausgekommen wäre und weil die alten Namen zu dem scheinbaren Sonnengange in Beziehung stehen. Denn wenn die Sonne das Sommersolstitium erreicht hat, Zeichen Krebs, geht sie den Krebsgang, d. h. rückwärts, bis sie das Herbstäquinoctium, Tag- und Nachtgleiche, Zeichen Waage, erreicht; dann kommt sie zum Wintersolstitium in das Zeichen des Steinbock und erklimmt, gleichwie dieses Thier die Felsen, wieder das Sommersolstitium am Himmel.

122. [174.]

Thule oder Island, aber nach der falschen Annahme, als wenn das Trockene der Erdoberfläche dunkler wäre als das Nasse. *s. C. 6 u. 112.*

Diese Insel wird sich also als ein kleiner heller Fleck auf dunklem Grunde [der nördlichste Theil des atlantischen Oceans] oberhalb des C. 115 beschriebenen Bildes darstellen.

123. [176.]

Der äusserste Rand der Volvenscheibe wird vom Polarkreis tangirt. Island aber liegt unterm Polarkreis *[s. C. 5]*, deshalb wird dieser Fleck bei der jedesmaligen Umdrehung der Volva einmal am äussersten Rand der Scheibe erscheinen, wenn die Sonne im Krebs steht. *s. auch C. 121.*

124.

s. N. [164] u. [169].

125. [178.]

Denn es erscheint die Sonne, wenn sie im Krebs steht, allen Bewohnern des Polarkreises während der ganzen Umdrehung der Erde*);

*) *Im Original steht: ‚während einer ganzen Umdrehung des ‚Primi mobilis'*

also wird auch der arktische Kreis sowohl der Sonne, als auch einem Auge, das sich, wie eben das eines Mondbewohners, in einer durch den Mittelpunkt der Sonne und der Erde gezogenen Linie befindet, stets sichtbar sein.

Durch die schiefe Stellung der Erdaxe zu ihrer Bahn werden auf der Erde zwei Zonen gebildet, die je nach dem Stande der Erde zur Sonne bei einer ganzen Umdrehung entweder immer, oder gar nicht beleuchtet werden. Diese, die nördliche und die südliche Polar- oder kalten Zonen werden durch die Polarkreise begrenzt. Die nördliche Polarzone nun ist es, die Kepler im Sinne hat und wie man aus Fig. 19 ersieht, ist sie der Sonne zugewandt, wenn letztere im Krebs steht, und ein Punkt in oder nahe bei dieser Zone, wie z. B. Island, wird also vom Monde aus gesehen zu dieser Zeit immer sichtbar sein und durch die Bewegung der Volva einen Kreis um den Pol beschreiben. Wir auf der Erde haben bekanntlich dann Sommeranfang und zugleich den längsten Tag. Steht dagegen die Erde im entgegengesetzten Punkt ihrer Bahn, die Sonne also im Steinbock, so ist die nördliche Polarzone der Sonne abgewandt, unser Punkt kann also, weil von dem Körper der Volva verdeckt, nicht gesehen werden; wir haben dann Winteranfang und den kürzesten Tag; s. auch C. 68.

126.

Man kann dies an der Hand der Fig. 19 verfolgen: zunächst wird der Kreis sich öffnen, bis er, wenn die Sonne in der Waage steht, wir also Herbstanfang und Tag- und Nachtgleiche haben, einen Halbkreis bildet, dann wird er immer mehr abnehmen, ganz verschwinden, um nun wieder in derselben Weise zu wachsen, wie er vorhin abnahm. Im Frühlingspunkt, wenn die Sonne im Widder steht, wird er gleichfalls einen Halbkreis bilden.

127. [180.]

Die Mondbewohner müssen den Polen ihrer Volva eine jährliche Bewegung zuschreiben, weil sie nicht wissen, dass sie sich zusammen mit ihrer Volva in einer jährlichen Bewegung um einen und denselben festen Punkt drehen. Denn obwohl die Axe der Erde das ganze Jahr hindurch nach denselben Fixsternen, indessen abweichend von den Polen der Ekliptik, gerichtet ist, die Erde aber mit dem Monde auf der Ekliptik sich bewegt, immer in gleichem Abstande von dieser, doch bald jenen Fixsternen sich nähernd, bald sich von ihnen ent-

---

[s. S. 50, u.]; ich habe diese Stelle der neueren, richtigen Anschauung entsprechend, wie oben geschehen, übersetzt.

fernend, so kommt es den Mondbewohnern so vor, als ob der Ort des Volvenpols abwechselnd diesseits und jenseits des Pols der Ekliptik zu liegen kommt und so um denselben herum zu gehen scheint.

Der Mond geht mit der Erde jährlich um die Sonne, den festen Punkt, wie Kepler wohl nicht ohne Absicht hervorhebt. Es entstehen dadurch für die Bewohner des Mondes gewisse Sinnestäuschungen, deren ähnliche auch wir u. A. in dem täglichen Lauf der Sonne und der Sterne um unsern Standpunkt erfahren. Die Bewegung, welche die Seleniten an den Polen unserer Erde beobachten, machen in Wirklichkeit nicht wir, sondern die Seleniten, und nur, weil sie wähnen, still zu stehen, übertragen sie solche auf ihre Volva; vergl. C. 77 u. N. [111]. Aber wie ich mich schon weiter oben [s. C. 94] in diesem Sinne ausgesprochen habe, bin ich überzeugt, dass die Seleniten diese Sinnestäuschung überwunden und, wie wir, den wirklichen Vorgang erkannt haben werden.

Keplers Absicht geht indessen tiefer: er nimmt, indem er diese Vorgänge ausführlich schildert, sehr willkommenen Anlass, die Richtigkeit der copernicanischen Lehre zu zeigen, er hebt den täglichen Umlauf der Flecken auf der Erde hervor, bemerkend, dass kein Levanier daraus etwa auf einen gleichzeitigen Umlauf des Mondes um die Erde schliessen würde, ebenso wenig wie uns es etwa einfallen könnte, den periodischen Umlauf der Sonnenflecken durch eine ausserordentliche Bewegung der Erde um die Sonne zu deuten, sondern richtig durch eine Rotation der Sonne selbst), und benutzt so die Bewegung der Flecken zur Erklärung der täglichen und jährlichen Bewegungen der Erde.*

128.

s. N. [126]. Der Grund dafür ist die elliptische Bahn des Mondes. Dadurch wird der Mond nach dem II. keplerschen Gesetz [s. C. 79] zu der Zeit, wo er der Erde am nächsten ist, auch am schnellsten in seiner Bahn fortschreiten. Naturgemäss muss dann den Mondbewohnern ihre Volva am grössten, die Bewegung der Gestirne am schnellsten erscheinen. Ich möchte aber darauf hinweisen, dass die hierdurch entstehenden Grössenunterschiede der Volva wohl nur mit Zuhülfenahme von optischen Instrumenten wahrnehmbar sein werden, ebenso wie wir die des Mondes mit blossem Auge nicht sehen können. Es zeugt übrigens von einer rührenden Bescheidenheit, dass Kepler auf diese Stelle, die eins seiner grössten Geisteserzeugnisse illustrirt, nicht näher eingeht, obgleich er doch sonst mit seinen Noten, worin er die Räthsel des Textes löst, nicht eben geizt.

**) Die Rotation der Sonne behauptete Kepler schon vor Entdeckung der Sonnenflecken.*

129.

Da Kepler hier auf das Wesen der Finsternisse, sowohl wie solche von der Erde, als auch vom Monde aus gesehen werden, näher eingeht, so will ich zum besseren Verständniss des Ganzen zunächst eine kurze Definition der Sonnen- und Mondfinsternisse für die Erde geben, auf welche ich dann bei der weiteren Ausführung der Noten Keplers Bezug nehmen werde.

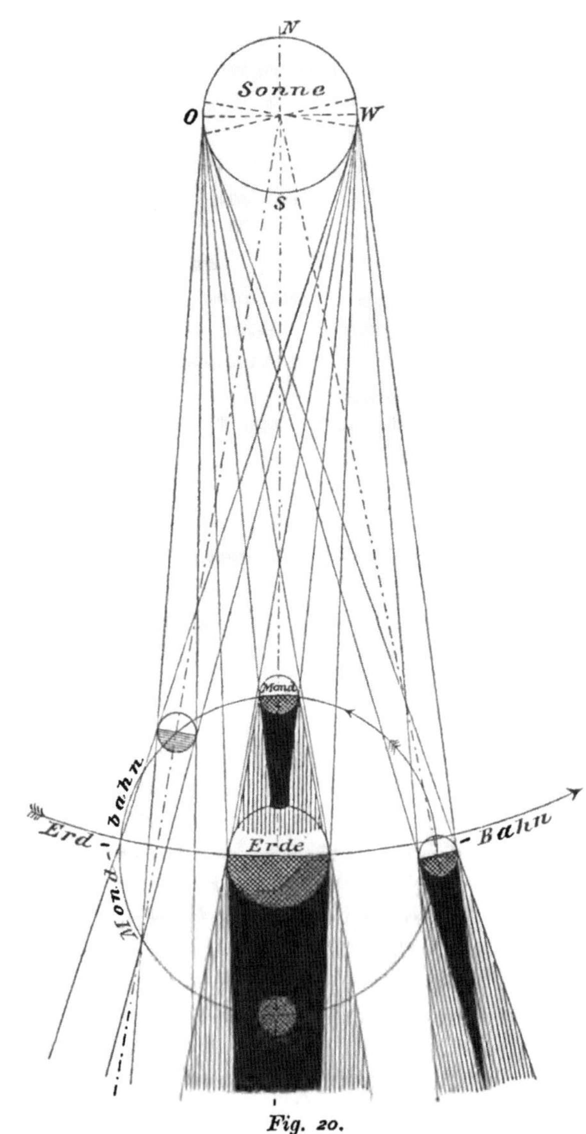

Fig. 20.

Die Finsternisse entstehen durch die Beschattung der Planeten unter sich. Die Erde sowohl, wie der Mond werfen, von der Sonne beleuchtet, Schatten hinter sich, die lang genug sind, um sich gegenseitig zu erreichen. Denn die Länge des Erdschattens beträgt 1350000—1400000 km, die des Mondschattens 370000 bis 380000 km. Fig. 20.

Eine Mondfinsterniss ereignet sich, wenn die Erde zwischen Sonne und Mond, eine Sonnenfinsterniss, wenn der Mond zwischen Sonne und Erde tritt. Läge die Bahn des Mondes in der Ebene der Ekliptik, so würde bei jedem Umlauf des Mondes einmal eine Sonnen- und ein-

mal eine Mondfinsterniss stattfinden und zwar erstere bei Neumond, letztere bei Vollmond. Wie wir wissen ist aber die Mondbahn gegen die Ekliptik unter einem Winkel von etwa 5° geneigt [s. C. 67] und deshalb gehen bei den meisten Voll- resp. Neumonden die Schatten an den betreffenden Himmelskörpern vorbei und nur, wenn der Mond zur Zeit dieser Phasen gerade in, oder doch sehr nahe bei der Ekliptik steht oder wie es astronomisch heisst, sich in dem auf- resp. absteigenden Knoten seiner Bahn befindet, tritt die Beschattung oder die Finsterniss ein.

Bei einer Sonnenfinsterniss wird, wie aus Fig. 20 ersichtlich, nicht eigentlich die Sonne, sondern vielmehr die Erde verfinstert und wegen der unzureichenden Länge und Grösse des Mondschattens diese auch immer nur an einem kleinen, sehr begrenzten, höchstens 1/6 betragenden Theil ihrer Oberfläche. Ferner sehen nur diejenigen Orte der Erde, über welche der Kernschatten [der schwärzere Theil des Schattens in Fig. 20] des Mondes hinstreicht, die Sonne total verfinstert, wogegen diejenigen, welche nur vom Halbschatten getroffen werden, nur eine partielle Sonnenfinsterniss sehen. Ringförmige Sonnenfinsternisse, bei welchen der Mond die Sonne so bedeckt, dass rund um denselben noch ein leuchtender Ring der Sonnenscheibe gesehen wird, entstehen, wenn der Kernschatten des Mondes nicht bis auf die Erde hinabreicht.

Anders verhält es sich bei den Mondfinsternissen, weil hier der Mond wirklich verfinstert wird, indem die Erde dem Monde das Sonnenlicht direkt entzieht. Aus diesem Grunde fängt nicht nur eine Mondfinsterniss in allen Gegenden der Erde, wo der Mond über dem Horizont steht, in demselben Augenblick an und hört zu gleicher Zeit wieder auf, sondern sie erscheint auch überall gleich gross.

Obgleich der Schatten der Erde lang und gross genug ist, um die ganze Scheibe des Mondes auf einmal zu verdunkeln, so giebt es doch ebenfalls totale und partielle Mondfinsternisse, je nachdem der ganze Mond oder nur ein Theil desselben von der Erde beschattet wird.

130. [182.]

Der Mond verdeckt uns die Sonne, den Mond verdecken wir uns selbst, d. h. unser Erdkörper. In ähnlicher Weise verdecken die Mondbewohner sich selbst von dort aus gesehen unsere Erde, d. i. ihre Volva, während ihre Volva oder unsere Erde ihnen die Sonne verdeckt.

Diese Vorgänge erhellen vollständig aus der figürlichen Darstellung in Fig. 20.

131. [183.]

Obwohl auch dann bei uns der Mond nicht ganz verschwindet, besonders der Theil, der im Nebenschatten liegt.

Dies erklärt sich aus C. 129. Ebenso nämlich, wie bei uns eine Sonnenfinsterniss keine eigentliche Verfinsterung der Sonne, sondern nur eine Bedeckung ist, so auch bei den Mondbewohnern, mit dem Unterschied, dass diesen die Sonne durch die Erde verdeckt wird. Für uns ist dann der Mond im Schatten der Erde und so kann es kommen, dass er für uns vollständig verfinstert, während auf gewissen Punkten des Mondes die Sonne noch theilweise sichtbar ist.

Dass übrigens bei unseren totalen Mondfinsternissen der Mond in den seltensten Fällen ganz unsichtbar wird, hatte schon Kepler mehrfach beobachtet, gewöhnlich sieht man die Scheibe während einer totalen Verfinsterung roth und zwar in allen Graden der Intensität der Farbe, vom Kupferrothen bis ins Feuerrothe und Glühende übergehend.

Diese Erscheinung führt schon Kepler auf eine Folge der Strahlenbrechung zurück, da die Sonnenstrahlen bei ihrem Durchgange durch die Atmosphäre der Erde abgelenkt und in den Schattenkegel geworfen werden; s. N. [194]. Die geröthete Scheibe ist nie gleichförmig farbig, sondern einige Stellen zeigen sich immer dunkler und dabei fortschreitend farbenändernd.) Eine Mondfinsterniss, wobei der Mond vollständig verschwand, beobachtete Kepler am 9. Decbr. 1601, desgleichen Hevelius**) in Danzig am 25. April 1642, und in neuerer Zeit konnte bei der totalen Finsterniss vom 10. Juni 1816 selbst durch die stärksten Fernrohre die Mondscheibe nicht aufgefunden werden.*

132. [184.]

Nämlich dann, wenn der Kernpunkt des Schlagschattens, welcher den eigentlichen Schatten des Mondes bildet, die Erdoberfläche nicht trifft, oder nur so unbedeutend berührt, dass er von den Strahlen der Sonne eingehüllt bleibt. Im ersteren Falle sehen die Mondbewohner keinen eigentlichen Schatten auf der Scheibe der Volva, aber sie bemerken doch an der Stelle, über welche der Schlagschatten hinstreicht, eine gewisse Entfärbung und Verdunklung; im letzteren Falle hingegen sehen sie um das Centrum herum einen Halbschatten, gleichsam wie von dünnen Wolken oder von einer durchschimmernden Decke überworfen, in unbestimmten Umrissen, ähnlich wie bei uns auf der Erde Pfeiler auf hohen Thürmen nicht vollständige Schatten, sondern nur durch reflektirte Sonnenstrahlen verwaschen erscheinende auf die darunter befindliche Ebene werfen.

**) s. Kosmos III, S. 499 u. 500.*

***) Johann Hevel, geb. 1611 zu Danzig, gest. ebenda 1687. Bürgermeister und Astronom, beschäftigte sich hauptsächlich mit der Erforschung der Mondoberfläche. Erster Nachbesitzer der keplerschen Manuskripte.*

Bei der Volvenverfinsterung tritt eine wirkliche Beschattung der Volva durch den Mond ein; für uns ist dann Sonnenfinsterniss und wir haben gesehen, dass diese nur immer für einen bestimmten Ort der Erde sichtbar ist, also auch vom Monde aus nur immer eine kleine Stelle, da wo gerade die Finsterniss eintritt, verdunkelt erscheinen kann. Da der Mondschatten nur wenig länger ist, als die mittlere Entfernung des Mondes von der Erde, so wird es sich in der That wohl meistens ereignen, dass die Seleniten von einer Volvenverfinsterung nichts gewahr werden, während wir noch eine partielle oder ringförmige Sonnenfinsterniss beobachten.

133.

Für die Antipoden der Bewohner der subvolvanen Mondhemisphäre, die Privolvaner, existirt die Volva gewissermassen nicht, sie kann also auch auf ihrem Gebiete weder eine Beschattung, noch für dasselbe eine Bedeckung erzeugen. Und da für den Mond dieselben Finsternisse statthaben, wie für die Erde, so müssen diese für die Subvolvaner annähernd das Doppelte der für die Erdbewohner betragen, die die Subvolvaner alle während ihrer langen Tage und Nächte sehen. Man kann sich diese Erscheinung an der Hand der Fig. 20 veranschaulichen.

134.

Erhellt schon zum Theil aus N. [184] nebst Commentar.

Da der Kernschatten des Mondes die Erde gar nicht oder nur mit der Spitze trifft, der Halbschatten aber nur geringe Trübungen, ähnlich wie grössere Wolkenschichten, auf der Erdscheibe erzeugt, so werden die Mondbewohner nur höchstens einen kleinen, dunklen Punkt gewahren, d. h. diejenige Stelle, von wo aus auf der Erde die Sonnenfinsterniss zu sehen ist.

Der röthliche Rand des Fleckens rührt von den durch die Atmosphäre abgelenkten Sonnenstrahlen her, ähnlich wie dies bei der Verfinsterung der Mondscheibe der Fall ist [s. C. 131]. Dieser Punkt nun wird sich auf der erleuchteten Erdscheibe fortbewegen, conform dem in seiner Bahn fortschreitenden Monde und zwar, da sich dieser von Westen nach Osten bewegt, von Osten nach Westen. Die Zeit, während welcher die Mondbewohner den schwarzen Fleck über ihre Volva hinlaufen sehen, wird gleich sein der ganzen Dauer einer totalen Sonnenfinsterniss, d. h. also vom Eintritt bis zum Austritt des Mondes. Kepler giebt diesen Zeitraum auf 4 unserer Stunden an; es dürfte aber ausserordentlich schwierig sein, für einen bestimmten Ort ganz genau die längste Dauer unter den denkbar günstigsten Umständen zu bestimmen, man wird dies wohl nur praktisch entscheiden können. Für die längste Dauer der Tota-

lität ist 8 Minuten nahe zutreffend, dagegen kann sonst die Gesammtdauer 5—6 Stunden betragen. Nehmen wir 6 Stunden an, so läuft der schwarze Fleck noch immer doppelt so schnell, wie die Volvaflecken, die 12 Stunden dazu brauchen [s. S. 15, m.], jener wird diese also stets überholen.

135.

Natürlich meint Kepler *die Durchmesser, wie sie den Seleniten erscheinen. Wir haben gesehen [s. N. [126]], dass diesen die Volva in einem 4mal so grossen Durchmesser erscheint, wie uns der Mond. Da nun die scheinbaren Durchmesser von Sonne und Mond von der Erde aus gesehen nahezu gleich sind [s. C. 85], so ist — die Entfernung der Sonne von Erde und Mond aus gleich genommen — der Schluss* Keplers *gerechtfertigt, wenn er annimmt, dass die Mondbewohner die Volvascheibe um ebensoviel mal grösser als die Sonnenscheibe sehen, wie wir sie im Vergleich zu unserm Mond annehmen: flächeninhaltlich also $13^1/_2$mal; s. meine Berechnung in C. 94.*

136.

Eine Sonnenfinsterniss auf dem Monde kann so lange dauern, als eine Mondfinsterniss auf der Erde, also im Maximum 4 unserer Stunden, davon die Totalität ca. 2 Stunden; s. auch C. 39.

Man kann sich die Grossartigkeit und zugleich die Schrecknisse einer totalen Sonnenfinsterniss auf dem Monde vorstellen, wenn man bedenkt, dass die Sonne hinter der Volva, die also dabei auch dunkel wird, 2 Stunden verschwindet, während die Totalität bei uns nur höchstens 8 Minuten währen kann.

137.

Der Vorgang ist dort genau wie bei uns, wenn man statt der Volva den Mond setzt; da aber die Volva den Seleniten soviel grösser erscheint, so ist auch der Eindruck, den sie empfangen, ein um soviel bedeutender.

Wenn Kepler *aber sagt, dass die Nächte auf dem Monde kaum dunkler sind, als die Tage, so beruht diese Meinung auf einer Sinnestäuschung, die auch von uns bei sehr mondhellen, klären Nächten empfunden wird: wir sprechen dann von einer taghellen Nacht. In Wirklichkeit verhält die Sache sich aber wesentlich anders. Die gewöhnliche. auch in populär-astronomischen Büchern vertretene Ansicht ist, dass das Mondlicht $\frac{1}{90000}$ des Sonnenlichtes sei. Danach wäre, unter der Voraussetzung, dass die Albedo [s. C. 108] des Mondes annähernd gleich der der Erde ist, das Erdenlicht auf dem Monde $= \frac{1}{90000} \cdot 13{,}5 = \frac{1}{6700}$ des Sonnenlichtes.*

Durch Zöllners) Untersuchungen ist indessen festgestellt worden, dass erst 618000 Vollmonde die gleiche Helligkeit wie die Sonne auf der Erde verbreiten würden. Unter dieser Voraussetzung würden also $\frac{618000}{13,5}$ = ca. 46000 Vollvolven dazu gehören, um den Mondbewohnern im wahren Sinne des Wortes ihre Nacht zum Tage zu machen.*

138. [194.]

Das Nähere findet man in meiner Optik im Capitel von den Mondfinsternissen**), in welchem ich die Refraktion der Sonnenstrahlen in der die Erde umgebenden Atmosphäre dargestellt habe, wo die gebrochenen Strahlen in die Grenzen des Schattens von der östlichen Seite aus durch die Tiefe des Schattenkegels fortgepflanzt werden und an der westlichen Seite wieder heraustreten. Daher hat der zur westlichen Grenze des Schattens sich bewegende Mond die refraktirten Sonnenstrahlen gegen sich, die von der Grenze der östlich stehenden Erde kommen. Die Mondbewohner glauben daher, dass sie den östlichen Theil der Sonne jenseits ihrer Volva sehen, obwohl in Wirklichkeit die Volva fast ganz vor dem östlichen Theil der Sonne steht. Und diese Erscheinung haben jene Gegenden des Mondes, welche uns bei einer Mondfinsterniss sehr roth erscheinen, denn diese Röthe hat in den refraktirten Sonnenstrahlen ihren Grund. *s. C. 131.*

Die Helligkeitserscheinungen bei der von der Erde vollständig bedeckten Sonne werden auch theilweise auf die Wirkung der Sonnen-Protuberanzen zurückzuführen sein, welche sich ja bei einer auf dem Monde beobachteten Sonnenfinsterniss noch durch die Atmosphäre der Erde, die Schwärze des Himmels u. s. w. vergrössern muss. Auch bei uns sind diese Protuberanzen die Ursache, dass selbst bei einer totalen Verfinsterung der Sonne, auch wenn sie ganz central ist, keine vollständige Dunkelheit eintritt, sondern nur eine tiefe Dämmerung.

Die Sonnen-Protuberanzen erreichen oft eine Höhe bis zu ³/₄ des Sonnenradius, also ca. 530000 km. Die Geschwindigkeit des Emporsteigens wurde zu 200—255 km in der Sekunde berechnet, Geschwindigkeiten, die als mechanische Bewegungen schwer erklärlich wären, dagegen würden diese Vorgänge durch die Annahme, dass es sich dabei um eine Entzündung der gasförmigen Umhüllung der Sonne handle, ihre Deutung finden.

**) Johann Carl Friedrich Zöllner, geb. 1834 in Berlin, Physiker und Astronom an der Sternwarte zu Leipzig, beschäftigte sich hauptsächlich mit photometrischen Untersuchungen der Himmelskörper.*

***) „Astron. Pars Optica“ 1604; K. O. O. II, S. 297 ff.*

139.

Und zwar, wenn der Mond in Erdferne steht, weil er dann nicht von den refraktirten Sonnenstrahlen erreicht wird.

140. [196.]

Zweifellos ist bisweilen in der Materie der Dünste selbst ein eigenthümliches Licht, das nicht von der Sonne, weder durch erste *[direkte]*, noch zweite *[reflektirte]* Strahlung kommt. Da dies in der Erdatmosphäre vorkommt, so kann es in ebenderselben Weise in der Mondatmosphäre sich zutragen. *s. C. 165 u. N. [115].*

141. [197.]

Denn die Erde oder Volva wird auch vom Vollmond beleuchtet und bekommt durch diese Beleuchtung eine gewisse Helle. Solange also nicht der ganze Mond des Anblicks der Sonne beraubt wird, sondern nur einer der Ränder, d. h. der östliche oder der westliche Theil des Divisors und nicht die Volva zusammen mit der Sonne unsichtbar wird, sie vielmehr nur jenem Rand des Mondes die Sonne gänzlich verdunkelt, bleibt sie selbst durch ihre vom Monde empfangene Beleuchtung den Mondbewohnern sichtbar. Dies ist aber nur im Allgemeinen gültig und darf nicht von jeder beliebigen Volvafinsterniss verstanden werden, sondern nur von dem gewöhnlichen Erlöschen bei Neuvolva, ähnlich wie auch uns der Mond bei jedem Neumond ausgelöscht wird.

Dieses Licht, mit dem die Volva vom Vollmond beleuchtet wird, ist unser Mondschein, also der Wiederschein eines Wiederscheins. Denn zur Zeit, wo die Seleniten eine Sonnenfinsterniss haben können, haben wir Vollmond und der Mond sendet uns sein von der Sonne empfangenes Licht zu, und es ist wohl anzunehmen, dass dieses Licht vom Monde aus kurz vor und nach der Neuvolva zu sehen ist, wie wir das von der Vollvolva auf den Mond reflektirte Licht als das sogn. ‚aschgraue Licht' von unserer Erde aus bemerken können. Gerade zur Zeit des Neumondes können wir die Mondscheibe allerdings nicht wahrnehmen, weil sie dann der alles überstrahlenden Sonne zu nahe steht, ein Grund, der bei der Neuvolva bekanntlich fortfällt, aber wenn einige Tage vor oder nach dem Neumonde die schmale Sichel zum Vorschein kommt, so bemerkt man auch den dunklen Theil des Mondes schwach erleuchtet.

Man hat beobachtet, dass das aschgraue Licht kurz vor dem Neumond, also bei abnehmendem Mond deutlicher ist, als kurz nach dem Neumond, bei zunehmendem Mond und dies dadurch erklärt, dass im ersteren

Falle dem Monde Theile der Erdoberfläche gegenüberstehen, welche eine grössere Albedo haben, als die, welche ihm im letzteren Falle gegenüberliegen. In der That, wenn in Mittel-Europa der Mond kurz vor dem Neumonde in den Morgenstunden am Osthimmel steht, so erhält er das Erdlicht hauptsächlich von den grossen Plateauflächen Asiens und Afrikas; steht er aber nach dem Neumonde Abends im Westen, so kann er nur den Reflex von dem schmaleren amerikanischen Continent und hauptsächlich von dem weiten Ocean in geringerer Menge empfangen.

Etwas wirkt bei dieser Erscheinung indessen auch wohl der Umstand ein, dass am Morgen, wo der abnehmende Mond zu sehen ist, das frische Auge weniger gegen so schwache Lichteindrücke abgestumpft ist, als am Abend zur Zeit der zunehmenden Sichel, wo es den ganzen Tag schon durch allerlei Eindrücke in Anspruch genommen war.

Die erste richtige Erklärung von der Natur des aschfarbenen Lichts des Mondes schreibt Kepler seinem Lehrer Mästlin) zu, welcher dieselbe 1596 in den zu Tübingen öffentlich vertheidigten Thesen vorgetragen hatte. Galilei sprach**) von dem reflektirten Erdlicht als von einer Sache, die er seit mehreren Jahren selbst aufgefunden; aber 100 Jahre vor Kepler und Galilei, sagt Humboldt im Kosmos***), war die Erklärung dem alles umfassenden Genie des Leonardo da Vinci†) nicht entgangen.*

142. [198.]

Die Mitte nimm hier nicht in Rücksicht auf einen einzelnen *[bestimmten]* Punkt auf dem Monde, sondern auf das ganze Verweilen des Mondes im Schatten der Erde. Denn dann sendet der Mond, selbst des Lichts entbehrend, auch keins auf die Erde oder Volva', welche dann dem ganzen Monde alles Sonnenlicht abschneidet.

Es ist also dies der Zeitpunkt, wo für den subvolvanen Mond überall totale Sonnenfinsterniss, für die Erde überall dort, wo der Mond über dem Horizont steht, totale Mondfinsterniss beobachtet wird.

143.

Meine Leser, die mir bis hierher gefolgt sind, werden mit mir der Ansicht sein, dass Kepler, soweit der damalige Stand der astronomischen

---

**) Michael Mästlin, einer der aufgeklärtesten Männer der damaligen Zeit, bedeutender Mathematiker, auch Astronom; geb. 1550 in Göppingen, gest. 1631 zu Tübingen.*

***) Im ‚Sternboten‘, s. Einleitung, S. IX.*

****) Kosmos III, S. 497 ff.*

†) Leonardo da Vinci, berühmter italienischer Künstler und vielseitiger Gelehrter; geb. 1452 in Vinci bei Florenz, gest. 1519 auf Schloss Cloux.

Wissenschaft es bedingte, wohl kaum ein Moment anzuführen vergessen hat, welches zur Unterscheidung der beiden Hemisphären des Mondes dienen konnte.

Hätte er, wie wir jetzt, gewusst, dass auf dem Monde weder Luft noch Wasser ist, so würde er sicherlich nicht vergessen haben, die Zustände zu prüfen, welche die privolvane Mondhemisphäre vor allen zu dem idealsten Standpunkt einer Sternwarte machen.

Man denke sich einen Ort, den die Lichtstrahlen der von einem tiefschwarzen Himmel sich abhebenden Sterne, ungeschwächt und unbeirrt durch atmosphärische und andere Vorgänge, erreichen; die Nacht ist vollkommen dunkel, kein Mond wirkt störend auf die Beobachtungen ein, keine Stösse des Bodens, keine Schwingungen der Luft durch Winde hindern die exacte Einstellung der Instrumente, kein Geräusch stört die Berechnungen. Schon mit blossem Auge wird man unzählige Sterne sehen, und Objecte, die auf der Erde erst durch das Fernrohr sich voll entfalten, wie die Milchstrasse, die Nebelflecke, Nebelwolken u. s. w. müssen dort in der That schon dem unbewaffneten Auge eine überraschende Pracht zeigen. Selbst die Sonne wird mit der Corona und den Protuberanzen umgeben sein, und dicht neben der grossen Helle stehen klar leuchtend die kleinsten Sterne. Aber nicht allein, dass alle diese Objecte mit grösster Deutlichkeit hervortreten, es leuchten die Sterne auch in ihren natürlichen Farben, was bei uns nur in einigen sehr hervorstechenden Nuancen der Fall ist. Eine Dämmerung findet nicht statt, sondern plötzlich und unvermittelt vollzieht sich der Wechsel von Tag und Nacht. Und noch mehr: alle diese Wunder wird man nicht allein in der Nacht, sondern auch bei Tage, dort, wo man nicht gerade im hellen Licht der Sonne steht, sehen können, denn da kein Medium vorhanden ist, um die Lichtstrahlen zu zerstreuen, so wird dicht neben dem blendendsten Lichte der dunkelste Schatten herrschen.

Aus letzterem können wir auch den sicheren Schluss ziehen, dass wir doch eine Erscheinung, die zu den schönsten gehört, welche die Beobachtung des gestirnten Himmels bietet, vor den Mondbewohnern voraus haben, nämlich die des Funkelns der Fixsterne. Wohl jedem Beobachter der Sterne ist sie schon aufgefallen: jenes blitzähnliche Aufleuchten und beständige Aendern der lebhaften Farben, bald weiss, bald roth, bald grün. Wir beobachten sie besonders intensiv in heiteren, kalten Winternächten, ja bei grossen Fixsternen, wie z. B. bei Sirius, ist das Scintilliren zuweilen so auffallend, dass selbst sonst sehr prosaische Menschen, denen der gestirnte Himmel eben nur der Himmel ist, mir ganz interessirt davon, wie von einer Explosion auf dem Sterne erzählten.

Die Ursache dieses Funkelns ist in Interferenzerscheinungen des

Lichtes zu suchen, auch hat man zur Erklärung das Vorhandensein von Eisnadeln und Eisplättchen in den höheren Luftschichten herangezogen. Schon frühe zog das Scintilliren als das muthmassliche Kriterium eines nicht planetarischen Weltkörpers Keplers Aufmerksamkeit auf sich. In seinem Werke ‚Von dem neuen Stern im Fuss des Schlangenträger'), worin er auch auf die Ursache des Scintillirens näher eingeht, sagt er über diesen Stern, ‚dass er, den Fixsternen vollkommen ähnlich, ausserordentlich stark funkelte, gegen Untergang wie eine Fackel, in welche der Wind weht, und Farben zu zeigen schien, gelb, purpur, roth, meist weiss, wenn er über die Dünste erhoben war'. Der damalige Zustand der Optik verhinderte freilich den um diese Wissenschaft so hoch verdienten Astronomen sich über die gewöhnlichen Ideen von bewegten Dünsten zu erheben und eine richtige Erklärung für diese eigenthümliche Erscheinung zu geben.*

Auch unter den neu erschienenen Sternen, deren die chinesischen Annalen nach der grossen Sammlung von Ma-tuan-lin erwähnen, wird bisweilen des sehr starken Funkelns gedacht.

Aber, so müssen wir uns doch am Ende fragen, würde Kepler wohl die Unerreichbarkeit dieses astronomischen Eldorados sehr bedauert haben? Ich glaube nicht! Denn wenn er einerseits die Vorzüge, so würde er anderseits auch die Nachtheile sofort erkannt haben, wie sie aus dem Mangel von Luft und Wasser naturgemäss hervorgehen. Er, der Mittheilsame, Naturfreudige, würde sich gesagt haben: wo der Träger für den Schall, die Luft, fehlt, kann man auch nicht sprechen, nicht hören, nicht riechen, wo das Wasser fehlt, kann keine Vegetation erblühen, unser Eldorado wird zur lautlosen, traurigen Einöde!

144. [200.]

Die Wärme des Mondlichtes (obgleich dieses kaum den 15. Theil des Volvenlichtes ausmacht) können wir durch das Gefühl wahrnehmen, wenn wir einen Apparat zu Hülfe nehmen. Fängt man nämlich die Strahlen des Vollmondes in einem parabolischen oder auch sphärischen Hohlspiegel auf, so fühlt man im Brennpunkt, wo die Strahlen zusammentreffen, gleichsam einen warmen Hauch. Dies fiel mir zu Lintz auf, als ich andere Experimente mit Spiegeln anstellte und an die Wärme des Lichts nicht dachte; da blickte ich unwillkürlich um mich, ob vielleicht Jemand meine Hand anblase! —

Dass aber der Glanz der Volva (d. h. unserer von der Sonne beleuchteten Erde) wärmende Kraft besitzen muss, entbehrt des Beweises

---

*) *De Stella nova in pede Serpentarii, Prag 1606. Cap. 18, p. 92—97. K. O. O. II, Cap. XVIII, S 679—82.*

nicht, wenn man berücksichtigt, dass bisweilen die Kraft der Sonnenstrahlen im Sommer so gross ist, dass Wälder und hölzerne Dächer entzündet werden, während das Volk Brandstifter dessen beschuldigt. Sollte von der soviel grösseren Erdkugel in einer Entfernung von 50000 Meilen nicht etwas von dieser Hitze auf den Mond übergehen?

Es ist diese Note von hervorragender Wichtigkeit, nicht nur wegen der geistreichen Combination in Bezug auf die Wirkung der strahlenden Wärme, welche sie enthält, sondern ganz besonders deshalb, weil Kepler darin zum überhaupt ersten Male die wärmeerzeugende Eigenschaft des Mondlichtes ausspricht und es gereicht mir zur Freude und Genugthuung, die Priorität Keplers in dieser Frage auf Grund meiner Forschungen hier constatiren zu können.

Kepler befand sich damit im Gegensatze zu Plutarch, der meint), dass das Sonnenlicht, von dem Monde reflektirt, alle Wärme verliere, so dass uns nur schwache Reste davon überkommen. Bei den Indern heisst der Mond der ‚Kaltstrahlende'. Es scheint diese Priorität Keplers nicht bekannt zu sein, denn ich finde sie nirgends erwähnt und selbst Humboldt streift**) nur die Frage mit dem Hinweis: ‚Merkwürdig genug hat es mir immer geschienen, dass von den frühesten Zeiten her, wo Wärme nur durch das Gefühl bestimmt wurde, der Mond zuerst die Idee erregt hat, dass Licht und Wärme getrennt gefunden werden könnten' und sagt dann weiter: ‚dass das Mondlicht wärmeerzeugend ist, gehört, wie so viele andere meines berühmten Freundes Melloni***), zu den wichtigsten Entdeckungen unseres Jahrhunderts [also des XIX.]. Nach vielen vergeblichen Versuchen, von De la Hire an bis zu denen des scharfsinnigen Forbes, ist es Melloni geglückt, mittelst einer Linse von 3 Fuss Durchmesser bei verschiedenen Wechseln des Mondes die befriedigendsten Resultate der Temperaturerhöhung zu beobachten. Wie viel die Quantität der Temperaturerhöhung, welche Mellonis thermoskopische Säule erzeugte, in Bruchtheilen eines hunderttheiligen Thermometergrades ausgedrückt, betrage, wurde damals (Sommer 1846) noch nicht ergründet.'*

Mädler spricht sich im gleichen Sinne aus†), Lehmann††) giebt Lord Rosse†††) die Priorität: ‚die Wärmewirkungen des Mondes,' sagt

---

**) In seiner Schrift: ‚Vom Gesicht im Monde', s. Einleitung.*

***) Kosmos III, S. 497 u. 539.*

****) Macedonio Melloni, Physiker, geb. 1798 in Parma, gest. 1854 in Portici; beschäftigte sich viel mit Untersuchungen über strahlende Wärme.*

†) Mädler, ‚Populäre Astronomie', 1849. S. 185.

††) Paul Lehmann, ‚Die Erde und der Mond', 1884. S. 247.

†††) William Parsons Rosse, geb. 1800 zu Parsonstown in Irland, gest. 1867 zu Mankstown; Astronom, Besitzer des grössten Spiegelteleskops zu Birr Castle.

er, ‚sind als abhängig von seinem Stande zur Sonne zu betrachten, weil der Mond eine für uns merkbare Eigenwärme nicht mehr besitzt. Doch ist auch die von der Sonne entliehene Wärme, welche der Mond theils durch unmittelbare Rückstrahlung (Reflexion), theils durch Wiederausstrahlung uns zusendet, so ungemein gering, dass die Forscher sehr lange vergeblich sich bemüht haben, dieselbe nachzuweisen. Erst in neuester Zeit ist es zuerst Lord Rosse mit Hülfe eines überaus feinfühligen Apparates gelungen, Messungen über den äusserst geringfügigen Betrag der uns zukommenden Mondwärme anzustellen‘ —.

Diese Angabe scheint indessen auch nicht allgemein anerkannt zu sein, denn eine kürzlich durch die Zeitschriften gehende Notiz meldet: ‚Ein für die Physik und Astronomie höchst wichtiges Geheimniss, an welchem sich Tyndall, Lord Rosse und Langley vergeblich abgemüht haben, scheint endlich von dem Engländer C. V. Boys, einem der Professoren von South Kensington, aufgeklärt zu sein, nämlich die Wärme des Mondlichtes zu bestimmen. Boys benutzte zu dem Zweck feine Quarzfasern, mittels welcher er eine Thermosäule von fast unglaublicher Empfindlichkeit herstellte. Er kann mit diesem Instrument die von einer Kerze ausgestrahlte Wärme noch auf 1¼ engl. Meilen nachweisen. Indem er den Mond auf die kleine Scheibe seines Apparates fallen liess, zeigte er, dass die empfangene Wärme gleich der einer Kerze auf 21 Fuss Entfernung sei.

Also endlich, fast 300 Jahre nach Kepler! —

Was nun weiter die von Kepler erwähnte Entzündung von Wäldern und hölzernen Dächern durch die Strahlen der Sonne anbelangt, so sind mir Fälle einer Brandlegung durch direkte Sonnenstrahlen aus neuerer Zeit nicht bekannt, wohl aber weiss ich, dass zuweilen Entzündungen durch gefüllte Wasserflaschen und durch in trocknem Moos und Laub liegende Glasscherben, z. B. Flaschenböden, die von den Sonnenstrahlen unter gewissen günstigen Umständen getroffen wurden, entstanden sind. Solche Medien — man erinnere sich der zu Keplers Zeiten allgemein üblichen, zu solcher Wirkung besonders tauglichen Butzenscheiben — mögen denn auch wohl die ‚Brandstifter‘ gewesen sein.

Alte Chroniken enthalten freilich manche interessante einschlägige Notizen. So wird in einer solchen berichtet, dass im Jahre 994 die Sonnenhitze so stark gewesen sei, dass die Bäume von selbst anbrannten und ebenso erzählt ein Chronist vom Jahre 1135, es sei die Hitze so gross gewesen, dass auf den Heiden und in den Wäldern Feuer entstand. Wahrscheinlich werden diese Feuer aber durch Unvorsichtigkeit bei der allgemeinen Dürre entstanden sein, so dass Keplers Angaben, die er wohl aus solchen Chroniken schöpfte, auf einer missverstandenen Stelle des Erzählten beruhen. In einer Chronik von Burgund heisst es ausdrücklich:

,Die Sommerzeit war wunderbar reich an Wärme und ohne Regen, wodurch Krankheiten und Fieber die Menschen befielen; an manchen Orten entstanden durch die Trockenheit beklagenswerthe Feuersbrünste.' —

145. [201.]

Dies ist an und für sich wenig, in der Menge der Ursachen darf es aber nicht vernachlässigt werden. Denn am Mondhimmel ist die Sonne weiter von den Subvolvanern bei Neuvolva, als von den Privolvanern am Mittag ihres Tages entfernt.

Offenbar ist im ersteren Falle der Mond um den ganzen Durchmesser seiner Bahn, also annähernd 735000 km weiter von der Sonne entfernt als im letzteren [s. a und a_1 *in Fig. 8].*

146. [202.]

Es handelt sich hier mehr um eine wahrscheinliche Vermuthung, als um einen vollkommenen Beweis. Erfahrene Schiffer versichern, dass das Meer stürmischer sei, wenn die Tageslichter *[also Sonne und Mond]* in Conjunktion, als wenn sie in Quadratur stehen. — — —

Siehe weiter C. 41, wo ich diese Note des Zusammenhanges wegen schon einreihte.

Es ist bei den Meeresstürmen an die durch die vereinte Anziehung von Sonne und Mond, wenn also beide Himmelskörper in Conjunktion stehen, verursachten Springfluthen zu denken. Wenn Kepler von Mondgewässern spricht, so folgt er hierin der Anschauung seiner Zeit, die noch durch Selenographen wie Galilei, Hevel, De la Hire u. A. vertreten wurde. Erst um die Mitte des XVIII. Jahrhunderts trat zuerst Schoen in seiner Schrift ,Sind die bisherigen Landcharten vom Monde richtig?' diesem Irrthum entgegen; s. C. 165.

147.

Die Sonne geht zu den Privolvanern, die Volva bleibt bei den Subvolvanern, denn wie wir wissen, bekommen die Privolvaner die Volva nie zu sehen.

148.

Kepler will damit sagen, dass die Nässe die Bewohner der privolvanen Hemisphäre in etwas gegen die grosse Hitze schützt, einestheils durch die erquickende Eigenschaft, anderseits indem das Wasser verdunstet und so die Sonnenstrahlen abhält, wie wir Aehnliches ja auch auf unserer Erde kennen [s. C. 43]. Von seinem uns bekannten Standpunkte aus hat er gewiss Recht.

Hiermit beendet nun Kepler *die eigentliche Astronomie des Mondes und giebt zum Schluss durch den Mund des Dämons noch in kurzen Umrissen eine Beschreibung der Oberfläche des Mondes und der auf derselben befindlichen Vegetation und Bewohner.*

Mit Unrecht hat man diese Darstellung phantastisch und unastronomisch genannt; wenn man sie aufmerksam liest, so findet man, vielleicht zuweilen in etwas groteske Form gekleidet, manche treffende, vorahnende Bemerkung, manche noch heute gültige Aussprüche, die um so bewundernswürdiger sind, als sie zu einer Zeit gethan, wo das Fernrohr noch nicht erfunden war und gegentheilige Anschauungen fest im Glauben der damaligen Zeit wurzelten.

Einzelne Irrthümer hat Kepler *später in den Noten, durch die Macht des Fernrohrs überzeugt, verbessert, andere, wie z. B. den Glauben an eine Atmosphäre und das Vorhandensein von Wasser auf dem Monde hat er mit ins Grab genommen, wie u. A. hauptsächlich aus der Note [223], die er so ziemlich am Ende seines Lebens geschrieben hat, hervorgeht. Ein weiterer Beweis hierfür ist eine Stelle in seinem Oesterreichischen Wein-Visier-Büchlein*): ‚Der Mond ist 400 Teutscher Meilen dick, helt also innen am Circkelrunden Schnitt bey einhundert tausent vnd ferners fünff vnd zweintzig tausent Teutscher gevierter Meilen, diss viermal genommen, macht fünff mal hundert tausent Teutscher gevierter Meilen aussen herumb. Da gehöreten nun auch etliche vil par Ochsen zu, soviel Feldes zu bauwen, wann gleich das halbe thail Wasser wäre.' Da in Note [223] ausführlich auf den Standpunkt, den* Kepler *in der Frage der Mondatmosphäre einnahm, eingegangen wird, so verweise ich bei Hierhergehörigem wiederholt darauf.*

149.

Genauer 1473 deutsche Meilen = 10927 km. Der Durchmesser des Mondes war Kepler *schon ziemlich genau bekannt, nicht so der der Erde; denn das Verhältniss ist nicht, wie er angiebt 1 : 4, sondern 1 : 3,664.*

150.

Es erscheint erstaunlich, wie Kepler *vor Erfindung des Fernrohrs zu solcher Erkenntniss kam; indessen finden wir ähnliche Anschauungen bereits bei den griechischen Philosophen. Schon* Anaxagoras**)*, der*

---

*) *Ausszug auss der vralten Messe-Kunst Archimedis u. s. w. Lintz 1616. K. O. O. V, S. 518.*

) **Anaxagoras, *jonischer Philosoph, lebte etwa von 500—428 v. Chr. Schüler und Nachfolger von* **Anaximenes**.

den bergigen Mond mit einer anderen Erde verglich, hatte sie vertreten und Plutarch vergleicht) sinnreich diese Mondberge mit dem Atas, der seinen Schatten über das Meer hin bis zur Insel Lemnos wirft.*

Keplers scharfem Verstande konnte es auch nicht entgehen, dass die Unregelmässigkeiten auf der Mondscheibe nur so zu erklären seien; die grossen Unterschiede des Lichtreflexes in den einzelnen Theilen des erleuchteten Mondes und ganz besonders der Mangel scharfer Lichtgrenzen mussten ihm die Richtigkeit seiner Ansicht bringen. In der That befinden sich auf dem Monde Berge, welche den höchsten auf der Erde nahezu gleichkommen, verhältnissmässig sind sie ganz bedeutend höher. Der höchste Gipfel des Himalaja-Gebirges z. B. ist ca. 1,16 geogr. Meilen = 8,6 km hoch, der höchste Mondberg ca. 1 geogr. Meile = 7,42 km; daraus folgt, dass, da der Durchmesser des Mondes = 469, der der Erde = 1718 geogr. Meilen beträgt, der höchste Berg auf dem Monde den $\frac{1}{469}$, *derjenige auf der Erde aber nur den* $\frac{1}{1481}$ *Theil des Durchmessers ausmacht. Eklatanter wird dies noch hervortreten, wenn man sich die Erde und den Mond zu der Winzigkeit einer guten Kegelkugel zusammengeschrumpft denkt: dann wird die Oberfläche der Erdkugel die Glätte des Schreibpapiers haben, während die der Mondkugel immer noch Unebenheiten aufweisen wird, die mit den Fingerspitzen deutlich zu fühlen sein werden.*

Es ist also wohl gerechtfertigt, wenn Kepler sagt, dass der Mond, was Vollkommenheit der Rundung anbetrifft, unserer Erde sehr viel nachsteht.

Die wissenschaftliche Erforschung der Mondoberfläche konnte indessen erst nach Erfindung des Fernrohrs mit Erfolg betrieben werden.

Galilei eröffnete die Reihe dieser Erforschungen, er erkannte die seltsamen, kreisförmigen Gebilde auf dem Monde und unternahm es, sie zu messen, dabei kam er, was bemerkenswerth ist, auf ein ganz richtiges Resultat, indem er die höchsten Mondgebirge ungefähr 1 geogr. Meile schätzte und sie nach seiner Kenntniss über die Höhe der irdischen Berge für höher hielt als diese.

*Nach Galilei und Kepler ist die Erforschung bis auf die neueste Zeit von den namhaftesten Astronomen eifrig fortgesetzt, so dass wir heute eine vollständige Topographie des Mondes besitzen.**) Die eigentliche Fundamentalform der Gebirgsbildung auf dem Monde lässt sich als ein*

**) In der Schrift ‚Vom Gesicht im Monde‘.*

***) Sehr eingehend und gemeinverständlich wird die Topographie des Mondes u. A. in dem Buch von J. F. Jul. Schmidt ‚Der Mond‘ und in der ‚Populären Astronomie‘ von Mädler behandelt; ich verweise die sich für diese Erforschungen näher Interessirenden auf diese Werke, denen ich manches hier entnommen habe.*

kreisförmiger, ringsherum geschlossener Wall, der eine Einsenkung umschliesst, charakterisiren. Diese Form erscheint unter mannigfaltigen Modifikationen als Wallebene, Ringgebirge, Bergkranz, Krater und Grube, je nach den Dimensionen des Gebildes. Die Wallebenen sind Wälle von mässiger Höhe, die eine ebene Fläche von 75—225 km Durchmesser umschliessen, während die Ringgebirge eine bedeutende Tiefe umfassen, ihr Durchmesser ist weit geringer, nicht viel über 15—75 km und der Wall steigt unter mannigfaltig ausgezackter Form schroff in die Höhe. Bei einigen erscheint in der Mitte der vertieften Fläche ein Centralberg, der jedoch niedriger ist wie der Wall. Bergkränze sind den Ringgebirgen ähnlich, nur ist die kreisförmige Umfassung unterbrochen und in einzelne Berge zerlegt; Krater endlich sind kleine kreisförmige Vertiefungen, bei denen noch eine wallförmige Erhebung zu erkennen ist, mit einem Durchmesser von 15 km und kleiner bis zu 475 m herab, während man solche ohne erkennbaren Wall als Gruben bezeichnet.

Alle diese Formen setzen sich, oft in höchst grotesker Art, zu Gebirgen und Bergketten zusammen, die unsern Erdgebirgen zwar ähnlich sind, weshalb ihnen auch Namen, wie die Alpen und Apenninen beigelegt wurden, doch mit denen unserer Erde nicht verglichen werden können, es sei denn mit einigen Gebirgsformen unseres ostafrikanischen Schutzgebietes, so z. B. des Kilimandscharo. Ebenso findet man auf dem Monde Bergadern und Hochflächen neben tiefer liegenden dunklen Landschaften, Meeren vergleichbar, — die sogn. Mare. Die Zahl der kreisförmigen Gebilde ist eine sehr beträchtliche, man schätzt sie nach der neuesten Forschung auf 100000.

Einige der schönsten Wallebenen sind Schickard, Wargentin und Phocylides im südlichen Theil der sichtbaren Mondscheibe, zumal die erstere gehört zu den sonderbarsten Gebilden der Mondoberfläche: sie ist vollkommen kreisförmig, hat 88 km im Durchmesser und ist oben fast vollständig eben, so dass es verzeihlich ist, wenn die älteren Astronomen sie für ein Erzeugniss der Kunst erklärten.

Die schönsten Ringgebirge und Krater befinden sich auf dem nördlichen Theil der Mondscheibe, so Plato, ein Ringgebirge mit ausgezacktem Wall; Copernicus, 1000 m hoch und 37 km im Durchmesser, Kepler, fast vollständig kreisrund mit einem Centralberge und Archimedes, welch' letzteres während des Sonnenaufganges eine der schönsten und grossartigsten Landschaften des Mondes bildet. Als Krater verdienen hervorgehoben zu werden Theophilus und Cyrillus, gleichfalls im nördlichen Theil liegend. Hervortretende Massengebirge und Bergketten sind die Alpen und die Apenninen, erstere sich anschliessend an Plato, letztere unterhalb Archimedes sich hinziehend. Von den sogn. Maren sind die *bedeutendsten Mare nubium — das Wolken-Meer — Mare imbrium — das Regen-Meer — Mare serenitatis — das heitere Meer — und Oceanus Procellarum — das stürmische Meer — mit dem Ringgebirge Kepler in der Mitte; ersteres im südlichen, die nächsten beiden im nördlichen und das letztere auf dem östlichen Theil der Mondscheibe liegend.*) Andere Gebilde, wie die Rillen, Strahlen, Lichtadern, Gruben und Einsenkungen sind über die ganze Mondoberfläche verbreitet. Die Lichtadern ziehen sich oft durch weite Gebiete in einer Länge von 225—1000 km fort, quer über alle Mondgebilde, ohne durch sie im geringsten verändert zu werden.*

Ueberblickt man alle diese Gebilde, so kann man sich kaum wundern, dass schon Keplers schwachem Auge die Mondoberfläche ‚stellenweise ganz poröse und von Höhlen und Löchern allenthalben gleichsam durchbohrt' erschien! —

151. [211.]

Hier ist der Verstand, verlassen von allen Beweisen des Auges, auf sich selbst angewiesen. Aber wenn ich damals**) gewusst hätte, dass der Mond so viele tief liegende Höhlen habe, wie sie das Fernrohr des Galilei ans Licht bringt oder wenn ich den von der Grotte der Hekate fabelnden Plutarch gelesen hätte, so würde ich, glaube ich, diese Sätze mit freierer Feder geschrieben haben.

Hatte Kepler, wie wir gesehen haben, schon eine annähernd richtige Ansicht über die Formen der Mondoberfläche, so stellt er sich die Entstehung derselben ganz anders vor, als sie in Wirklichkeit vor sich gegangen ist. Wir werden später aus seinem ‚Selenographischen Anhang', dem interessanten Brief an den Jesuiten Guldin, welchen er nach der Betrachtung des Mondes durch ein Fernrohr schrieb, noch Näheres hierüber erfahren.

Heute kennen wir, dank der unermüdlichen Arbeit der Astronomie, auch das Geheimniss der Entstehung der gewaltigen Umwälzungen auf der Mondoberfläche. Wir wissen, dass sie nicht hervorgerufen wurden durch aus dem Innern des Mondes ausbrechende Dämpfe, auch nicht vulkanischen Ursprungs sind, sondern dass jene Wallebenen, jene Ringgebirge, jene Krater u. s. w. entstanden sind durch den Fall kosmischer Körper. Andere Weltkörper von kleineren Dimensionen als der Mond waren es, die mit ihm zusammenstiessen und seiner Oberfläche die jetzige Gestalt gaben.

---

*) *Zur Orientirung der Lagen der hier angegebenen Mondgebilde diene die Darstellung der selenographischen Eintheilung der subvolvanen Hemisphäre des Mondes. Tafel I.*

**) *z. Zt. als Kepler den Text schrieb: 1593—1609.*

Diese Ansicht), so ungewöhnlich sie auch zunächst erscheinen mag, gewinnt an Wahrscheinlichkeit, wenn man sich den Urzustand des Planetensystems vergegenwärtigt. Unzählige Massen umkreisten die Sonne und erst nach und nach ordneten sie sich zu zusammengehörigen Gebilden: den Planeten mit ihren Monden und Ringen, den Kometen u. s. w. In den Ringen des Saturn hat die neuere Astronomie Ströme von unverbundenen Satelliten erkannt, die den Planeten umkreisen und analog diesem könnte man sich vorstellen, dass einst auch die Erde ihren lunaren Ring von kleinen Begleitern gehabt hat und dass im Verlauf unermesslicher Zeiträume der grösste von diesen, eben unser Mond, seine schwächeren Genossen überwältigt und verschlungen hätte. Schon Kepler stellte die Behauptung auf, es seien ‚der Kometen im Weltraum so viel, wie der Fische im Meer, so dass sie im Stande wären, eine Schwächung des Sonnenlichtes zu bewirken‘. Dies dürfte in erhöhtem Maasse von den Asteroïden und Aërolithen im Raume des Planetensystems gelten, besonders in Hinblick auf die Urzeit.*

Wie können nun diese fremden Körper die verschiedenen Configurationen auf der Mondoberfläche hervorgebracht haben?

Man erinnere sich, dass auch der Mond, wie alle Himmelskörper, zuerst feuerflüssig gewesen ist und erst unter der Einwirkung der Kälte des Weltraums nach und nach abkühlte und erstarrte. In der ersten Periode mussten also wohl die herabfallenden Körper in der Mondmasse untertauchen und konnten keine Eindrücke hinterlassen. In einer späteren Periode aber, wo die Mondmasse schon bildsam wurde, werden die durch den Anprall erzeugten ringförmigen Wellen stehen geblieben sein; die untere noch flüssige Mondmaterie drang nach und füllte das so eingezäunte Gebiet aus: es entstanden die Wallebenen.

Die Ringgebirge nun gehören einer noch späteren Periode an. Die Schale des Mondes hatte allmählig eine solche Festigkeit und Dicke gewonnen, dass ein herabstürzender Körper nicht mehr sie vollständig durchschlagen und sich in die Tiefe versenken konnte; in ihnen glauben wir nicht sowohl das aufgestülpte Material der Mondschale, als vielmehr die auseinandergefallenen Bestandtheile der fremden Körper zu erkennen. Die Bildung der verschiedenen Formen der Ringgebirge dürfte auf die Umstände, unter welchen die herabfallenden Körper die immer mehr erstarrende Mondoberfläche trafen, zurückzuführen sein.

Es lässt sich dieser Vorgang praktisch vor Augen führen durch eine

---

**) Zuerst ausgesprochen und begründet in einer 1879 unter dem Pseudonym ‚Asterios‘ erschienenen Schrift: ‚Die Physiognomie des Mondes‘. Ich bin in Nachfolgendem dieser interessanten und überzeugend entwickelten Arbeit gefolgt.*

Kugel, die man aus bedeutender Höhe in einen mit Gyps und Lehm gefüllten Kasten herabfallen lässt: man erhält dann ein getreues Abbild von Mondoberflächenformen dieser Art.

In den Centralbergen kann man den sitzengebliebenen Kern des aufgeschlagenen, zerschellten Weltkörpers erkennen, ähnlich wie von einem gegen eine harte Fläche geworfenen Schneeball ein Kern haften bleibt, während die äusseren Theile auseinanderstieben.

Berücksichtigt man neben der Percussion der fallenden Körper die dadurch verursachte Erhitzung und Explosion, so begreift man wohl die Bildung jener ungeheuren, steilen und nahezu cylindrischen Kraterwände, die durch vulkanischen Auswurf nicht zu erklären sind. Die Wirkung der Explosion nach der Seite hin war es, welche die Masse des zerspringenden Körpers, vielleicht auch schon früher vorhandenes lockeres Material, in das der Körper sich einrammte, in Gestalt eines schroffen Ringgebirges emporthürmte.)*

Die Strahlensysteme entstanden vielleicht durch schwächere Stösse — wobei der noch nicht ganz spröde Ueberzug [Schmelze] nur einsprang, ähnlich wie eine angestossene Lackschicht — welche die Structur dadurch an dieser Stelle so veränderten, dass die Fähigkeit, das Licht zu reflektiren, modificirt wurde. Wenigstens könnte man sich so den Umstand erklären, dass die Strahlensysteme bei verschiedener Beleuchtung oft ein ganz anderes Aussehen erhalten, ja völlig verschwinden.

Auch die sogn. Rillen und Adern der Mondoberfläche, sowie die Mare sind Folgen des Stosses auf sie herabfallender mächtiger Weltkörper. So bringt ja auch der Stein, der durch eine Fensterscheibe geworfen wird, radienförmige Sprünge hervor und ein mit Vehemenz durch dünnes Eis geschleuderter fester Körper wird verursachen, dass das aufgewühlte Wasser die Oeffnung weiter ausbricht, die Umgegend überschwemmt und sie mit den Trümmern des Eises bedeckt.

*Die Zeitschrift ‚Der Stein der Weisen'**) brachte kürzlich einen bemerkenswerthen Artikel über den fallenden Tropfen, illustrirt durch eine Reihe von 16 aufeinanderfolgenden, in einem Zeitraum von 2 Sekunden vollzogenen Momentaufnahmen. Die danach sich darstellenden Gebilde*

**) Dieser meteorischen Einwirkung schreibt man auch die Erhaltung der Sonnenwärme zu. Die Kraft des Anpralls der in unzähliger Menge auf die Sonne herabfallenden Meteore wird hier in Wärme umgesetzt. J. R. Meyer in Heilbronn war der Erste, der um die Mitte unseres Jahrhunderts auf diesen Vorgang aufmerksam machte und spätere Physiker haben erwiesen, dass seiner Theorie der Sonnenwärme ein hoher Grad der Wahrscheinlichkeit zukommt.*

***) Eine Zeitschrift, welche hauptsächlich alle Neuheiten auf schöpferischem Gebiet verfolgt. A. Hartlebens Verlag. Wien.*

erinnern lebhaft an die eben geschilderten Vorgänge auf dem Monde und sind als ein weiterer Beweis für die Wahrscheinlichkeit der angezogenen Theorie von so hohem Interesse, dass ich nicht unterlassen will, die Abbildungen hier zu reproduciren. Fig. 21.

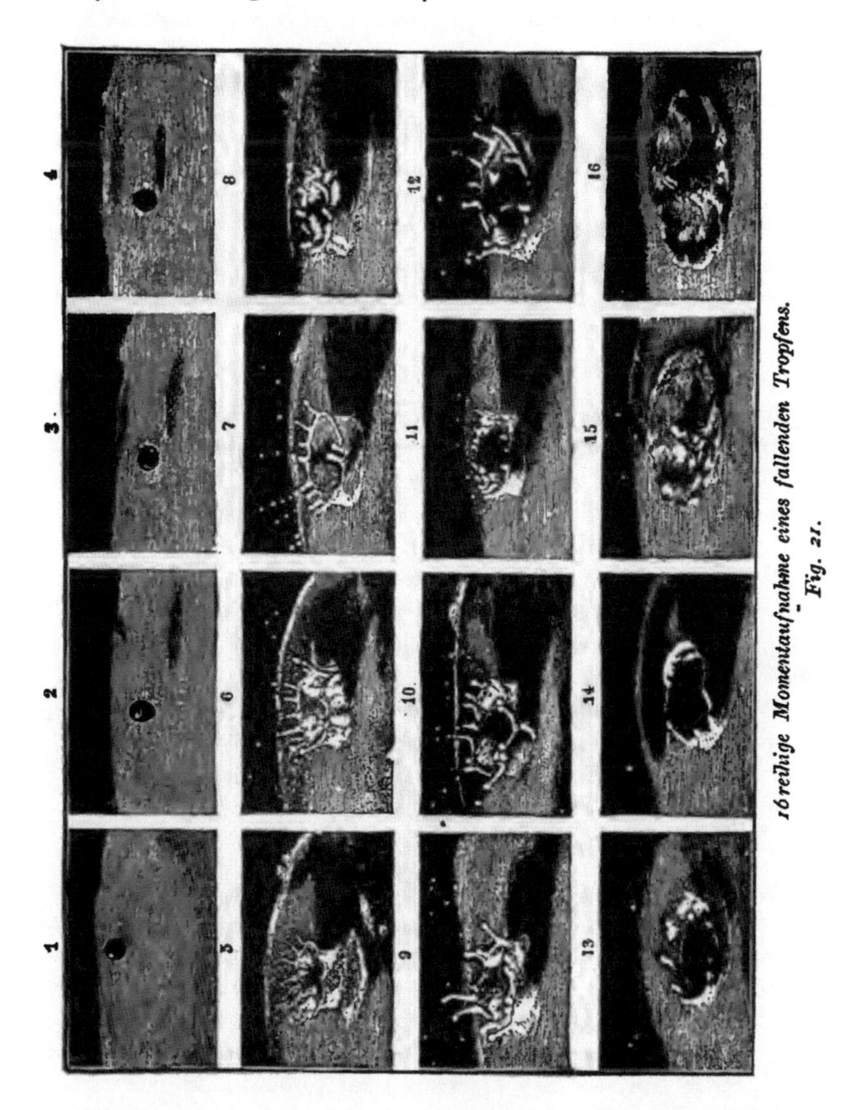

16reihige Momentaufnahme eines fallenden Tropfens.
Fig. 21.

Wir sehen den Tropfen zuerst noch in der charakteristischen Kugelgestalt; wir sehen dann, wie er auf die Oberfläche der Flüssigkeit — eine Schale mit Milch diente zum Auffangen — aufschlägt, wie diese mit umgestülptem Rande über den Tropfen zusammenschlägt und eine korallenförmige Krone bildet. Diese flacht mehr und mehr ab, bis endlich in der aufgestörten Flüssigkeit allmählig wieder Ruhe eintritt.

Je nachdem nun — das Beispiel auf unsere Theorie angewandt — die aufeinandertreffenden Materien mehr oder weniger Consistenz angenommen haben, meine ich, werden sich diese oder jene Configurationen bilden und in mannigfaltiger Abwechslung bestehen bleiben.

152. [212.]

Den Ausdruck ‚Erde' gebrauche ich für ‚Mondmasse'.*) Ich glaubte annehmen zu müssen, dass die Lebewesen auf dem Monde nach Analogie ihrer Berge gestaltet seien. Und ich gab ihnen nicht nur einen unsern Geschöpfen ähnlichen Körper, sondern auch die Fähigkeit zu athmen, zu hungern, zu dursten, zu wachen, zu schlafen, zu arbeiten und zu ruhen; *s. auch N. [216].*

153.

Es ist interessant, sich hierbei des Schwereverhältnisses auf der Mondoberfläche zu erinnern, das einer solchen Schilderung günstig ist.

*Die Schwere auf dem Monde**) ist nämlich 6½ mal geringer, als auf der Erde und dadurch werden alle Bewegungen leichter: unser Körper z. B. würde, alles Uebrige gleich gesetzt, auf dem Monde mit der grössten Leichtigkeit erstaunliche Wirkungen ausüben können, weil ihm die Schwere einen 6½ mal geringeren Widerstand entgegenstellt. 100 m Höhe oder Entfernung könnten wir auf dem Monde mit derselben Leichtigkeit überwinden, als 15½ m bei uns u. s. w.*

Wenn Kepler auch das Gesetz der Schwere im Newtonschen Sinne nicht gekannt hat, so hatte er doch einen Begriff von dem Massenverhältniss des Mondes zur Erde und scheint bei der Inauguration seiner Mondgeschöpfe Rücksicht hierauf genommen zu haben; s. auch C. 41.

154.

In dem bestimmten Hinweis auf die privolvane Mondhemisphäre offenbart Kepler einen feinen psychologischen Sinn. Nicht als ob er sich von vornherein sichern möchte gegen die möglichen Angriffe späterer Forscher wählt er eine Gegend, die zu schauen keinem Sterblichen je vergönnt sein wird, sondern er will damit sagen: sieht einmal das Auge nichts, so kann es der Phantasie gleich sein, ob die Stätte, mit der sie sich beschäftigt, für das Auge überhaupt nicht vorhanden ist, oder ob nur die physische Beschaffenheit desselben nicht hinreicht, sie zu schauen.

---

*) *Das ‚Selenitide' des Originals von 1634.*

**) *s. auch Jul. Schmidt, ‚Der Mond'. S. 8.*

155.

Das Kameel, das Wüstenthier, wäre allerdings vor allen geeignet, die Einöden des Mondes zu durchschreiten; dass Kepler ihm längere Beine giebt, erforderte die Rücksicht auf die schnellere Fortbewegung.

156.

Wo sie Schutz vor dem anziehenden glühenden Sonnenschein finden. Einige von den Mondgeschöpfen, die eine fischartige Constitution haben, suchen auch, wie weiter erzählt wird, zu diesem Zweck die tieferen, kühlen Stellen der Gewässer auf.

157.

Herschel vermuthet auf der Mondoberfläche eine Temperatur, die vielleicht den Siedepunkt des Wassers ansehnlich übertrifft.)*

Andere Astronomen nehmen an, dass auf dem Monde trotz der langen Bescheinung der Sonne doch die Kälte des Weltraums herrscht. Denn, so folgern sie, da die Sonnenwärme von der Dichtigkeit der Atmosphäre abhängt, so kann, wo diese fehlt, von einem Aufsaugen der Sonnenstrahlen keine Rede sein und auf dem Monde muss also nach dem physikalischen Satz von der Wärmeausgleichung dieselbe Temperatur herrschen, wie im Weltraum, also bedeutende Kälte.

Meiner Ueberzeugung nach kann der Weltraum, weil stofflos, überhaupt keine Temperatur haben; s. auch C. 43 und C. 88.

158. [216.]

Dies Alles war nach üblichem Gebrauch zu bestimmen. Die Hitze des Wassers aber folgerte ich aus dem langen Tag nach Analogie einer Erscheinung in Chile unter dem Wendekreis des Steinbocks in der heissen Zone, wo, wie man sagt, der Regen fast heiss niederfallen soll; *s. auch C. 157.*

159.

Man wird hier an die Rillen und Strahlen auf der Mondoberfläche erinnert, die geradlinig von grösseren Ringgebirgen und Kratern in oft sehr beträchtlicher Länge auslaufen.

160.

Kepler denkt hier an gleiche Vorgänge in der Natur bei uns; z. B. das Abfallen des Fleisches gewisser Kern- und Steinfrüchte, das Häuten der Thiere, das Abwerfen der Schalen, Schilder, Hufe, Gehörne u. s. w.

**) s. Humboldt, ‚Kosmos' III, S. 459/60.*

161.

Es ist hier an gleiche Gewohnheiten der Eidechsen und Krokodile zu denken, sich mit Vorliebe dem heissesten Sonnenschein auszusetzen und bei einer herannahenden Gefahr blitzschnell in ihre Schlupfwinkel zurückzuziehen.

162. [220.]

Von den Völkern Culomorens, einer nördlichen Provinz Scythiens, wird erzählt: es gäbe dort Leute, die, wenn die lange Nacht hereinbräche, stürben und wieder auflebten, sobald die Sonne wiederkehre, ja selbst nach dem wirklichen Tode als abgeschiedene Seelen wiedererschienen. Hierüber siehe Näheres in Mart. Delrios magischen Untersuchungen.

S. auch N. [28]. Gemeint sind die Hyperboreer, ein fabelhaftes Volk, dessen Wohnsitz man in den äussersten Norden [‚über den Boreas hinaus'] verlegte. Sie sollen, dem Nordwinde nicht ausgesetzt, sich eines ewigen Frühlings erfreut haben und eifrige Verehrer Apollons gewesen sein; s. auch C. 112 ff.

163.

Kepler illustrirt in Note [221] diese wunderbare Erzeugung von Lebewesen aus Naturstoffen durch einige Citate aus den ‚Berichten' Scaligers.) So sollen aus dem durch die Gluth der Sonne aus Schiffsbalken ausgeschwitzten Harz Enten sich erzeugen, die sich dann in die unten vorüberrauschenden Wogen stürzen, und ein bekannter Baum Schottlands soll ähnliche Erzeugnisse hervorbringen. Er selbst habe — so fügt Kepler hinzu — im Jahre 1615 während eines äusserst heissen Sommers in Linz einen weit hergebrachten Wachholderstrauch gesehen, an dessen Harz eine unbekannte Art von Insekten, an Farbe dem Hornkäfer gleichend, geklebt habe u. s. w.*

— — — — — — — — — — — — — —

Man ersieht aus dieser ganzen Schilderung der Lebewesen auf dem Monde, wie Kepler sie in seinem ‚Traum' giebt, dass sie wohl weniger aus der Ueberzeugung des wirklich Wahren, von ihm Geglaubten hervor-

---

**) Julius Cäsar Scaliger [eigentlich Bordone della Scala], berühmter Gelehrter und Dichter, geb. 1484 auf Schloss Riva am Gardasee, gest. 1558 zu Agen; übte zunächst das Kriegshandwerk unter Kaiser Maximilian und studirte später noch Medicin. Im Jahre 1557 erschien sein bedeutendstes wissenschaftliches Werk ‚Exercitationum exotericarum liber quintus decimus de subtilitate ad Cardanum', welchem Kepler die obigen Citate entnommen hat. Mit den Werken Scaligers, des Vaters und des Sohnes [Joseph Justus, geb. 1540 zu Agen, gest. 1609 zu Leyden, hauptsächlich als Chronolog bekannt] hat Kepler sich sehr eingehend beschäftigt, wie aus seinen Werken hervorgeht.*

gegangen ist — in dieser Beziehung mochte er wohl der Ansicht jedes tiefer denkenden Menschen sein, dass man von der Weisheit des Schöpfers erwarten kann, dass alle seine Werke die möglichst höchsten Zwecke erfüllen — sondern dass er damit der Wissbegierde der grossen Menge eine wohl verzeihliche Concession macht. Diese begnügte sich von jeher nicht mit einer allgemeinen Antwort, mochte vielmehr eine möglichst specielle Auskunft über den Organismus, die Lebensweise, die physischen und geistigen Fähigkeiten der Mondbewohner haben.

In wieweit die Darstellungen Keplers beabsichtigte Fabeleien, in wieweit überirdische Speculationen, im guten Sinne des Wortes, und das Produkt kühner Analogien, in wieweit endlich wirklich persönliche Ueberzeugung enthalten, ist heute schwer zu entscheiden. Einen bedeutsamen Faktor hatte er für sich, der auch heute noch bei der Entscheidung über die Bewohnbarkeit eines fremden Weltkörpers nach menschlichem Fassungsvermögen massgebend sein würde: die Gewissheit des Vorhandenseins von Luft und Wasser. Wie wir wissen und aus N. [223] nebst Commentar noch näher begründet finden werden, nahm Kepler diese Stoffe als auf dem Monde vorhanden an, und es konnte sich für ihn nur noch darum handeln, seine Mond-Lebewesen den übrigen Verhältnissen anzupassen. Wie er in dieser Beziehung Alles ‚nach üblichem Brauch' bestimmt hat und mit einer seiner Zeit oft weit vorahnenden Einsicht, — man beachte besonders die Burgen und Festungen bauenden Bewohner, wie er sie im Appendix beschreibt — ist immerhin anzuerkennen, so phantastisch auch auf den ersten Blick seine Aeusserungen zuweilen erscheinen mögen.

Sollten wir heute die Frage von rein astronomischem Standpunkt aus beantworten, so würden wir, wenn wir auch kaum nach anderen Principien, als Kepler es gethan, verfahren könnten, freilich zu einem ganz anderen Schluss gelangen. Luft und Wasser sind auf unserm Satelliten bestimmt so gut wie nicht vorhanden, verbesserte Beobachtungsinstrumente haben uns gezeigt, dass die Erscheinungen auf dem Monde doch wesentlich verschieden sind von denen, wie sie unsere Vorfahren sahen und beobachteten, die Jahres- und Tageszeiten, sowie die klimatischen Verhältnisse sind von den unsrigen ganz abweichend und endlich ist die Gravitation [C. 153] nur $^1/_6$ so gross wie auf der Erde. ‚Und diese Differenz der Schwerkraft ist in ihrer Wirkung nicht nur darauf beschränkt, dass auf der Erde ein Körper 4,9 m, auf dem Monde 0,8 m freifallend in der ersten Sekunde zurücklegt, sondern sie afficirt jeden Organismus in Hinsicht der Fähigkeit sich zu bewegen, sich durch Wachsthum zu vergrössern oder irgend welche Kräfte in Anwendung zu bringen'.)*

**) Jul. Schmidt, ‚Der Mond'. S. 113 f.*

Berücksichtigt man alle diese Umstände, so wird man logischer Weise zu der Ueberzeugung kommen, dass auf dem Monde von menschlichen Wesen, was wir darunter verstehen, überhaupt von lebenden Organismen, die denen unserer Erde auch nur im Entferntesten ähnlich sähen, füglich nicht die Rede sein kann.

Der Sinn dieses Schlusses liegt auch in der keplerschen Beschreibung der Endymioniden: er giebt ihnen wohl, und das mit Recht, die geistigen Eigenschaften der Erdbewohner, aber die körperlichen Organe lässt er kluger Weise ziemlich unerörtert oder hüllt sie sorgsam in das blendende Gewand phantastischer Ungeheuerlichkeiten. Denn es ist nun nicht gesagt, dass lebende Wesen auf dem Monde überhaupt nicht vorhanden seien, eine solche Behauptung wäre sogar unlogisch. Nehmen wir einmal an, es seien ‚Menschen' auf dem Monde vorhanden, gleichviel wie gestaltet, den göttlichen Funken könnten wir ihnen nicht vorenthalten: sie würden also die Erde sehen, sie würden nach und nach erkennen, dass diese eine ‚Atmosphäre', dass sie ‚Wasser' hat — Stoffe, die sie nicht kennten — dass die Schwere dort eine andere ist und noch Vieles mehr würden sie finden, was bei ihnen nicht oder ganz anders ist. Der Logik derjenigen zufolge, die das Vorhandensein von Leben auf dem Monde ganz und gar bestreiten, würden also die Seleniten einfach sagen: „Aus allem, was wir über die Volva wissen, schliessen wir mit Sicherheit, dass es dort lebende Wesen nicht giebt!" Und doch wissen wir am besten, dass sie sich bei solchem voreiligen Schluss gründlich irren würden! ‚Die Natur liebt es nicht, sich selber zu copiren; sie ist reich genug, Individuen zu erschaffen und weiss trotzdem Einheit in der Mannigfaltigkeit zu bewahren.' Indem ich meine Aeusserungen über die Bewohner des Mondes mit diesem Ausspruch Mädlers beschliesse, kann ich mich seiner Meinung im Uebrigen nur anschliessen, ‚es sei im höchsten Grade wahrscheinlich, dass nicht der Mond allein, sondern jeder Weltkörper lebende Wesen beherberge, da gar kein Grund abzusehen ist, aus welchem die Erde einen so ungemeinen Vorzug ausschliesslich in Anspruch nehmen könnte'. Aber wenn Lebensformen auf einem fernen Weltkörper bestehen, so sind es nicht Nachbildungen oder durch planetare Verhältnisse modificirte Metamorphosen einer oder mehrerer Urtypen, sondern freie Schöpfungen, nur denjenigen Welten angemessen, die sie bewohnen.

164. [222.]

Von den Ländern der neuen Welt schreibt Josephus a Costa dasselbe. Siehe meine ‚Dissertation über den Sternboten', f. 18.*)

*) *‚Dissertatio cum Nuncio Sidereo (a Galilaeo Galilaeo)'. Prag 1610. K. O. O. II, S. 485 ff.*

Kepler äussert sich in ähnlicher Weise schon früher [s. S. 19, m. und C. 148]. Wir werden in der nächsten Note noch Näheres über seine Ansicht und Meinungen in dieser Sache erfahren.

165. [223.]

Diese Vermuthung habe ich einer Disputation des gelehrten Mästlin entlehnt, welche im Jahre 1605 unter dem Titel ‚Ueber die Natur der Planeten' erschienen ist, über welche ich mich auch in der ‚Dissertation'*) ausgelassen habe. Die Sache ist aber so wichtig, dass ich zum besseren Verständniss an dieser Stelle darüber ausführlich berichten will. Ich gehe kurzer Hand dazu über. Der Verfasser beginnt in den Thesen 136 u. 143 zunächst von jener Eigenthümlichkeit zu erzählen, dass der Mond bisweilen an demselben Tage und zwar früh morgens als alt und abends als neu erscheint, zu einer Zeit also, wo er nicht mehr als 6—7° von der Sonne entfernt sein kann, während ein anderes Mal noch weitere 12° bis zu seinem Sichtbarwerden nöthig sind. Als erklärende Gründe dieser eigenartigen Erscheinung stellt er in These 146 als neuen Lehrsatz auf: der Mond werde umhüllt von einer gewissen Luftsubstanz. Denn in These 139 hatte er dargelegt, dass der Mond dann, wenn er um volle 12° von der Sonne entfernt ist, kaum in dem 20. Theil seines Durchmessers von der Sonne beschienen wird, und deshalb auch nur dieser Theil sichtbar sei. Um wieviel kleiner wird also sein sichtbarer Theil noch sein, wenn er nur 7° von der Sonne entfernt ist? Es stehe also fest, dass soviel als von der Luft über dem Mondkörper hervorragt, von den Sonnenstrahlen getroffen, nämlich durchdrungen und erhellt werde, niemals werde der Mond selbst weiter erleuchtet, als die centralen Strahlen es zulassen. Diesen Cardinalsatz bekräftigt Mästlin noch überdies durch 5 Beweisversuche. Erstens: die durch ein Loch hereinfallenden Strahlen der verfinsterten Sonne erzeugen ein Sonnenbild, dessen convexer Umkreis einem grösseren Kreise angehört, als der innere concave, der von dem Körper des verdeckenden Mondes herrührt: obgleich doch der Vollmond meist einen viel grösseren *[scheinbaren]* Durchmesser hat als die Sonne. Er glaubt also, dass wir, wenn wir den Mond als voll messen, wir dasjenige mit messen, was über seinen eigentlichen Körper selbst von seiner beleuchteten Atmosphäre ringsherum hervorragt; wenn aber anderseits er selber die Sonne verdeckt, so stehe jener Körper, meint er, allein davor, ohne dass seine luftige Hülle ihn gleichsam aufschwelle; und die Sonnen-

*) *‚Dissertatio cum Nuncio Sidereo', wie vor. fol. 19.*

strahlen, durch nichts gehindert oder abgeschnitten, gingen durch diese hindurch.

Dieses Experiment, welches Mästlin bei der Beobachtuug einer Sonnenfinsterniss machte *[1599. Febr. 25.]*, ist allerdings richtig und veranlasste auch den Tycho Brahe, dem Neumonde einen kleineren Durchmesser zuzuschreiben als dem Vollmonde, und Longomontan pflichtete seinem Lehrer in einem Buche: ‚Dänische Astronomie'*) bei. Viel hat sich mit dieser Eigenschaft des Mondes auch der friesische Astronom David Fabricius befasst, dessen Meinung ich im Vorwort zu den ‚Ephemeriden'**) besprochen habe. Sehr wahr ist es nach meiner Ansicht, dass bei dem durch ein kleines Loch aufgefangenen Bilde der verfinstert werdenden Sonne der convexe Umriss ein Theil eines grösseren Kreises und der concave der eines kleineren sei, aber der Grund, den der Disputant anführt, ist nicht stichhaltig. Es ist nicht meine Absicht, die Luftschicht um den Mond abzuleugnen, ich habe sie ja in meiner ‚Optik'***) und in meiner ‚Dissertation'***) angeführt; aber nicht sie bewirkt das, was der Disputant meint. Denn jener Erscheinung liegt etwas anderes zu Grunde, nämlich das Loch selbst, durch das der Sonnenstrahl einfällt. Infolge einer zu grossen Oeffnung kommt zu dem sichelförmigen Bilde der Sonne ringsherum ein heller, ungenauer Schein hinzu, besonders an den Spitzen der Hörner, so dass diese dann abgestumpft erscheinen. Wenn dieses zerstreute Licht abgehalten wird, so bleibt das wahre Bild übrig, dessen äusserer Umriss schon kleiner ist, als der innere concave. Wenn nun also dieses Mittel angewandt wird, so erhält man den Durchmesser des die Sonne bedeckenden Mondes congruent dem des Vollmondes. Diese meine Lösung des Knotens führt Mästlin aus meiner ‚Optik', die ich gerade zu der Zeit†) herausgegeben hatte, in einer Note zu der These auf, lobt sie und nimmt auch meine Verneinung eines Grössenunterschiedes zwischen Neu- und Vollmond an; trotzdem aber streicht er aus der Zahl seiner Beweisversuche für die Luftschicht des Mondes diesen ersten nicht, und zwar, wie ich vermuthe, weil er das endgültige Urtheil dem Leser überlassen zu müssen glaubt. Oder wähnt er vielleicht, eine genügend kleine Oeffnung benutzt zu haben,

*) *‚Astronomia Danica', ein Buch, welches die sphärische und theoretische Astronomie nach dem ptolemäischen, copernicanischen und tychonischen System enthält. Longomontan war Anhänger des Tycho, nahm aber an, dass die Erde täglich von Westen nach Osten rotire; s. auch C. 17.*

**) *‚Ephemerides novae Motuum Coelestium'. Linz 1616. K. O. O. VII, S. 443.*

***) *Beide K. O. O. II.*

†) *Frankfurt a. M. 1604.*

durch welche auch die Hörner im Bilde hinreichend scharf wiedergegeben wären? Ich kann ihm so leicht nicht glauben, denn es besteht ein zu grosser Unterschied zwischen dem Durchmesser-Verhältniss, welches jener Verfasser nach der Beobachtung einer Sonnenfinsterniss am $\frac{2}{12}$ October 1605 anführt und demjenigen, welches ich bei ähnlichen Beobachtungen erhielt. Auch seien die Beobachter darauf aufmerksam gemacht, dass die Tafel, welche das Bild einer Sonnenfinsterniss auffangen soll, gegen jede Schwankung unbedingt gesichert sein und stets dem Loche in demselben Abstand gegenüber gehalten werden muss. Denn sobald sie abgewendet wird, verzerrt sich der Umriss des Bildes und geht von der Kreisform in diejenige der Ellipse über. Jener Disputant wird hiernach ermessen, inwieweit er gegen diese Fehler Vorsichtsmassregeln getroffen hat.

Was nun die Sache selbst anbelangt, welche Mästlin als Grund für die Abnahme des Durchmessers angeführt hat, denn so ohne Weiteres kann ich dieselbe nicht wegleugnen, so muss erklärt werden, warum das nicht ein Grund für jene Verringerung sein kann. Ohne Zweifel, weil auch die hellsten Gegenstände Schatten werfen, wenn sie in die Sonne gestellt werden. Ich habe in der ‚Optik' dies durch Versuche mit einer mit Wasser gefüllten Glasblase bewiesen: sie lässt die Sonnenstrahlen durch und concentrirt sie so sehr, dass sie Kleider ansengen und Pulver entzünden, aber nach dem Hindurchlassen lenkt sie sie nach einer anderen Richtung ab; die Ränder der Blase aber werfen trotzdem ihren Schatten in gerader Richtung von der Sonne her. Wenn also das Sonnenlicht etwas zu durchdringen vermöchte, ohne Schatten zu erzeugen, wie sollte da wohl, wie wir oft beobachten, eine Verfinsterung des Mondes geschehen können, wenn beide Himmelskörper oberhalb des Horizonts stehen? Das Sonnenlicht ist hier durch unsere Luft hindurchgedrungen und gelangt auch bis zum Monde, wenn die Erde nicht im Wege steht, da ja beide oberhalb sind. Was sollte also anders die Ursache dafür sein, dass Schatten den Mond einhüllen, als unsere Luft, welche die Sonnenstrahlen am directen Durchgang hindern?*) Also ich sage und wiederhole es: die durch die Luft hindurch dringenden und in ihr gebrochenen Sonnenstrahlen schaffen nicht den Schatten der Erdatmosphäre aus der Welt und werden deshalb auch nie den Schatten der Mondluft aufheben. Soviel mag also über diesen ersten Beweis für die Atmosphäre des Mondes gesagt sein.

---

*) *s. auch* Keplers *Paralipomena ad Vitellionem, Pars optica, Cap. VII. K. O. O. II, S. 297 ff.*

Einen zweiten Versuchsbeweis für das Vorhandensein einer Mondatmosphäre enthält These 148:

Wenn der Halbmond mit der dunklen Hälfte irgend einen Stern zu berühren anfängt, so erscheint dieser dem Mittelpunkt des Mondes näher als der gegenüberliegende helle Rand, wenn aber der Vollmond im Begriff ist, Sterne zu verdecken, so scheint es, als ob er diese schon vorher in den Bereich seiner hellen Umhüllung aufnehme, während sie durch dieselbe noch deutlich hervorblicken, und darauf erst verdeckt er sie selbst mit seinem Körper. Beobachtungen dieser Art findet man in den rudolphinischen Tafeln, Vorausberechnung. 133. pag. 94, von ☌☽♀.*) Von derselben Art ist der vierte Beweis, These 150: nämlich, dass zur Zeit der beginnenden Erneuerung des Mondes, wo seine ganze Gestalt nur ein schwaches, blasses Licht zeigt *[das sogn. aschgraue Licht]*, während daneben das Horn oder die Sichel hell ist, dass also zu dieser Zeit die Umrisse der beleuchteten Sichel viel ausgedehnter erscheinen, als die gegenüberliegenden Umrisse seiner Gestalt. Disputant glaubt nun, dass dieses helle Licht der Sichel von dem weiteren Umfange der Mondatmosphäre herrühre, welche noch über seine Gestalt hinausrage. Nun wollen wir auch den fünften Beweis aus These 151 gleich dazu nehmen: dass nämlich die Mondsichel niemals dünner gesehen werden könnte, als eines Fingers Breite, obgleich man doch bisweilen an ein und demselben Tage den alten und den neuen Mond wahrnehmen kann, wobei der beleuchtete Theil kaum den 80. Theil des Durchmessers beträgt. Disputant behauptet wiederum, dass man dann jene luftige Hülle sehe, welche über die körperlichen Grenzen hinausrage.

Diese drei Beweise nun halte ich durchaus nicht für geeignet, um Zeugniss abzulegen von einer so bedeutenden Hervorragung über die Gestalt des Mondes hinaus. Den Grund für diese Erscheinung habe ich vielmehr in der Natur des Sehens selbst gefunden; denn während der Nacht erweitert sich die Pupille des Auges infolge naturgemässer Anregung, das Licht eines sichtbar leuchtenden Punktes dringt in grösserer Menge ein und erzeugt einen stärkeren Reiz auf der Netzhaut des Sehenden. Auf diese Weise wird das Bild der sichtbaren Gegenstände auf der Netzhaut fehlerhaft verändert, indem die hellen Theile sich ausdehnen und Theile der dunklen Umgrenzung einnehmen. Diesem Bilde auf der Netzhaut entspricht aber genau in der

---

*) *‚Tabulae Rudolphinae'. Ulm 1627. K. O. O. VI. Praec. 133, S. 701. — Mond und Venus in Conjunktion, hier = Bedeckung der Venus durch den Mond.*

Umkehrung der Eindruck, den man von aussen her von dem sichtbaren Gegenstand erhält.

Auch diese Lösung erkennt der Verfasser in einer Note zu These 151 an, verschweigt aber meinen Namen und erläutert dieselbe nach allen Seiten, indem er begründet, dass dasselbe auch am Tage der Fall sei. Gewiss! Das, womit ich seine Ansicht widerlege, ist zwar bei Nacht noch augenscheinlicher, hat aber auch bei Tage Geltung.

Demnach kann man hieraus und besonders aus dem 4. und 5. Versuch einen Beweis für das Vorhandensein einer Atmosphäre auf dem Monde nicht finden. Denn wenn auch die Sonnenstrahlen sie durchdringen und sehr hell leuchten lassen, so ist zwar nichtsdestoweniger diese Umhüllung fähig, Schatten zu werfen, aber dennoch ändert sie, von dieser Helligkeit erfüllt, sehr bedeutend ihr Ansehen; und darin ist auch die Erscheinung einer vergrösserten Ausdehnung des erleuchteten Theiles begründet, welche also nicht durch wirkliche Ausdehnung, wohl aber durch wirklichen Glanz und Klarheit jenes zu frühe Sichtbarwerden des Mondes verursacht. Nach meiner Ansicht ist das Uebergreifen der Sichel, wie es wirklich zu sehen ist, nicht eine Ausdehnung, gleichsam als wenn sie etwas an Maass zugenommen hätte, sondern die wirklich vorhandene Helligkeit verursacht die scheinbare grössere Ausdehnung wegen der stärkeren Reizung der Netzhaut des Beschauers.

Siehe auch, was ich in dieser Sache gegen ähnliche Versuche des David Fabricius im Vorwort zu meinen ‚Ephemeriden' geschrieben habe.

Den dritten Beweis habe ich übersprungen; diesen bringt der Disputant in die 149. These hinein: Der Rand der erleuchteten Mondscheibe ist klar, rein und fleckenlos, in der Mitte dagegen erscheint der ganze Mond voller Flecken; allerdings, weil die Mondatmosphäre dem Auge inmitten der Mondkugel dünn und in den Senkungen seicht, nach dem Rande dagegen dicker vorkommt. So tritt z. B. auf der Erde die Atmosphäre, trotzdem sie von der Sonne beleuchtet wird, nicht sonderlich für das Auge in die Erscheinung und verdeckt nicht einmal für den aus tiefen Schluchten Hinaufschauenden die grösseren Gestirne; die Luft dagegen, die unsere Berge weithin umschliesst, wird weiss, weil sie auf das Auge den Eindruck grösserer Dichte macht; die noch weiter hinaus liegenden Berge färbt sie dunkelblau, ja verdunkelt sie sogar vollständig, und selbst wenn die Sonne nicht scheint, verfinstert sie sogar die hellsten aufgehenden Sterne. So sind auch meistens die Wolken über uns entweder gar nicht sichtbar oder verhüllt und durchscheinend, nach dem Horizont zu jedoch immer, selbst wenn im Zenith nur ganz wenige stehen, vollständig dicht.

Dies sind die Beweise des Mästlin für die Mondatmosphäre und dies ihre Beweiskraft.

Hiernach bringt er nun die 152. und vorletzte These des Buches, in welcher er die Mondatmosphäre mit unserer Erdatmosphäre vergleicht, er stellt vergleichende Betrachtungen an über den glänzenden Saum, der als Ursache der wunderbaren Erscheinung unserer Morgenröthe gilt, er erhebt unsere Blicke hinauf zur Höhe, wie ich zum Monde, damit wir von dort die Erscheinungen auf unserer Erde als völlig ähnlich anerkennen.

Endlich fügt er der Note noch eine Bemerkung bei und sagt:

„Ob jene Atmosphäre ähnlich wie die unsrige sich zu Wolken zusammenballt, welche durch ihre Undurchsichtigkeit das Aussehen vollständig fester Körper gewähren, in dem Grade, dass sie wie bei uns die auf- und untergehende Sonne weiss oder feurig erscheinen machen, das lassen wir dahin gestellt. Das wenigstens lehrt uns sicher die Erfahrung, dass nämlich jene umschliessende Hülle zu verschiedenen Zeiten mehr oder weniger klar erscheint."

Und meiner aptirten Hypothese fügt er ein geeignetes Beispiel hinzu:

„Im Jahre 1605 am Abend vor Palmarum, während der Mond im Untergehen war und ungefähr die Farbe von weissglühendem Eisen hatte, wurde nach Norden hin auf ihm ein schwärzlicher und dunkler wie die übrige Fläche anzusehender Fleck erblickt, so dass man hätte sagen können, es sei eine weithin ausgedehnte regen- oder gewitterschwangere Wolke gewesen, wie sie Leuten, die von hohen Bergen in tiefe Thäler hinabschauen, häufig zu sehen gelingt."

Ich kam einige Zeit darauf mit Mästlin in ein Gespräch, in welchem er mir versicherte, dass jener Flecken nicht von gewöhnlicher Grösse gewesen sei, sondern ungefähr die Hälfte des Durchmessers eingenommen hätte. Dies nun ist es, mit dessen Niederschrift ich den letzten Theil meines Traums beschloss und mit dessen Wiederholung will ich auch die Noten beschliessen.

Wenn ich es unternehme, in Nachstehendem auf das Thema von der Mondatmosphäre, welches wissenschaftlich so gut wie abgeschlossen ist, einzugehen, so geschieht es, weil ich glaube, dass die Beweise Mästlins mit den Widerlegungen und Bemerkungen Keplers dem beregten Gegenstand doch noch eine oder die andere, bisher wenig beachtete Seite darbieten, jedenfalls besonders geeignet erscheinen, populäre Fragen und Zweifel zu streifen und zu lösen.

Es muss zunächst auffallen, dass Kepler, der die Beweise Mästlins zum Theil glänzend widerlegt, trotzdem an dem Glauben einer Mondatmosphäre festhält, ohne nun seinerseits nach direkten Beweisen dafür zu suchen. Man hat dafür nur die Erklärung, dass der Glaube an dem Vorhandensein von Luft und Wasser auf dem Monde zu damaliger Zeit ein so fest eingewurzeltes Dogma war, dass selbst ein Geist wie Kepler sich nicht ohne Weiteres darüber hinweg zu setzen vermochte, wie denn dieser Glaubenssatz noch bis fast zum Ende des XVIII. Jahrhunderts Stand gehalten hat. Hinzu kommt Keplers schon oft erwähnte Bescheidenheit, die er, nicht alle Mal zum Vortheil seiner Forschungen, gegen ältere Gelehrte übte; Mästlin war sein von ihm verehrter Lehrer und in noch manchen anderen Dingen hat er dessen Autorität gelten lassen. Endlich darf nicht unerwähnt bleiben, dass Kepler sich von gewissen Gebilden auf dem Monde überzeugt zu haben glaubte, die nach seiner Meinung nur die Werke vernunftbegabter Wesen sein konnten [s. Appendix N. [1]] und dass er dies als einen indirekten Beweis für das Vorhandensein einer Mondatmosphäre ansehen konnte, insofern, als er sich das physische Leben seiner Endymioniden nicht ohne diesen unentbehrlichen Stoff denken mochte.

Die Beobachtungen Mästlins, welche seinen Beweisen zu Grunde liegen, sind ohne Hülfe des Fernrohrs mit blossem Auge gemacht) und auch für die späteren Nachprüfungen standen noch so unvollkommene Instrumente zur Verfügung, dass dadurch manche Unrichtigkeiten der Erscheinungen wohl erklärlich sind, selbst wenn man von einer Trübung des Urtheils aus der Selbsttäuschung durch vorgefasste Meinungen absieht.*

Gleich die erste Angabe, ‚dass der Mond bisweilen an demselben Tage und zwar früh morgens als alt und abends als neu erscheint, zu einer Zeit also, wo er nicht mehr als 6—7° von der Sonne entfernt sein kann‘, *worauf Mästlin seine Deduktion stützt, giebt zu Bedenken Veranlassung. Mir ist die Sache neu, allein für absolut unmöglich möchte ich es nicht erklären, dass Jemandem, der über ein ausserordentliches Sehvermögen verfügt, eine solche Doppelbeobachtung am nämlichen Tage gelingen könnte, wenn ausserdem noch ganz besonders günstige Umstände, als Stellung des Mondes in der Nähe seiner Knoten, sehr klare Luft am Horizont u. s. w., sich dabei vereinigen. Dem gegenüber haben wir in C. 105 gesehen, dass der Mond bei seinem Wechsel ca. 3—4 Tage unsichtbar bleibt; unter der Annahme, dass er sich pro Tag ca. 11° von der Sonne entfernt, würde er also in den Sonnenstrahlen verschwinden, resp. wieder daraus hervortauchen, wenn er ca. 16,5 bis 22° [11 + 5,5 bis 11 + 11], im Mittel 19,25°, je zu beiden Seiten der Sonne steht,*

**) Es ist nicht ausgeschlossen, dass er Hohlgläser [Perspicilla] angewandt hat, wenigstens hat Kästner [s. s. Geschichte der Mathematik IV, S. 75 u. 272] nachgewiesen, dass Kepler solche Gläser, vor Erfindung des Fernrohrs, gebraucht hat.*

was ja mit den weiteren Angaben Mästlins ‚während ein anderes Mal noch weitere 12⁰ bis zu seinem Sichtbarwerden nöthig sind' *übereinstimmt [7 + 12 = 19].*

Herr Geheimrath W. Foerster in Berlin, den ich in dieser Sache um seine Meinung bat, schreibt mir in seiner liebenswürdigen Weise:

„Die mir von Ihnen mitgetheilte Behauptung Mästlins, dass man unter Umständen die erste Mondsichel an dem Abende desselben Tages sehen könne, an welchem man in der Morgenstunde die letzte Sichel gesehen hat, war mir historisch sehr interessant. Ich halte jedoch dieses Vorkommniss für sehr unwahrscheinlich, fast unmöglich, habe auch nie etwas von einer derartigen Beobachtung gehört und glaube daher, dass auch bei Mästlin nur eine deduktive Kombination vorliegt. Ich weiss unter Anderem, dass unser Landsmann, Julius Schmidt in Athen, Beobachtungen dieser Art angestellt hat, um die für die chronologischen Einrichtungen der Alten erhebliche Frage zu lösen, wie weit der Mond von der Sonne entfernt sein muss, um gesehen werden zu können. Aus seinen Mittheilungen hierüber weiss ich, dass unter den günstigsten Verhältnissen mindestens ein Tag seit dem Neumond verflossen, also mindestens etwa 11⁰ Abstand von der Sonne zurückgelegt sein muss, um die Sichel erkennbar zu machen."

Hiernach würde also zwischen der Angabe Mästlins und derjenigen der neuesten, exacten Forschung immer noch eine Differenz von 4—5⁰ bestehen.

Den ersten Beweis widerlegt Kepler ganz richtig durch die Divergenz der Lichtstrahlen und durch die von ihm experimentell nachgewiesene Erscheinung, dass selbst ein heller, durchscheinender Gegenstand, wenn er einer noch helleren Lichtquelle ausgesetzt wird, Schatten wirft. Wir finden in seiner Ausführung bereits eine ganz richtige Erklärung von der Vergrösserung des Erdschattens, welche bei Mondfinsternissen beobachtet wird und welche einerseits der Wirkung der Refraktion, anderseits dem selbstständigen Schattenwurf der Erdatmosphäre zuzuschreiben ist.

Wichtiger für uns ist der zweite Beweis Mästlins, weil er diejenigen Kriterien enthält, woran die moderne Astronomie gerade den sicheren Beweis für das Nichtvorhandensein einer Mondatmosphäre knüpft. Mästlin meint, dass bei einer Sternbedeckung der Stern bei seiner Annäherung an den hellen Mondrand zunächst wie durch eine helle Umhüllung zu sehen sei und erst dann von dem Mondkörper selbst verdeckt werde. Man kann nur annehmen, dass die diesem Beweise untergelegten Beobachtungen unter irgend einem beirrenden Einfluss gestanden haben, oder dass der Beobachter sah, was er zu sehen wünschte, denn in Wirklichkeit verhält sich die Sache so, dass der Stern plötzlich verschwindet, wie wenn man ein Licht ausbläst, um nach längerer oder kürzerer Zeit ebenso plötzlich an der gegenüberliegenden Seite der Mondscheibe wieder aufzutauchen. Aber noch mehr: bei einer centralen Bedeckung, d. h. bei einer solchen, wo der Mittelpunkt der Mondscheibe genau über den Stern hinweggeht, ist —

populär ausgedrückt — der Weg, den dieser Mittelpunkt am Himmel in der Zeit von dem Verschwinden bis zum Wiederauftauchen des Sternes zurücklegt, genau gleich dem Durchmesser des Mondes. Hätte nun der Mond eine Atmosphäre, so könnte dies nicht stattfinden, sondern es würde diese Luft auf den Stern wirken, wie unsere Luft, wie überhaupt jedes Gas, nämlich sie würde den Lichtstrahl von seiner Richtung ablenken, ihn brechen. Infolge dieser Strahlenbrechung, der Refraktion, würde der Stern noch sichtbar sein, wenn er in Wirklichkeit schon hinter dem Mondkörper steht und bereits wieder sichtbar sein, wenn er noch davon bedeckt ist. Es müsste also der Weg des Mondmittelpunktes kleiner sein als der Monddurchmesser. Da das aber nicht der Fall ist, kann der Mond auch keine Lufthülle haben, oder nur eine von solcher ätherischer Feinheit, dass sie mit unseren Instrumenten nicht wahrnehmbar ist. Bessel hat durch die sorgfältigsten Untersuchungen gefunden, dass die Mondluft — wenn eine solche angenommen wird — nicht mehr als $\frac{1}{968}$ *von der Dichtigkeit der Erdatmosphäre haben kann.*

Hätte Kepler, dem bereits die Erscheinung der Refraktion geläufig war, schon feinere Beobachtungsinstrumente besessen, so würde er ohne Zweifel, den Spiess umdrehend, gerade diesen Beweis Mästlins als Gegenbeweis benutzt haben und ich setze hinzu: hätte der Schwulst althergebrachter Vorstellungen und vorgefasster Meinungen nicht sein Urtheil getrübt, er würde, den Mangel zureichender Werkzeuge durch seinen alles durchdringenden Verstand ersetzend, durch reine Induktion zu dem richtigen Resultat gekommen sein. Zu denken giebt es jedenfalls, dass er diese These Mästlins ohne besonderen Commentar lässt und sich nur mit der summarischen Erklärung begnügt, dass er den Beweis nicht für geeignet hält, um für eine sehr bedeutende Lufthülle Zeugniss abzulegen, und wir erkennen, dass er der Hypothese von der Mondatmosphäre nur bedingungsweise zustimmt.

Während diese beiden Beweise wohl die astronomischen Fachgenossen überzeugen sollten, waren der dritte, vierte und fünfte, weil mehr in die Augen fallend, geeignet, auch das grosse Publikum für die mästlinsche Doctrin zu gewinnen. Wohl Jeder hat die im 4. Beweis geschilderte Erscheinung gesehen und mancher ist wohl nur zu geneigt gewesen, die helle Sichel, die wie die Schale einer Eichelfrucht über den schwachleuchtenden übrigen Theil des Mondkörpers übergreifen scheint [s. C. 141], für eine wirkliche Erhöhung der Mondoberfläche zu halten. Das ist sie nun aber keineswegs, sondern diese, sowie die in Beweis 5 gegebene Erscheinung ist eine Folge der Irradiation, dem sogn. Ueberfliessen des Lichts, resp. der Refraktion, wovon Kepler in seinen Widerlegungen in so exacter

Weise Erklärungen bringt, dass es eines weiteren Commentars hier nicht bedarf.

Den 3. Beweis bringt Kepler zuletzt und dies nicht ohne Grund: es ist nämlich der einzige, in dem er Mästlin beipflichtet; ja er stützt dessen Annahme sogar, indem er sie weiter begründet durch den Hinweis auf Analogien in unserer Erdatmosphäre.

Ich muss gestehen, dass dieser dritte Beweis in der That am einleuchtendsten ist, zumal für Beobachter, die mit blossem Auge oder sehr unvollkommenen Fernrohren operiren. Wenn man die vollerleuchtete Mondscheibe beobachtet, so scheint es, besonders bei etwas dunstigen Himmel, als ob die Erscheinungen, wie Mästlin sie schildert, richtig wären; vorzugsweise scheint die helle Mondscheibe wie mit einem helleren, reinen Rand umgeben, gleichsam als wenn eine umgebende Hülle infolge des starken durch die Sonnenstrahlen hervorgerufenen Glanzes mit dem eigentlichen Mondkörper verschmolzen sei.

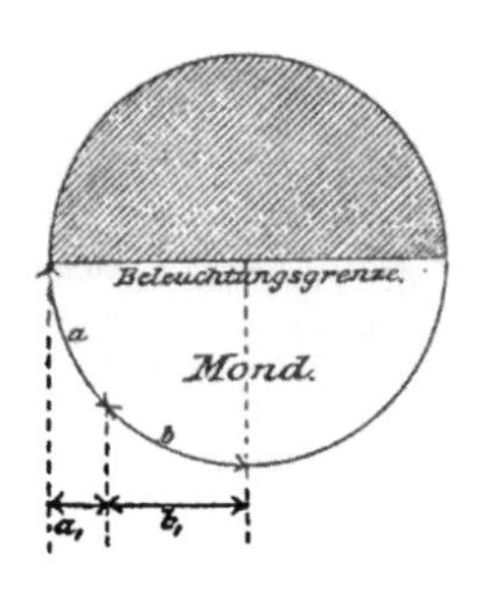

Fig. 22.

Aber einer genaueren und aufmerksameren Untersuchung hält auch dieser Beweis nicht Stand. Man findet dann, dass die sogn. Mondlandschaften am Rande der Scheibe mit derselben Deutlichkeit zu sehen sind, wie die in der Mitte; und die Helle des Randes erklärt sich aus der stärkeren Beleuchtung dieser Theile. Wie aus Fig. 22 hervorgeht, sehen wir den Rand in der Projection a_1, die Mitte in der Projection b_1, und es ist anzunehmen, dass, da a_1 bedeutend kleiner ist wie b_1, beide aber eine gleich grosse Grundfläche haben $[a = b]$, sich auf der Sehfläche a_1 auch mehr Licht zusammendrängen muss als auf b_1, sie also auch heller erscheinen wird.

Allerdings werden zuweilen Trübungen des Mondlichtes gesehen, doch ist die Ursache davon in momentanen Veränderungen unserer Atmosphäre und in vorübergehenden Modifikationen unseres bei solchen Beobachtungen angestrengten Sehvermögens zu suchen.

Was endlich die ‚Wolken' anbelangt, die Mästlin im Monde gesehen haben will und die auch Kepler als eine Consequenz der vorhandenen Lufthülle bestätigt, so sind solche Lokalphänomene auch später, wenn auch nicht in der jedenfalls arg übertriebenen Grösse, wie Mästlin sie beschreibt, beobachtet worden; sie stehen aber zu einer Mondatmosphäre in gar keiner Beziehung. Wenn dergleichen Erscheinungen nicht auf die unvollkommene Durchsichtigkeit der Linsen in den Fernrohren zurück-

zuführen sind, so bleibt, meint Jul. Schmidt), nur übrig, lokale Exhalationen elastischer Dämpfe anzunehmen, welche durch grosse Geschwindigkeiten ausgetrieben, kleine Räume der Mondscheibe für uns wolkenähnlich verdecken.*

Das sind aber Seltenheiten, für gewöhnlich zeigt der Mond, falls er uns nicht durch irdische Dünste verdeckt oder verschleiert wird, schon dem unbewaffneten Auge ewig sein bekanntes weisses Licht und stets sind die Flecken mit gleicher Schärfe zu sehen. Hieran haben auch die grössten Fernrohre nichts geändert. Den Seleniten dagegen werden sich unsere Wolken an einer Trübung der Volvenscheibe verrathen, worauf sie ihnen immer einzelne, bald grössere, bald kleinere Flächen verdecken und verschleiern. Und da sich ihnen unsere Atmosphäre noch in anderer Weise offenbaren muss, so z. B. dadurch, dass sie die Lichtgrenze der Volvenphasen röthlich eingesäumt sehen, im Gegensatz zu denen des Mondes, die stets scharf ohne irgend eine Färbung sich uns zeigen, so darf man schliessen, dass unsern Nachbarn vom Monde die wahre Ursache dieser Verhüllungen wohl bekannt ist.

War Kepler aber überzeugt von dem Vorhandensein von Luft und Wasser auf dem Monde, so war er auch consequenterweise zu dem Ausspruch im letzten Theil seines Traums berechtigt, denn für unsere Erde ist er unzweifelhaft richtig: man erinnere sich z. B. nur der wohlthuenden Wirkung der Regenzeit in den tropischen Ländern.

**) J. F. Jul. Schmidt, ‚Der Mond', Leipzig 1856. S. 38 ff.*

Geographischer oder besser Selenographischer Anhang*),
dem sehr zu verehrenden P. Paulus Guldin**), Priester der Gesellschaft Jesu etc.

Ehrwürdiger und gelehrter Mann, hochverehrter Gönner. Es lebt wohl kaum Jemand, mit dem ich mich zur Zeit über astronomische Studien am liebsten persönlich aussprechen möchte, als mit Dir, wenn nur ausser dem Genuss dieses Gesprächs auch eine gewisse Garantie für meine Reise in dieser stürmischen Zeit, wo der ganze fürstliche Hof mit kriegerischen Sorgen beschäftigt ist, zu erwarten wäre.

Um so angenehmer berührt mich daher der mir durch hiesige Ordensbrüder übermittelte Gruss. Besonders konnte das von P. Zuccus***) überbrachte, vortreffliche, ich möchte sagen erleuchtete Geschenk[1] mir von Keinem lieber kommen, als von Dir. Sobald ich vernahm, dass dieses Kleinod in meinen Besitz übergehen soll, glaubte ich auch Dir zuerst ein etwaiges Ergebniss, welches ich durch Versuche mit diesem Geschenk erlangte, als literarischen Genuss übermitteln zu müssen.

Aber was rede ich nicht? Wenn Du Dich im Geiste zu

---

*) *Siehe Einleitung, S. XIII.*

**) *Paul Guldin, Jesuit, Mathematiker, geb. 1577 in St. Gallen, gest. daselbst 1643. Kepler stand in reger Correspondenz mit Guldin.*

***) *Nicolaus Zuccus [Zuchius oder Zuchi], Jesuit, Hofprediger Alexanders VII., Lehrer der Mathematik in Rom; geb. 1586 zu Parma, gest. 1670 in Rom.*

den Mondgefilden aufschwingst, wirst Du mein Schauen bestätigen[2]. Jene auf dem Monde befindlichen Höhlungen, die zuerst von Galilei beobachtet wurden, bezeichnen, wie ich beweise, vorzugsweise Flecken[3], d. h. tiefgelegene Stellen in der ebenen Fläche, ähnlich wie bei uns die Meere[4]. Aber aus dem Aussehen der Höhlungen schliesse ich[5], dass diese Stellen meistens sumpfig sind[6]. Und in ihnen pflegen die Endymioniden[7] den Platz für ihre befestigten Städte[8] abzumessen, um sich sowohl gegen sumpfige Feuchtigkeit, als auch gegen den Brand der Sonne, vielleicht auch gegen Feinde zu schützen[9]. Die Art der Einrichtung ist folgende: in der Mitte des zu befestigenden Platzes rammen sie einen Pfahl ein, an diesen Pfahl binden sie Taue, je nach der Geräumigkeit der zukünftigen Festung, lange oder kurze, das längste misst fünf deutsche Meilen[10]. Mit dem so befestigten Tau laufen sie zum Umfang des künftigen Walles hin, den das Ende des Taues bezeichnet[11]. Darauf kommen sie in Masse zusammen, um den Wall aufzuführen[12], die Breite des Grabens mindestens eine deutsche Meile[13], das herausgeschaffte Material[14] nehmen sie in einigen Städten ganz von inwendig fort[15], in anderen theils von innen, theils von aussen, indem sie einen doppelten Wall schaffen mit einem sehr tiefen Graben in der Mitte. Jeder einzelne Wall kehrt in sich zurück, gleichsam einen Kreis bildend[16], weil er durch den immer gleichen Abstand des Tauendes vom Pfahl beschrieben wird[17]. Durch diese Herstellung kommt es, dass nicht nur der Graben ziemlich tief ausgehoben ist, sondern dass auch der Mittelpunkt der Stadt gleichsam wie der Nabel eines schwellenden Bauches eine Art Weiher bildet, während der ganze Umfang durch Anhäufung des aus dem Graben gehobenen Materials erhöht ist[18]. Denn um die Erde*) vom Graben bis zum Mittelpunkt zu schaffen ist der Zwischenraum allzu gross[19]. In dem Graben nun wird die Feuchtigkeit des sumpfigen

---

*) *s. N. [212].*

Bodens gesammelt[20], wodurch dieser entwässert wird, und wenn der Graben voll Wasser ist, wird er schiffbar, trocknet er aus, so ist er als Landweg zu benutzen. Wo immer also den Bewohnern die Macht der Sonne lästig wird, ziehen diejenigen, welche im Mittelpunkt des Platzes sich befinden, sich in den Schatten des äusseren Walles und diejenigen, die ausserhalb des Mittelpunktes in dem von der Sonne abgewendeten Theil des Grabens wohnen, in den Schatten des inneren zurück. Und auf diese Weise folgen sie während 15 Tagen, an welchen der Ort beständig von der Sonne ausgedörrt wird, dem Schatten, kurz, sie wandeln umher, und ertragen dadurch die Hitze.

Soviel soll Dir von dem Problem im Allgemeinen mitgetheilt sein. Im Einzelnen muss es aus den klar dargelegten Erscheinungen selbst bewiesen werden, indem man diese auf Grund optischer, physischer und metaphysischer Axiome jenen Schlüssen anpasst.

— — — — — — — — —

Noten*) zu diesem Anhang.

Nebst den Commentaren des Uebersetzers.

1.

Es handelt sich hier um ein optisches Fernrohr, welches P. Zuccus im Jahre 1623 nach Linz brachte. Es war nicht das erste Fernrohr, welches Kepler in Händen bekam; bereits im August 1610, also bald nach Erfindung des Fernrohrs, bekam Kepler vom Churfürsten Ernst von Cöln ein Fernrohr geliehen, das Galilei dem Churfürsten gesandt hatte; der Churfürst setzte dieses aber anderen, die er besass, nach, denn es stellte die Sterne verzerrt dar [‚viereckicht‘, wie Kästner sich aus-

*) *Geschrieben nach 1625.*

drückt)]. Kepler sah damit nur 3 Monde des Jupiter, die Planeten und irdische Gegenstände mit Farben. Es war also wohl in jeder Beziehung unvollkommen und nicht-achromatisch.*

2. [1.]

I. Erscheinung. Auf der Oberfläche des Mondes, wenn dieser sich genau im Stadium der Quadra**) befindet, erstrecken sich leuchtende Streifen, oder reihen sich an einander, über die durch fleckige Theile geführte Schnittlinie***) hinaus und dringen in den beschatteten, benachbarten Theil der Mondscheibe ein.

II. Wenn man bei dieser Erscheinung nun zweifellos feststehende Lehrsätze zur Anwendung brächte, nämlich dass die Strahlen der Sonne geradlinig sind, dass der Mond ein kugelrunder Körper ist, dass jene Schnittlinie im Monde nichts anderes ist, als die Begrenzung der Beleuchtung durch die Sonne, in welcher die äussersten Strahlen der Sonne den Mond berühren, so zwar, dass der diesseitige, beleuchtete Theil des Mondes nach der Sonne zu liegt, der jenseitige, beschattete, eben wegen seiner Wölbung nicht beleuchtete, von der Sonne abliegt, und man ferner als feststehend erachtet, dass, da doch eine völlig gleichmässige Kugel vorausgesetzt ist, die Schnittlinie auch eine vollkommen gerade Linie in der Quadra, oder eine vollendete Ellipse vor und nach den Vierteln sein muss: so würde hieraus folgen, dass dort, wo die Schnittlinie keine ganz gerade Linie ist, sondern gleichsam durchbrochen von in den beschatteten Theil eingefügten leuchtenden Zähnen, die Mondkugel keine vollkommen runde mehr sei und dass jene leuchtenden Zähne Theile sind, die über die Oberfläche der fleckigen Parthien hervorragen, sei es, dass letztere, in Hinsicht auf die benachbarten leuchtenden, tiefer liegen, so dass die Sonnenstrahlen, die die fleckigen Theile über die Schnittlinie hinaus nicht mehr erreichen können (sie sind ja durch die Wölbung daran verhindert), doch bis zu jenen Theilen gelangen, oder sei es, dass die beleuchteten Spitzen der erhöht liegenden Theile sich auf die beschattete Mondhälfte projiciren.

**) s. seine ‚Geschichte der Mathematik' IV, S. 130.*

***) s. die Fussnote von C. 80.*

****) Da dieser Ausdruck in den folgenden Ausführungen noch oft vorkommt, so gebe ich in Fig. 23 eine schematische Skizze, welche den Begriff am besten klar macht.*

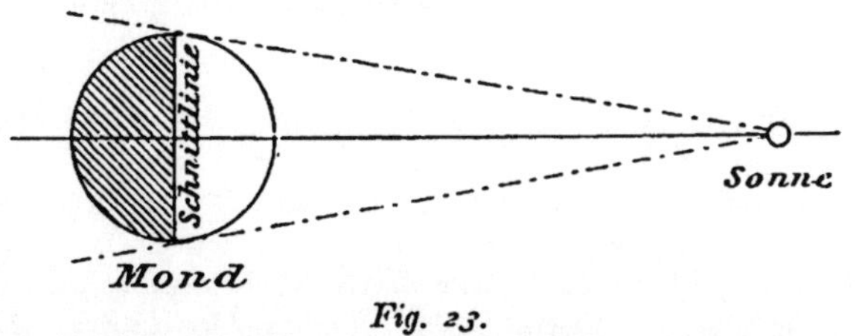

Fig. 23.

III. Erscheinung. Die über die leuchtenden Theile geführte Schnittlinie wird uneben wie eine Säge, oder wie der Bruch einer umgeknickten Stange.

IV. Also an dem Theil des Mondes, der rein leuchtend ist, erheben sich abwechselnd auf der Schnittlinie einzelne Parthien in die Höhe, daneben einzelne abwärts. Dies ist die Erklärung für die Rauhheit. Theile also der Mondoberfläche, welche in reinem Lichte leuchten, sind in Wirklichkeit rauh.

V. Erscheinung. Dahingegen ist die Schnittlinie, die über die fleckigen Theile der Mondoberfläche geht, vollkommen gerade.*)

VI. Es sind also die Mondflecken gleichmässige und vollkommen kugelförmige Parthien der Oberfläche.

VII. Erscheinung. Wenn der Schnitt durch die Flecken geführt wird, erscheinen innerhalb des beleuchteten Theiles des Mondes gewisse beschattete Risse, die aus dem unsichtbaren Theile des Mondes hervorkommen und welche die Flecken von den reinleuchtenden Theilen her gleichsam durchschneiden.

VIII. Also beleuchten die Sonnenstrahlen sowohl die leuchtenden, wie die fleckigen Theile diesseits und jenseits jener schattigen Spalten auf der beleuchteten Hälfte; die Gegend aber, welche der Spalt durchschneidet, beleuchten sie nicht.

IX. Aber nach II liegen die leuchtenden Theile hoch, die fleckigen niedrig: folglich sind jene Spalten nichts anderes als der Schatten der beleuchteten Berge oder Küsten, die auf die Flecken gleichsam wie auf eine Ebene oder eine Wasserfläche fallen.

X. Erscheinung. In dem unsichtbaren Theil des zunehmenden Mondes lassen sich, nahe dem Schnitt, leuchtende Punkte unterscheiden, welche nach Verlauf einiger Stunden heller werden, bis sie sich bei der Schnittlinie mit dem beleuchteten Theil verschmelzen, und dann tritt klar zu Tage, dass jene Punkte zu leuchtenden, nicht zu fleckigen Parthien des Mondes gehören.

XI. Also müssen unbedingt aus jenem Theil der Oberfläche, welcher von den Strahlen der Sonne nicht erreicht wird, einige Spitzen

---

*) *Die in Erscheinung III erwähnte Schnittlinie geht also über bergige, die in Erscheinung V über ebene Parthien der Mondoberfläche. Ich verweise hier auf das schon mehrfach citirte Buch von Jul. Schmidt ‚Der Mond‘, dessen beide Tafeln diese Beispiele sehr hübsch zur Anschauung bringen. In Tafel I dieses Buches von Schmidt geht die Schnittlinie durch die Kraterlandschaften Clavius, Magius und Tycho und sie erscheint völlig zackig und zerbrochen, während in Tafel II die Schnittlinie im geraden Zuge über das grosse Mare Serenitatis streicht.*

zu solcher Höhe emporragen, dass sie von den Sonnenstrahlen erreicht werden können und anderseits liegt alles in der Nachbarschaft jener Spitzen höher als der fleckige Theil der Oberfläche.

XII. Erscheinung. Was unter I und VII gesagt wurde, wird sowohl im ersten als im letzten Viertel so wahrgenommen, gerade um den Fleck herum, durch den jeder der Schnitte geht, jeder zu seiner Zeit, jedoch in den ihm gegenüberliegenden Theilen.

XIII. Also wird der nach II tiefe und nach VI gleichförmige Fleck von allen Seiten von leuchtenden hohen (nach II) und rauhen (nach IV) Theilen umgeben.

XIV. Erscheinung. Auf der leuchtenden Hälfte, nahe dem Schnitt, erscheinen häufig kleine Halbmonde oder Schattensicheln mit den Hörnern nach der Schnittlinie zugekehrt. Und jenen Schatten kehren sich gleichsam entgegengesetzte Sicheln zu, mit angrenzenden Hörnern, die mit mehr Licht gesättigt sind, als der umgebende Theil.*)

XV. Folglich befinden sich auf der beleuchteten Hälfte kreisförmig vertiefte Oerter oder Höhlen, die von den Sonnenstrahlen nicht von allen Seiten getroffen werden, der Theil der Höhle aber, der nach dem Schnitte zu liegt, stellt sich der Sonne direkt entgegen und wird stärker beleuchtet, als die übrige Ebene.

XVI. Erscheinung. Auffallend ist eine leuchtende Sichel von solcher Grösse, dass ihre Hörner die Schnittlinie selbst berühren; dieser stellt sich auf dem beleuchteten Theil eine dunkle Sichel entgegen, die gleichsam mit ersterer einen regelrechten Kreis bildet und diese Unterschiede des Licht- und des Schattenkreises sind in den entgegengesetzten Vierteln mit einander vertauscht.**)

XVII. Also auch auf der nicht sichtbaren Hälfte ist eine Höhle oder grosse Grube, deren Rand, gegen die Sonne durch seine Rundung hervorragend, Schatten wirft auf den Boden des Grabens; die Hälfte aber des Randes, der sich von der Sonne nach der unsichtbaren Mondhälfte erstreckt, empfängt die Sonnenstrahlen, welche über den Schlund oder die Aushöhlung des entgegengesetzten Randes hinweg zugelassen werden.

XVIII. Die Ursachen, die bei uns Erdbewohnern die Oberfläche der Erde formen, sind zweierlei Art. Einerseits rührt ihre Gestaltung her von dem menschlichen Willen, wie die Bebauung der Aecker, die Aufführung von Bau- und Befestigungswerken, die Ableitung von

---

*) *s. Tafel II a und d.*

**) *s. auch Taf. II, b und c.*

Flüssen, anderseits von der Veränderung durch die Elemente*), insofern nämlich als die Eigenschaften der Elemente: Feuchtigkeit, Trockenheit, Härte und Weiche *[s. auch XX]*, geeignet sind, eine Veränderung und Umformung hervorzubringen. Denn die flüssigen fliessen nach dem Mittelpunkt der Erde ab, solange bis sie im Gleichgewicht sind, von den trockenen aber, die die fliessenden Gewässer begrenzen, sind die härteren dauerhafter, als die weicheren und bröckligen, die allmählig zerfallen. Ich will ein recht augenscheinliches Beispiel anführen. Vergebens frägt man, wer wohl thürmte jene Berge auf, die durch die Gefilde Böhmens zerstreut sind und deren enge Bergpässe sich bis in die Nähe von Meissen erstrecken? Wenn man von einem hohen Berge aus die Reihe derselben überblickt, sollte man sagen, sie seien das Werk von Giganten, und gleichsam deren Grabdenkmäler. Ich werde Euch aber den Urheber nennen. Es ist der Elbestrom, welcher innerhalb des Gebirges seinen Lauf beginnt, darauf herabfällt und sich sein Bette aushöhlt.

Lang war die Zeit, welche im Verein mit häufigen, die fette Krume des Erdreichs überschwemmenden Regengüssen, dasselbe allmählig auswusch, und den fortgerissenen Boden in die Elbe abführte. Dann auch giebt es Felsen, die einstmals unter der Erde lagen, nach und nach aber aus der Erde hervorgekommen sind, da sie infolge ihrer Härte Stand hielten, während das Erdreich um sie herum wegen seiner Bröckligkeit zerfiel. Das ist die Ursache, warum auf den meisten Gipfeln der Gebirge eine Anhäufung von Felsen gefunden wird, die unbedachte Leute dann fälschlich für Ueberreste früherer Burgen halten. Das ist ferner die Ursache, die die vielen Felsen durch die sandigen Felder Schlesiens verstreute. Denn da die Erde widerstandsfähig ist, so ist auch der Andrang der Flüsse kein grosser: es werden daher überall nur die Ufer, wie auch die Flussbette durch die stets sprudelnden Quellen ausgewaschen, die höher gelegenen Ebenen dagegen verschont, wenn nicht starke Regengüsse von der Masse der Felder etwas abspülen. Wenn jene *[die Quellen]* erschöpft sind und diese *[die Ebenen]* sich im Laufe langer Jahre gesenkt haben, werden die Felsen entblösst, welche einst unter der Erde verborgen lagen.

XIX. Da der Verstand die Ordnung schafft und nichts vom Verstand Disponirtes unwerthig und verworren ist, es sei denn, dass der Verstand willkürlich Mittelursachen, die von ihm verschieden sind, die

---

**) Unter ‚Elemente' sind hier die Urstoffe der Alten verstanden. Diese waren unter wechselnden Vorstellungen: Wasser, Erde, Luft und Feuer. s. auch Fussnote S. 26.*

Bande gelöst habe *[d. h. freien Lauf zur Mitwirkung gelassen habe]*, so folgt, dass das Ungeordnete, so weit es ungeordnet ist, von der Bewegung der Elemente und dem Zwang des Stoffes herrührt.

XX. Wenn also auf der Oberfläche des Mondes, besonders was die sichtbareren Parthien anlangt, eine gewisse Unordnung zu Tage tritt: einige Theile hoch, einige niedrig, andere gleichmässig eben, andere uneben, so muss man nothwendig annehmen, dass auf dem Mondkörper etwas vorhanden ist, das unsern Elementen und ihren beregten Eigenschaften ähnlich ist. Es muss uns also auch freistehen, letztere mit denselben Namen zu belegen: als da sind Härte, Weiche, Trockenheit und Feuchtigkeit *[vergl. XVIII]*.

XXI. Die Mondflecken rühren also einerseits her von einer gewissen Feuchtigkeit, die vermöge ihrer Absorptionsfähigkeit und Beweglichkeit das Sonnenlicht abstumpft und die, gleichmässig um den Mittelpunkt des Mondkörpers angehäuft, den Eindruck des Niedrigen und Gleichen der Oberfläche hervorruft; anderseits von Bergen, welche sowohl das von der Sonne empfangene Licht vermöge ihrer Trockenheit und Härte klar zurückstrahlen, die Oberfläche der Gewässer hoch überragend, als auch durch ungleiche Erhebung ihrer einzelnen Theile die Oberfläche uneben erscheinen lassen.

XXII. Erscheinung. Unter den Flecken ist hinsichtlich der Abtönung eine Verschiedenheit, indem einige schwärzer sind, als andere. So giebt es im Mittelpunkt der Scheibe, etwas gegen Süden verschoben einen Fleck, welcher das Aussehen des österreichischen Wappenschildes*) zeigt; denn die dunkle Farbe ist oben und unten gesättigt, in der Mitte aber ist er getheilt durch einen gleichmässig breiten Gürtel, der etwas weniger dunkel als der übrige Theil, dennoch aber weniger hell als der leuchtende Theil des Mondes ist.

XXIII. Auf dem Monde also unterscheiden sich die fleckigen Theile, das sind die feuchten Gegenden, durch den Grad der Feuchtigkeit, einige sind trockener, andere mehr nass. Sie sind also theils unseren Sümpfen, theils unseren Meeren ähnlich. Denn es wachsen auch in unseren Sümpfen Gräser, Schilf, Binsen und Rohr und hier und dort ragen Inseln hervor, welche fest und trocken sind und weisslich schimmern und welche die Sonnenstrahlen heller zurückstrahlen.

XXIV. Erscheinung. Das Aussehen der um die Schnittlinie herumliegenden Flecken zeigt sich mit Hülfe eines sehr guten Diopters *[Fernglas]* nicht unähnlich dem Antlitz eines Knaben, mannigfaltig entstellt durch Auswüchse, da das Licht dieses bausbackige Gesicht

*) *Gemeint ist vermuthlich die Parthie um Ptolemäus, Alphonsus und Arzachel.*

bald von der einen, bald von der anderen Seite beleuchtet: von der linken im ersten Viertel, von der rechten im letzten. Denn wie in diesem Gesicht alle Auswüchse an der Seite hell sind, die dem Lichte zugekehrt ist, so kann man auch in den fleckigen Theilen des Mondes wieder zerstreut liegende runde, kleine Flecken bemerken, die alle an einer Seite hell, an der entgegengesetzten aber dunkel sind.

XXV. Wenn also zu diesen kleinen Flecken nach jener Seite, von wo sie leuchten, das Sonnenlicht hingelangt, so müsste man daraus schliessen, dass in der That auf dem Monde soviel Auswüchse vorhanden sind, als leuchtende Stellen beobachtet werden, die steil vorspringend, das Licht der Sonne auffangen und in die von der Sonne abgewendete Seite Schatten werfen. Aber da wir auch das Gegentheil bemerken, nämlich dass die der Sonne zugewendeten Seiten, die eigentlich hell sein müssten, dunkel, diejenigen dagegen, welche der Sonne abgewendet liegen, hell sind, so müssen wir jenen hellen Parthien eine der früheren entgegengesetzte Gestalt zuschreiben, so zwar, dass sie nicht sich zu Hügeln erheben, sondern runde Höhlen *[Löcher]* bilden. So geschieht es dann, dass der der Sonne zugekehrte Rand seinen Schatten auf den Grund der Höhle wirft, der andere Rand aber, die Sonnenstrahlen an seiner senkrechten Vertiefung auffangend, heller leuchtet. *s. Taf. II, a und d.*

XXVI. Grundsatz. Wenn die Ursache der Ordnung von dem, was sich in einer Ordnung befindet, weder aus der Bewegung der Elemente, noch aus einem Zwang des Stoffes hergeleitet werden kann, so ist es höchst wahrscheinlich, dass sie von einer des Verstandes mächtigen Ursache herrühre. Grundsätze müssen durch Beispiele erklärt werden. Die gerade Linie ist etwas Regelmässiges, eine bleierne Kugel, herausgeschleudert aus einem Geschoss, bewegt sich schnell in einer geraden Linie*), diese Bewegung rührt nicht von irgend einem Verstande *[Willen]* her, sondern sie ist die Folge einer unabweislichen Nothwendigkeit des Materials. Denn die salpeterhaltige Materie des Schiesspulvers verbrennt, von der Zündung erfasst, und treibt die Kugel heraus, die sich einer Ausdehnung widersetzt, und zwar, da sie sich durch die ganze Länge des eisernen Rohres widersetzt, so wird durch diesen gewaltsamen Druck eine geradlinige Bewegung hervorgerufen. Also sind schnelle Bewegungen geradlinig und

---

*) *Kepler lässt hier die Kraft, welche die im Fluge befindliche Kugel zur Erde zieht — die Schwerkraft — ausser Betracht. In Wirklichkeit bildet die Flugbahn keine gerade, sondern eine der Parabel ähnliche gekrümmte Linie, die ballistische Kurve.*

zwar ist diese gerade Linie schweren Körpern sowohl als auch immateriellen *[substanzlosen]* eigenthümlich, wie besonders den Lichtstrahlen, die sich mit grosser Vehemenz bewegen.

Ferner, die Schale der Schildkröte hat eine regelrecht abgerundete Gestalt und dennoch rührt sie nicht von einem architektonischen Verstande her, sondern von der unabweislichen Nothwendigkeit des Materials. Denn gegen den Winter rollt sich die Schildkröte zu einer kegelförmigen Figur zusammen und schwitzt, so zusammengerollt, eine klebrige Flüssigkeit aus, welche zur Kruste erstarrt, und so bilden sich nach und nach mehrere Reifen. So entstehen die Sechsecke der Bienenzellen*) aus dem unabweislichen Zwange der Leiber, während sie sich so eng als möglich an einander drängen. Dagegen ist die Fünfzahl in den Blumen etwas Gesetzmässiges, und da sie nicht aus der Natur des Materials hervorgehen kann, so wird sie aus der Bildungskraft hergeleitet, der man den Begriff der Zahl und so gleichsam Vernunft zuschreibt. Ich habe über diesen Gegenstand in meinem Buche ‚Ueber den neuen Stern'**), Cap. 26 u. 27 disputirt, ob das häufige Zusammentreffen verschiedener Dinge in ein und derselben Stammreihe dem blinden Zufall zugeschrieben werden könne.

XXVII. Erscheinung. Jene Höhlungen in den Flecken des Mondes sind genau rund, soviel wir mit den Augen erkennen können, doch sind sie nicht alle von gleichem Umfang. Es ist auch eine gewisse Ordnung in ihrer Vertheilung, sie erscheinen gleichsam als im Quincunx***) liegend.

XXVIII. Wenn wir den vorhergehenden Grundsatz auf diese Erscheinungen anwenden, so kommen wir zu folgenden Schlüssen: im Grossen und Ganzen zwar herrschen auf der Oberfläche des Mondkörpers, was die Vertheilung der hohen und tiefen Stellen anbelangt, der Zufall und die durch das Material bedingte Nothwendigkeit vor; die Erde *[s. N. [212]]* wird von unterirdischen Felsen abgeschabt, Thäler werden ausgewaschen, so dass Berge stehen bleiben, die Wässer fliessen in die tiefer liegenden Regionen ab, und werden dort durch das Bestreben aller Theile nach dem Mittelpunkt des Mondkörpers im

---

*) *Kepler giebt an anderer Stelle [s. Sendschreiben an Wackher von Wackenfels; K. O. O. VII, S. 717 ff.] noch weitere Beispiele regelmässiger Gestaltungen in der Natur, so der Schneeflocken u. s. w.*

**) *K. O. O. II, S. 705 ff.*

***) *Eigentlich ‚die fünf Augen auf den Würfeln' ⁙; in grösserer Zusammensetzung also die Felder eines Schachbretts darstellend, daher wohl am besten durch ‚schachbrettartig' zu übertragen. Man darf sich übrigens nicht verhehlen, dass dieser Vergleich nicht sehr glücklich von Kepler gewählt ist.*

Gleichgewicht gehalten. Aber in den fleckigen Parthien des Mondes ist die Gestalt der genau runden Höhlen und die Anordnung derselben oder die gewisse Gleichmässigkeit der Zwischenräume etwas Gemachtes und zwar gemacht von einem architektonischen Verstande. Denn eine solche Höhlung kann nicht ohne Zuthun in Form eines Kreises von irgend einer elementaren Bewegung gemacht sein. Auch kann man nicht sagen, die Oberfläche des Mondes sei mit einer sehr dicken Sandschicht bedeckt gewesen und nachdem ein Loch im Boden entstanden, sei unter der Kruste ein leerer Raum gewesen, in den der Sand hineingefallen.*) Dies kann umsoweniger behauptet werden, als XXI dem widerspricht. Denn an jener Stelle befindet sich Flüssigkeit und diese würde, wenn ihr eine Oeffnung geboten, herausfliessen und jene Theile trocken legen, so dass aus den Flecken weisse und leuchtende Theile würden. Noch viel weniger kann die Lage vieler Flecken unter sich von einer Bewegung der Elemente herrühren.

XXIX. Es scheint also, dass wir aus dem Vorhergehenden schliessen müssen, dass auf dem Monde lebende Wesen**) vorhanden sind, mit soviel Vernunft begabt, um jene Ordnung hervorzubringen, wenn auch ihre Körpermasse nicht mit jenen Bergen in Vergleich zu setzen ist. Denn so machen auch auf der Erde die Menschen zwar die Berge und Meere nicht (denn die Xerxesse und die Neros sind selten, und auch ihre Werke kann man mit dem Natürlichen der Berge und Meere nicht vergleichen), aber sie bauen auf ihr Städte und Burgen, in denen man Ordnung und Kunst zu erkennen vermag. Es scheint sogar, als ob die Oberfläche der Himmelskörper nur deshalb dem blinden Zufall überlassen wäre, damit durch Ordnung und Ausgestaltung einzelner Gegenden, der Vernunft Gelegenheit zur Uebung gegeben würde.

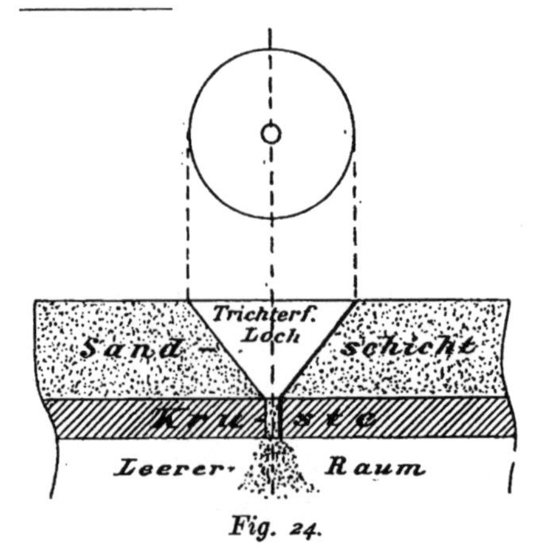

Fig. 24.

*) *Ich rekonstruire diesen Gedanken Keplers in nebenstehender Fig. 24. Es würde sich durch einen solchen Vorfall in der That eine kreisrunde trichterförmige Höhlung bilden. Man erkennt hier, dass Kepler um die mögliche Erklärung irgend einer Erscheinung nie verlegen war. [s. auch App. 11.]*

**) *An einen astronomischen Freund schreibt er: „Nicht allein jener unglückliche Bruno, sondern auch mein Tycho Brahe war der Meinung, dass in den Sternen Inwohner seien, welcher Meinung ich gleichfalls beitrete."*

Ap. 2. [1.]

XXX. Wenn man nun die Höhlen aufmerksamer betrachtet, so zwar, indem man in der Vorstellung eine gerade Linie von der Sonne durch den Mittelpunkt der Höhle legt, so gewahrt man 6 Abtheilungen: 3 helle und ebensoviel schattige, gleichsam als ob eine Höhle in der Höhle läge*); denn der schattige Theil der grösseren ist mit der Wölbung gegen die Sonne gekrümmt, der leuchtende aber kehrt gewissermassen die Hörner gegen die Sonne und den schattigen Theil, während er die Krümmung von der Sonne abdreht. Dieselbe Erscheinung tritt im Innersten der inneren kleinen Höhle zu Tage, aber der äussere Rand ist bekleidet gegen die Sonne mit einem, dieser zugekehrten Lichtbündel, auf der entgegengesetzten Seite mit Schattenmond, dessen Hörner gegen die Sonne gekehrt sind. Und auch um jenen äussersten Kreis kann man eine gewisse Verschiedenheit bemerken. Denn bei einigen Höhlen ist dieser Kreis nicht deutlicher und heller, als die äussere Umgebung *[s. Taf. II, a]*, welche, wie gesagt, zu den Mondflecken gehört, und die gekrümmte dunkle Fläche fängt unmittelbar auf diesem Flecken an, ebenso die helle auf der entgegengesetzten Seite, die, ohne stark hervorzutreten, in der fleckigen Gegend verläuft. Bei anderen wird dagegen der äussere Kreis gegen die Sonne von einer sehr hellen dünnen Linie begrenzt, auf der der Sonne entgegengesetzten durch eine dünne Schattenlinie, die den Kreis von der übrigen Umgebung deutlich unterscheidet *[s. Taf. II, d]*.

XXXI. Hierdurch wird bewiesen, dass aus der Mitte der Höhle ein Hügel hervorragt, der wiederum in der Mitte, gleichsam im Nabel, zu einer Höhlung vertieft ist, wie ich auch schon im Jahre 1625 in ‚Hyperaspiste Tychonis‘, f. 124**) gezeigt habe, und dass ein Theil der Höhlen direkt in der Ebene vertieft ist, ein ander Theil durch einen aufgeworfenen Wall gegen die äussere Umgebung geschützt wird. *s. Taf. II, d.*

XXXII. *[Axiom.]* Die Vielheit der einzelnen Kunstwerke deutet auch auf eine Vielheit ihres Gebrauchs, sei es nun, dass viele sie gebrauchen, oder dass ein und derselbe sie zu verschiedenen Zeiten gebraucht, wobei jedoch die Vernunft eine der Verschiedenheit der Zeiten entsprechende Verschiedenheit der Werke empfiehlt. So ist die Ordnung ein Beweis der Einen Vernunft, die jene alle zugleich umfasst.

---

*) *s. Taf. II, d. Vermuthlich hat Kepler hier u. A. das Ringgebirge Gassendi, im südöstlichen Theil der Mondscheibe gelegen, im Auge gehabt.*

**) *‚Tychonis Brahei Dani Hyperaspistes‘ etc. Frankfurt a. M. 1625. K. O. O. VII, S. 235, ad Cap. 32. Eine Beantwortung der Einwendungen Claramontius gegen die Behauptung Tychos, die Kometen befänden sich über dem Monde.*

XXXIII. Aus diesem Grundsatz und aus XXIX können wir leicht entnehmen, dass auf der Oberfläche des Mondes ein Geschlecht lebt, begabt mit der Vernunft, um jene geräumigen Höhlen zu erbauen, vorhanden in sehr vielen Individuen, wovon einige vielleicht diese Höhlen erbauten, andere zu anderen Zeiten sie gebrauchten, und da dieselben, nach unserer Wahrnehmung, unter sich völlig ähnlich und auch nach einem bestimmten Gesetz angeordnet sind, so können wir auch auf eine gewisse Uebereinstimmung unter den Urhebern der verschiedenen Höhlen schliessen.

XXXIV. Ich verweise hier auf einen Beweis aus der Beschreibung der von mir gemachten Beobachtungen der Jupitertrabanten, welche den freilich unpassenden Titel einer Vorrede an den Leser*) führt.

Ich finde in den Beobachtungen des Jahres 1622 vom 22. September eine ähnliche Beschreibung ohne Zweifel desselben Fleckens, nämlich bei abnehmendem Mond, wo die Schnittlinie das kleine Horn von der westlichen Seite des Mondes schneidet. Die Worte lauten:

„An dem westlichen Schnitt des Mondes (hierunter ist eine konvexe oder elliptische Linie zu denken) wurde gleichsam ein Gestade und eine hohe buchtenreiche Ausladung bemerkt, welche Schatten gleichsam in ein Meer warf (gegen jenes Horn des Mondes, das vom Licht der Sonne schon verlassen war), denn das Licht folgte in den Theilen dieses Meeres über den Schatten in der Mitte der Bucht, sich fortpflanzend darauf bis zum Schnitt. Etwas gegen Süden zu wurde gleichsam ein leuchtender schmaler Isthmus, aber dennoch in der hellen Ausladung als dunkle Stelle deutlich erkennbar und wiederum über jenen hinaus in dem Meere ein heller Berg klar gesehen. Die Hörner jener hellen Ausladung erstreckten sich gleichsam als Vorgebirge, der Schnitt, durch das Meer gehend, war am unteren Horn gleichsam unterbrochen, zwischen dem Horn kam sie zu ihrer Linie (elliptisch oder konvex) zurück und ging durch den anderen Fleck."

Dies im Jahre 1622, am 22. Sept.

Es möge mir aber auch vergönnt sein, hier eine Beobachtung vollständig aufzuzeichnen, von der schon einige Theile in den vorstehenden Erscheinungen enthalten sind, weil sie auch sonst noch an vieles andere erinnert und weil in ihr gewisse Elementarbegriffe des vorstehenden Schreibens enthalten sind, mit dessen näherer Erklärung wir uns beschäftigen.

„Im Jahre 1623, am 17. July habe ich um Mitternacht den Mond von der 1. bis 2. Stunde beobachtet, wobei ich ein Glas des P. Nicolaus Zuccus von sehr grosser Brennweite benutzte. Die meisten Höhlen erschienen rund, aber am Rand des Mondes gleichsam elliptisch, gemäss der Zurückweichung der Wölbung der

---

*) *‚Narratio de obsv. a se quatuor Jovis satellitibus erronibus' etc. Frankfurt 1611. K. O. O. II, S. 511/12. Diese Satellitenbeobachtungen wurden vom 4.—9. Sept. 1610 gemacht.*

Kugel und die Schatten der Wälle waren durch eine schiefe Ellipse, nach Art des gehörnten Mondes, kenntlich, so dass man daraus und auch aus dem Anblick, leicht die Rundung des Mondkörpers erkennen konnte.*) Die niedrigen fleckigen Parthien waren bedeckt mit einigen leuchtenden Kreisen, Höhlen und Schatten in sich fassend, indessen selten. Man könnte sagen, es seien sumpfige oder schlammige Parthien des Mondes, in denen runde Dämme errichtet seien, die wie ein Wehr die umgebende Flüssigkeit abhalten sollen. Unter diesen war gegen den oberen Rand des Mondes eine, die das deutliche Aussehen einer Spalte zeigte, in der Mitte der Längsrichtung etwas weiter. Nicht bei allen Höhlen war die Unterscheidung des Randes von den übrigen (fleckigen oder sumpfigen) Theilen des Mondkörpers in die Augen springend, sondern sie lief durch alle Abstufungen der Beleuchtung gleichmässig bis zur Auflösung des Schattens. Die meisten grösseren Höhlen hatten in der Mitte das Aussehen wie die runden Scheiben in den Fenstern *[Butzenscheiben]*; aus der Tiefe der einzelnen Höhlungen ragten nämlich einzelne Berge *[Centralberge]* hervor, die freilich nicht bis zur Höhe der äusseren Vorsprünge sich erhoben und diese waren wieder in der Mitte vertieft, wie ein Nabel in schwellenden Bäuchen, oder (um ein bekanntes Beispiel zu gebrauchen) wie die Krater des Aetna, was der Schatten derselben erkennen liess.**) Jedoch verdunkelten sich die Höhen nicht gegenseitig, noch hingen sie zusammen, sondern jede stand für sich, dennoch folgten sich vom unteren Theil des Schnitts (konvex in diesem Falle) schattige kleine Halbmonde, so dass sie eine Reihe einer Art schattiger, elliptischer Bogen darboten. Und so wurden zwei schattige Spalten gebildet, unter einander benachbart, mit dem leuchtenden, aufwärts gebeugten Theil in die Grenze zwischen Licht und Schatten hineinragend, aufgeputzt an beiden Seiten, wie gesagt, durch leuchtende Theile, welche in fortlaufendem Zuge darübergegossen schienen: man könnte sagen, ein sehr langes Thal; welches von beiden Seiten unter vorspringenden Bergen hindurchgeführt und von ihnen, von der Seite betrachtet, gleichsam verdeckt sei.“ ***)

So am 17. July des Jahres 1623.

Dies sind also die Erscheinungen, dies die Axiome, aus denen ich die einzelnen durch Buchstaben†) bezeichneten Noten des Schreibens erklären werde.

In dieser Beschreibung der Mondoberfläche, welche uns Kepler aus

---

**) Kepler nimmt hier Gelegenheit, für die Kugelform des Mondkörpers, welche er in den Erklärungen seines Schreibens als Voraussetzung nimmt, noch einen Beweis zu erbringen, und weist noch besonders darauf hin, dass auch der Anblick der Mondscheibe in einem Fernrohr die Rundung erkennen lässt. In der That ist dies ganz besonders in die Augen springend, wovon sich Jeder schon durch ein gutes Opernglas überzeugen kann.*

***) s. Erscheinung XXXI und Taf. II, d.*

****) Jedenfalls hat Kepler hier eins der grossen Kettengebirge auf dem Monde im Auge gehabt; ich vermuthe die Alpen, im Norden der Mondscheibe, deren grosse Querkluft sich im kleineren Fernrohr ungefähr in ähnlicher Erscheinung zeigt, wie oben beschrieben.*

†) Im Originaltext von 1634 steht ‚literis‘, weil dort die Noten durch Buchstaben bezeichnet sind. Ich habe Zahlen dafür gesetzt.

seinen Beobachtungen mit einem kleinen, aber verhältnissmässig guten Fernrohr giebt, haben wir das Bedeutendste der selenographischen Forschung damaliger Zeit. Die Grundformen der Mondgebilde hatte er ganz richtig erkannt; ganz richtig giebt er auch die Veränderlichkeit der Schatten an und beachtet auch das allmählige vorherige Auftauchen resp. nachherige Verlöschen der leuchtenden Gipfel der Berge aus beziehungsweise in der Nachtseite des Mondes.

In den Erscheinungen I—X sieht er zunächst eine Bestätigung der von ihm schon früher vermutheten Unebenheit der Mondoberfläche [S. 19, u. u. C. 150]. Denn in der That trifft die Lichtgrenze in der von Kepler angegebenen Stellung des Mondes zur Sonne hell beleuchtete Parthien: im Süden unzählige Krater und Ringgebirge, im Norden u. A. jenes ungeheure Apenninen-Gebirge, dessen Berge ca. 140 km lange Schatten werfen. Die Scheidelinie zwischen Tag und Nacht [Schnittlinie] erscheint infolgedessen zackig und vielfach ausgeschnitten. Kurz vorher dagegen hatte die Lichtgrenze das etwas westlicher liegende Mare Serenitatis getroffen, eine grosse fleckige Parthie, worüber sie in völlig gerader Linie hinwegzieht; s. Fussnote zu V.

Im Weiteren geht Kepler nun zu der Beschreibung der einzelnen Gebilde der Mondoberfläche über, wie ich sie in Taf. II, a—d in schematischer Darstellung zu rekonstruiren versucht habe.

Die Beschreibung der Mondoberfläche und die Gründe der Entstehung der Formen, wie sie dem heutigen Stande der Wissenschaft wohl am zutreffendsten entsprechen, habe ich bereits in C. 150 u. 151 ausführlich besprochen, so dass ich mich hier auf eine einfache Hinweisung darauf beschränken kann.

Wenn Kepler Schlüsse bezüglich der Entstehung der Mondgebilde zieht, die mit unsern neueren, auf eingehenderen und unter ganz anderen Voraussetzungen und Verhältnissen gemachten Beobachtungen gegründeten Ansichten nicht zu vereinbaren sind, so darf uns das, am Ende unserer Betrachtungen, nicht Wunder nehmen; Kepler selbst, wenn er heute unter uns träte, würde der Erste sein, der rückhaltlos seinen Irrthum eingestände. Aber das Eine müssen wir doch anerkennen, dass er in der Unterscheidung zwischen dem, was durch die Thätigkeit vernunftbegabter Wesen und dem, was unter dem unabweislichen Zwang der Elemente entstanden sein musste, Kriterien für die Beurtheilung der Bewohntheit fremder Himmelskörper giebt, die auch heute noch als völlig richtig gelten dürften.

Es ist unzweifelhaft, dass die Seleniten nach diesen Grundsätzen bezüglich unserer Erde verfahren und damit auch zu einem zutreffenden Resultat gelangen würden. Denn die aus der Arbeit vernunftbegabter

Wesen und dem Zwang der Elemente resultirenden Veränderungen unserer Erdoberfläche, wie Kepler sie an einigen Beispielen erklärt, vollziehen sich seit Urzeiten in steter Weise. So ist die Veränderung durch den Zwang der Elemente besonders auch bei unseren Alpen beobachtet worden: die Auswaschung und Abführung des zerbröckelten Gerölles geschieht sogar nach einer gesetzmässigen Regelmässigkeit, so dass die Geologen im Stande sind, die Zeit zu berechnen, wie lange dieses ungeheure Gebirge überhaupt noch als solches bestehen wird. Ebenso sehen wir diese geheimnissvolle Kraft mitwirken bei der Entstehung einzelner, isolirter Felsenblöcke, und man dürfte daraus erkennen, dass die Erscheinung der sogn. erratischen Blöcke nicht nur allein der transportirenden Thätigkeit der Gletscher zuzuschreiben ist. Ja, nach einigen Andeutungen, die Kepler in Begründung der These XIX macht, wird man vielleicht nicht fehl gehen, wenn man die Ursache der als Albedo eingeführten Erscheinung [s. C. 108] mit auf die Wirkung dieses stofflichen Zwanges setzt, insofern, als letzterer die Oberflächenbeschaffenheit beeinflusst und dadurch das specifische Reflexionsvermögen regelt.

Die Voraussetzung, die diese oben definirten Kräfte nothwendig haben müssen, dass sie nämlich nur auf einem lebenden und belebten Himmelskörper thätig sein können, war für Kepler gegeben und so war es nur eine berechtigte Consequenz, sie auch als wirksam auf dem Monde anzunehmen.

Wir Epigonen wissen zwar, dass unser Nachbar ein Weltkörper ohne Luft und Wasser, ein trockenes, nacktes Felsengerippe ist, auf welchem weder Vegetation, noch Leben, noch irgend eine Bewegung, sondern nur ewige Ruhe und Grabesstille herrscht. Aber wir wissen auch, dass er nicht immer in diesem Zustand war. Vielleicht hat er sich selbst überlebt und ist nach einer glänzenden Vergangenheit nun als unbrauchbare Schlacke aus der Reihe bewohnter Welten herausgetreten, ein Schicksal, das unserm Wohnsitz höchstwahrscheinlich noch bevorsteht! Vielleicht befindet er sich zur Zeit in einer Art von Verpuppung, einem neuen, besseren Leben, seiner Auferstehung, entgegen schlummernd! — Wer weiss es!? —

3. [2.]

Folgt aus XXIV.

4. [3.]

Folgt aus XIII.

5. [4.]

Folgt aus XXI.

6. [5.]

Folgt aus XXII und XXIII.

7.

Nach der Mythologie ist Endymion, König von Elis, der Sohn des Zeus, Geliebter der Mondgöttin Selene [s. C. 27] oder ein schöner Jäger, der in einer Grotte des karischen Berges Lotmos in ewigem Schlummer lag. Selene stieg allnächtlich zu ihm vom Himmel, um ihn zu küssen.

Diese Mythe leitet schon auf den Ursprung der Benennung als Mondkinder hin.

In den schon in der Einleitung erwähnten ‚wahren Geschichten' des Lucian wird weiter erzählt, dass die Luftschiffer, nachdem sie auf jener kugelförmigen, hell erleuchteten Insel gelandet waren, von wo sie tief unter sich die Erde mit ihren Städten, Flüssen und Gebirgen sehen konnten, von den Hippogypen, Männern, die auf dreiköpfigen Geiern ritten, angehalten und vor Endymion, den König, geführt wurden, von dem sie erfuhren, dass sie sich auf dem Monde befänden. Hiernach sind also unter Endymioniden Mondbewohner zu verstehen.

8. [6.]

Folgt aus XXXIII.

9. [10.]

Folgt aus XXXIV.

10. [14.]

Da mein Instrument bei einer Beobachtung 12′ von 30′ des Mondes fasste, und da der Durchmesser desselben 400 deutsche Meilen beträgt, so fasst mein Instrument also ungefähr 160 Meilen. Es ist aber der Durchmesser dieses Flecks ungefähr der 16. Theil des Sehfeldes meines Instrumentes, folglich erstreckt er sich 10 deutsche Meilen weit, der Halbmesser, also 5.

Dies als ein Beispiel, wie Kepler die Dimensionen mass. Die runde Zahl von 400 hat er wohl der glatteren Rechnung wegen angegeben, in Wirklichkeit beträgt sie 468, was ihm auch annähernd schon bekannt war [s. C. 149].

Die Rechnung ist:

$$\frac{\frac{400}{30}\cdot 12}{16} = \frac{160}{16} = 10 \text{ resp. } 5; \quad \frac{\frac{468}{30}\cdot 12}{16} = \frac{187}{16} = 11{,}7 \text{ resp. } 5{,}85.$$

Die Differenz mithin = 0,85 deutsche Meilen.

11. [16.]

Es genügt aber nicht, dass das äussere Ende eines einzigen um den Pfahl gebundenen Taues herumgeführt wird: denn es würde der Strick zur Erde *[s. N. [212]]* fallen und in den Höhlen und Felsen sowie anderen mehr, was die Oberfläche der Erde rauh macht, hängen bleiben. Es ist also nöthig, dass einzelne Punkte des beabsichtigten Umkreises, die unter sich nicht weiter von einander entfernt sind, als dass man von einem zum andern sehen kann, durch einzelne Stricke, um gleiche Pfähle geschlungen, angeordnet werden. Und deshalb muss der Baumeister von dem Pfahl nach dem Umkreis mit einem beladenen Karren kommen, damit die Länge des Taues für 5 Meilen ausreicht.

Man nehme diese Deduction für nichts weiter als eine Probe keplerscher Phantasie. Man sieht aber auch hieran, wie ihm seine Einbildungskraft Möglichkeiten eingiebt, auf welche Weise eine gegebene Erscheinung in der Natur erklärt werden könnte, wie er bemüht ist, Alles naturgemäss zu lösen und wie er vor keinem Hinderniss zurückschreckt, vielmehr ihm sein erfinderischer Geist sofort Mittel und Wege eröffnet, sie zu überwinden; s. auch Fussnote zu XXVIII.

12. [17.]

Aus XXIX haben wir gesehen, dass die Individuen des Mondgeschlechts an Masse des Körpers nicht gleich zu schätzen seien den Bergen; aus XXXIII aber, dass sie sehr zahlreich sind. Wenn also der Augenschein von den ungeheuren Bauten der Mondgeschöpfe zeugt, so folgt, dass durch die Anzahl das geleistet ist, wozu die Masse der Körper nicht ausreichte. Als ähnliche Beispiele mögen gelten: der babylonische Thurm, die Pyramiden Aegyptens, der auf ungeheuren Strecken mit Steinen gepflasterte Damm in Peru, die Mauer, die die Sinesen gegen die Tartaren schützt *[Chinesische Mauer]*.

Bezüglich der Sinesen s. Fussnote zu C. 116.

13. [18.]

In jener grossen Höhle, welche einen Durchmesser von 10 deutschen Meilen hat, wird ein gutes Theil der Fläche eingenommen von einer Kluft, die sich zwischen dem Rand und einem im Innern sich erhebenden Berg befindet *[Taf. II, d]* und wer nicht weniger sagt, als eine deutsche Meile, der sagt nicht mehr, als der Augenschein zeugt. Hieraus erkenne die Masse ihrer Körper *[nämlich der der Mondbewohner]*, denn obgleich sie nicht ihren Bergen zu vergleichen sind, so ist sie dennoch der unserer Körper bei weitem überlegen, und zwar nach den

Werken zu urtheilen, welche unsere an Grossartigkeit weit überragen. Dies habe ich ausdrücklich in der ‚Optik‘ f. 250 einzig aus dem Vergleich der Mondberge mit den unsrigen zu behaupten gewagt mit den Worten: „Mit Recht bezeichnet Plutarch den Mond als einen der Erde gleichen Körper, uneben und gebirgig und zwar mit verhältnissmässig grösseren Bergen. Und damit wir auch mit Plutarch scherzen: Wie bei uns es durch Gebrauch kommt, dass die Menschen und Thiere sich der Beschaffenheit ihres Landes oder ihrer Provinz anpassen, ebenso werden auf dem Monde die lebenden Wesen an Masse der Körper und an Widerstandsfähigkeit gegen äussere Einflüsse bei weitem grösser sein, als bei uns“ u. s. w.

So Kepler 250 Jahre vor Darwin und Häckel!

14. [19.]

Folgt aus XXV.

15. [20.]

Folgt aus XXX und XXXIV.

16. [24.]

Folgt aus XXVII; ebenso 17 [25].

18. [26. 27.]

Folgt aus XXXI und XXXIV.

19. [28.]

Dies sagt uns Erdbewohnern auch unsere Mechanik und Baukunst. Denn es ist eine der vornehmsten Regeln, worauf es hauptsächlich beim Bau ankommt, besonders auf das Fundament zu achten.

20. [29.]

Folgt aus XXIII.

Ende.

ERRARE HUMANUM EST.

Namen- und Sach-Register.

Die hinter den Wörtern stehende Zahl bezeichnet die Seitenzahl; o = oben, m = mitten, u = unten auf der Seite; f = und folgende Seite; die fettgedruckten Zahlen beziehen sich auf biographische Notizen.

A.

I u. J.

K.

N.

Druckfehler-Berichtigung.

Seite 9 Zeile 1 von unten lies und zwei statt und eine.
„ 13 „ 15 „ oben lies Nähe statt Höhe.
„ 24 „ 4 „ unten lies Brandanus statt Bralenhagen.
„ 36 „ 9 „ unten lies C. 11 statt C. 12.
„ 39 „ 10 „ unten lies sein statt seine.
„ 65 „ 7 „ oben lies C. 61 statt C. 62.
„ 67 „ 4 „ oben lies C. 55 statt C. 57.
„ 69 „ 2 „ oben lies links statt rechts.
„ 69 „ 3 „ oben lies rechts statt links.
„ 69 „ 3 „ unten lies C. 61 statt C. 62.
„ 81 „ 16 „ unten lies C. 34 statt C. 53.
„ 90 „ 4 „ oben lies C. 63 statt C. 61.
„ 90 die Figur 17 gehört nach Seite 92 zu C. 91.
„ 97 Zeile 4 von unten lies Erhebung statt Entfernung.
„ 182 Spalte 1 Zeile 22 von oben lies Buch Galileis statt Buch Tychos.

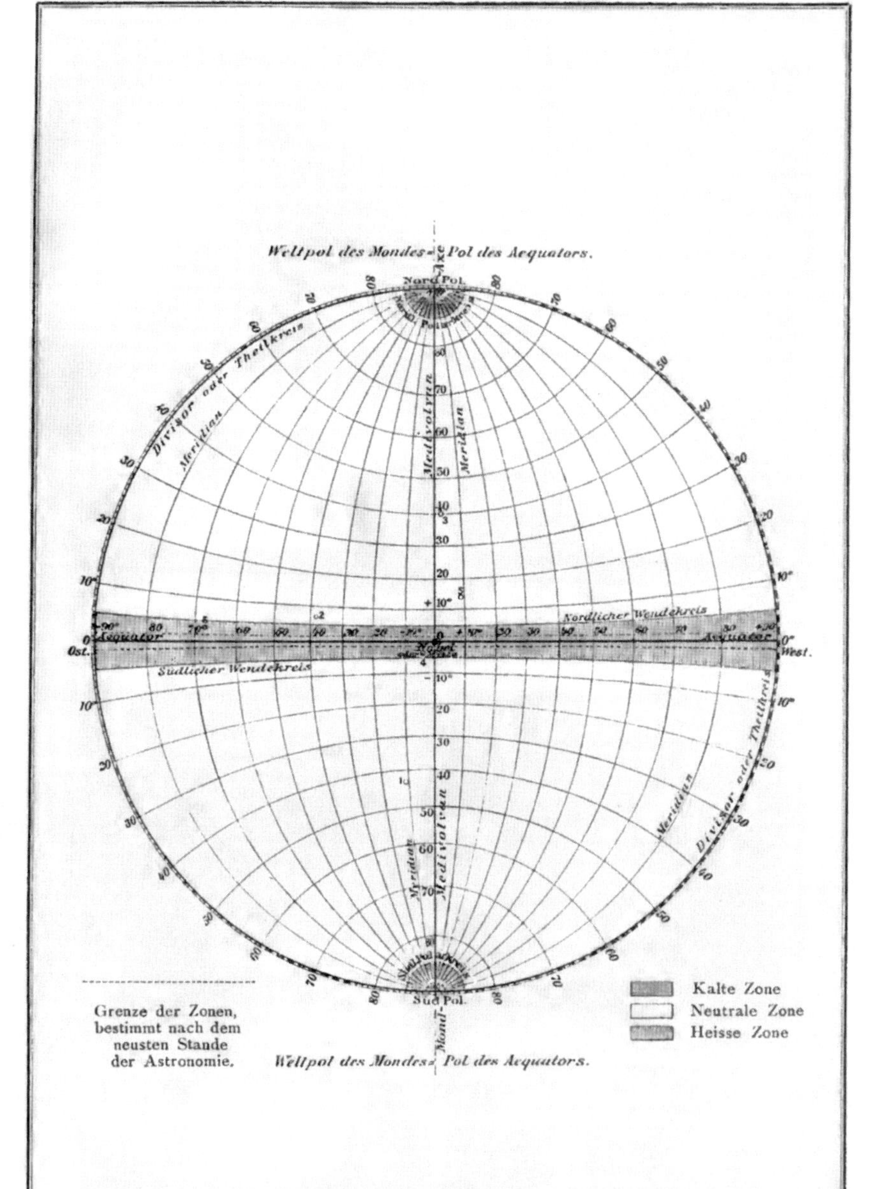

Selenographische Eintheilung der Subvolvanen Hemisphäre des Mondes nach Kepler.

1897. L. Günther gez.

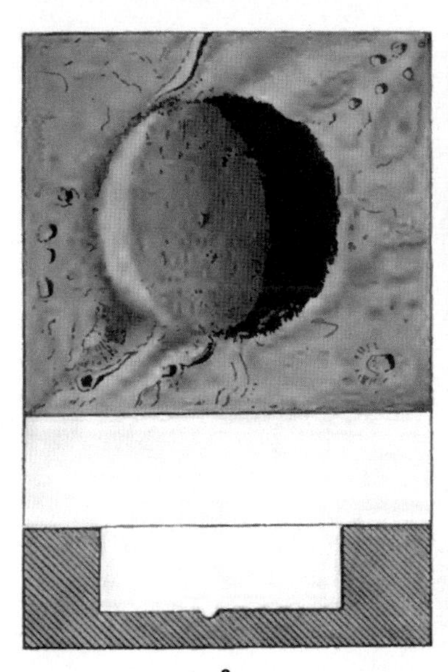

a.
Grube oder Höhlung mit flachem Boden.

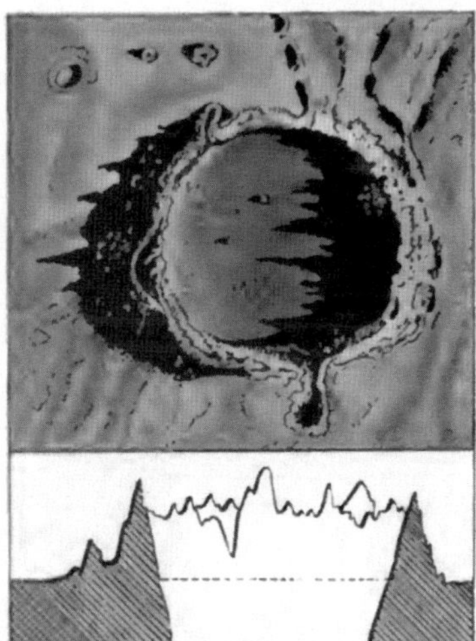

b.
Ringgebirge mit zackigem Rand und flachem Boden.

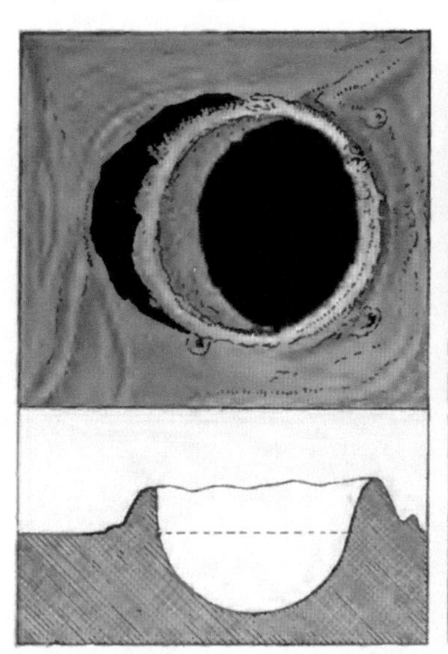

c.
Becherförmiges Gebilde mit glattem Rand.

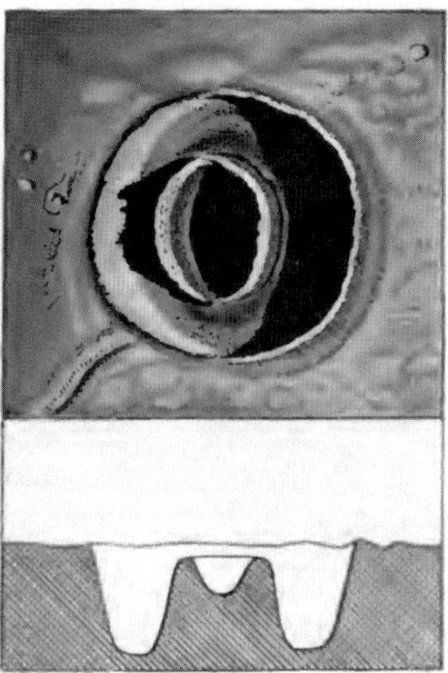

d.
Krater mit Centralberg und flacher Umgebung.

Schematische Darstellung einiger Gebilde der Mondoberfläche nach Kepler.

1898. *L. Günther gez.*